実解析入門
新装版

実解析入門

新装版

猪狩 惺

岩波書店

まえがき

　実解析というのは，英語の Real Analysis の訳である．しかし，今日では，"実解析"も"Real Analysis"も内容を表わす言葉としてはいささか意味不明瞭な熟語になってしまった．著者も実解析が対象とするところのものを明快に述べることは出来ないし，内容を表わす適切な言葉を知らない．

　当初は，おそらく複素解析に対して，実軸，または Euclid 平面上の集合または関数を主な対象とした解析というような意味合いをもっていたように思う．

　しかし，実変数関数論のおおきなバックボーンの一つをなしていた Fourier 解析は，今日では複素関数論をおおいに取り入れ，さらに実解析的手法が一変数，多変数の関数論に用いられるようになり，方法も変化している．また，対象とする集合，関数も多様化し実軸，または Euclid 平面上の集合やその上の関数に限らなくなってしまった今日では，複素解析と実解析は必ずしも対をなす分野ではなくなってしまった．

　"実解析"が実数に基づいた学問である以上，実用を目的とした数学を含む数学のいろいろな分野と無関係ではあり得ないけれども，とりわけ集合論，調和解析，積分論，確率論，複素関数論，偏微分方程式論などの研究から題材を汲み取り，それらの理論に，あるいは重要なアイデアを，あるいは基礎的概念を提供してきた．その構図は今日でも変わることなく続いている．

　本書は，そのことを念頭において，基本的な事柄を述べたつもりである．

　実数の導入は，本書の性格から避けて通れないのであるが，実数の性質を述べることによって明らかにする方法を選んだ．集合・位相空間に関する記述は必要最小限にとどめた．

　可測集合の定義は Lebesgue 積分論の主題の一つであるが，これは Carathéodory の条件による方法を選んだ．この方法は必ずしも直感的ではないけれど

もこれによって平面上の測度も一般の集合上の測度も統一して扱うことができるからである．さらに，F. Riesz の汎関数の積分表現定理にも Carathéodory の条件を用いて簡素化する方法をとった．したがって，もう一つの積分論の導入法である，線形汎関数として測度を定義する方法はとっていない．

Haar 測度の存在，関数空間上の積分については触れなかった．巻末の参考文献などを参照して頂きたい．

超関数，Fourier 解析も初歩的，基本的な事柄を述べるにとどめたが，基礎は述べてあるつもりである．

最後の章はウェーブレット(wavelet)に充てられている．ウェーブレットの理論は，1980年代の始めに実用的な目的から生まれた理論である．現在では，主に Fourier 解析を用いて組み立てられた理論的な骨格を見ることができるようになった．大雑把に述べるならば，ウェーブレットの理論によって，より容易に関数とその Fourier 変換を同時に制御しながら扱うことが可能になり，Fourier 解析では煩雑であった種々の問題の扱いは容易になった．今後は，超関数論のように解析の基礎的な理論になると考えられる．

岩波書店の方々，特に，浜門麻美子氏，吉田宇一氏にはいろいろお世話頂いた．また，東北大学の新井仁之氏，立沢一哉氏には有益な助言，数々のお世話を頂いた．厚く御礼申しあげる次第である．

1996年4月，仙台にて

猪狩 惺

目　次

まえがき

1 Euclid 空間と Riemann 積分 ･････････････････････ *1*
　§1.1　実　数 ････････････････････････････････ *2*
　　(a)　実　数　*2*
　　(b)　実数の完備性　*3*
　　(c)　有理数の可算性　*5*
　§1.2　Euclid 空間 ･･･････････････････････････ *7*
　§1.3　距離空間と位相空間 ･･････････････････････ *9*
　　(a)　距離空間　*9*
　　(b)　位相空間　*9*
　　(c)　開区間と閉区間　*11*
　§1.4　Euclid 空間の開集合と閉集合の構造 ･･････････ *13*
　§1.5　被覆定理 ･････････････････････････････ *17*
　§1.6　連続関数 ･････････････････････････････ *20*
　§1.7　Riemann 積分 ･･････････････････････････ *22*
　§1.8　Jordan 測度 ･･･････････････････････････ *25*
　演習問題 ･････････････････････････････････････ *27*

2 Euclid 空間上の Lebesgue 測度 ･･････････････････ *29*
　§2.1　区間の測度 ････････････････････････････ *30*
　§2.2　外測度 ･･･････････････････････････････ *34*
　§2.3　可測集合と Lebesgue 測度 ････････････････ *36*
　§2.4　測度の基本的性質 ･･･････････････････････ *41*
　§2.5　可測集合と Borel 集合 ･･････････････････ *42*

§2.6　内測度 ………………………………… 46
§2.7　非可測集合の存在 ………………………… 48
演習問題 ……………………………………… 51

3　Euclid 空間上の Lebesgue 積分 …………… 53

§3.1　可測関数 ………………………………… 53
§3.2　単関数列と可測関数 ……………………… 58
§3.3　Lebesgue 積分の定義 ……………………… 59
§3.4　積分の基本的な性質 ……………………… 63
§3.5　関数列の収束 ……………………………… 68
　(a)　ノルム収束と概収束　69
　(b)　一様収束　70
　(c)　Egorov の定理と Lusin の定理　71
　(d)　測度収束と概収束　73
§3.6　収束定理 ………………………………… 75
§3.7　Riemann 積分と Lebesgue 積分 ………… 80
§3.8　Lebesgue 積分の Riemann-Stieltjes 積分による表現 ……………………………………… 82
　(a)　有界変分関数　82
　(b)　Riemann-Stieltjes 積分　85
　(c)　Lebesgue 積分の Riemann-Stieltjes 積分による表現　88
演習問題 ……………………………………… 90

4　微分定理 ……………………………………… 93

§4.1　微分の定義 ………………………………… 93
§4.2　Hardy-Littlewood の極大関数と微分定理 ‥ 97
　(a)　Hardy-Littlewood の極大定理　97
　(b)　Lebesgue の微分定理　99
§4.3　Vitali の被覆定理と微分定理 …………… 102
演習問題 ……………………………………… 108

5 一般の集合上の測度と積分 ... 109

§5.1 一般の測度 ... 110
§5.2 測度の拡張 ... 112
§5.3 測度空間上の積分 ... 115
§5.4 積測度 ... 117
§5.5 積測度上の積分 ... 120
§5.6 Jordan と Hahn の分解定理 ... 125
§5.7 絶対連続測度と特異測度 ... 129
§5.8 距離空間上の測度 ... 139
演習問題 ... 146

6 可積分関数の空間と連続関数の空間 ... 149

§6.1 関数解析の基礎 ... 150
  (a) Banach 空間 150
  (b) 位相ベクトル空間 152
  (c) Banach 環 153
  (d) Hilbert 空間 154

§6.2 Lebesgue 空間 ... 158
  (a) Lebesgue 空間の定義 158
  (b) L^p ノルム 159
  (c) L^p 空間の完備性 162

§6.3 L^p 空間上の線形汎関数 ... 164
§6.4 たたみ込み ... 167
§6.5 近似単位元 ... 170
  (a) 近似単位元と総和核 170
  (b) 総和核の例 172

§6.6 連続関数の空間と Borel 測度 ... 176
  (a) 局所コンパクト Hausdorff 空間 176
  (b) 局所コンパクト空間上の連続関数 177

  (c) Borel 測度 *179*
  (d) 表現定理 *180*
 §6.7 C_0 空間上の有界線形汎関数 ⋯⋯⋯⋯⋯⋯ *184*
 演習問題 ⋯⋯⋯⋯⋯⋯⋯⋯⋯⋯⋯⋯⋯⋯⋯⋯⋯⋯ *187*

7 Schwartz 空間と超関数 ⋯⋯⋯⋯⋯⋯⋯⋯⋯⋯⋯ *189*

 §7.1 微分可能な関数と超関数 ⋯⋯⋯⋯⋯⋯ *190*
 §7.2 超関数の基本的な演算 ⋯⋯⋯⋯⋯⋯⋯ *193*
 §7.3 超関数の局所性質とたたみ込み ⋯⋯⋯⋯ *200*
 §7.4 Schwartz 空間と緩増加超関数 ⋯⋯⋯⋯ *203*
 §7.5 緩増加超関数の演算 ⋯⋯⋯⋯⋯⋯⋯⋯ *207*
 演習問題 ⋯⋯⋯⋯⋯⋯⋯⋯⋯⋯⋯⋯⋯⋯⋯⋯⋯⋯ *208*

8 Fourier 解析 ⋯⋯⋯⋯⋯⋯⋯⋯⋯⋯⋯⋯⋯⋯⋯⋯ *211*

 §8.1 Fourier 変換 ⋯⋯⋯⋯⋯⋯⋯⋯⋯⋯⋯⋯ *212*
  (a) 一変数の Fourier 変換 *212*
  (b) 一変数 Fourier 変換の収束 *216*
  (c) 多変数の Fourier 変換の基本的性質 *220*
  (d) Fourier 変換の総和法 *223*
 §8.2 たたみ込みと Fourier 変換 ⋯⋯⋯⋯⋯⋯ *226*
 §8.3 Fourier 反転公式と Plancherel の定理 ⋯⋯ *230*
  (a) 反転公式 *230*
  (b) Schwartz 関数の Fourier 変換 *231*
  (c) L^2 空間と Fourier 変換 *234*
  (d) Sobolev 空間と Fourier 変換 *237*
 §8.4 Fourier 変換と解析性 ⋯⋯⋯⋯⋯⋯⋯⋯ *239*
  (a) Hardy 空間 *239*
  (b) 指数型整関数と Fourier 変換 *243*
  (c) Heisenberg の不等式 *246*
 §8.5 Fourier 級数 ⋯⋯⋯⋯⋯⋯⋯⋯⋯⋯⋯⋯ *249*

- (a) Fourier 級数　*249*
- (b) たたみ込みと Fourier 級数　*250*
- (c) Fourier 級数の収束性　*251*
- (d) Poisson の公式　*253*

§ 8.6　Fourier 級数の総和法 ･････････････････････ *254*
- (a) Fourier 級数の総和核の例　*254*
- (b) Fourier 級数の総和核　*256*

§ 8.7　直交関数系 ･･････････････････････････････ *258*
- (a) 直交系　*258*
- (b) 直交系の例　*261*

演習問題 ･･ *266*

9　ウェーブレット解析 ･･････････････････････････ *269*

§ 9.1　ウェーブレット変換 ･･････････････････････ *269*

§ 9.2　ウェーブレット展開 ･･････････････････････ *274*
- (a) ウェーブレット変換の離散化　*274*
- (b) Haar のウェーブレット　*275*

§ 9.3　多重解像度解析 ･･････････････････････････ *278*
- (a) 多重解像度解析の定義　*278*
- (b) ウェーブレットの構成　*280*
- (c) スケーリング関数の直交化　*286*

§ 9.4　ウェーブレットの例 ･･････････････････････ *288*

§ 9.5　コンパクトな台をもつウェーブレット ････ *293*
- (a) スケーリング関数の構成と主定理　*293*
- (b) 三角多項式の構成　*299*
- (c) コンパクトな台をもつ連続なウェーブレットの例　*301*

付録　集合論からのノートなど ･･･････････････････ *305*

§ A.1　Zorn の補題 ･････････････････････････････ *305*

§A.2　Urysohn の定理 ･･････････････････････ *306*
§A.3　Euclid の互除法 ･･････････････････････ *306*
§A.4　Euler の公式 ････････････････････････ *307*

参考文献

演習問題解答

索　引

1

Euclid 空間と Riemann 積分

　本章では，第 2 章以下で学ぶ測度，積分，実解析において必要な最小限の基礎知識をピックアップして述べる．本章の大半が既知である読者は，第 2 章から読み始めることを薦める．もし必要があれば，その部分だけ改めて立ちもどって読めばよいと思う．

　解析学の種々の概念である収束，連続性，微分，積分，等々を厳密に議論するには，どうしても実数の概念，つまり，定義を述べることから始めなければならない．

　実数とはいかなるものか．実数の構成の仕方を概観してみよう．まず，自然数は Peano の公理によって定義される．自然数から整数，有理数が定義される．有理数から実数を定義するために "Dedekind の切断" を導入する．そして切断の全体として実数を構成するのである．切断とは直感的にいうと，有理数全体を一列に並べ右側の集合，左側の集合に 2 分割したときの切断点である．より正確には右側の集合を切断点とみなすのである．

　これによって，有理数は可算無限操作で閉じた集合として拡張される．本書で述べる実数の定義は，このような構成的な定義を採用しないで，多分に実用性を重視し，実数のもつ性質をとりあげて公理として実数の定義とする方法をとった．

　直線の区間に対し長さがあり，平面図形に対し面積がある．このことは，これらの図形(集合)に正の実数を対応させる，つまり集合の持つ一つの性質

をとりだしてそれを正数でおきかえているということである．

今までに学んできたこれら "長さ"，"面積" および "積分" などの概念は，Jordan 測度，Riemann 積分という概念で厳密に定義される．それらについて最後の二つの節で述べる．

§1.1 実　数

(a) 実　数

自然数
$$1, 2, 3, \cdots$$
全体を N，整数
$$\cdots, -2, -1, 0, 1, 2, \cdots$$
の全体を Z，有理数
$$\frac{m}{n}, \quad \text{ただし } n, m \text{ は整数}, n \neq 0$$
の全体を Q，実数全体を R で表わす．実数 R は，加法 "+" と乗法 "・" が定義され，正という概念があり，完備性をもつ集合として定義される．これら三つの性質を公理として述べることにする．

公理 1.1 R は次の (A1)-(A9) の性質をもつ．すなわち，代数の用語を用いれば R は**可換体**である．

(A1)　　$(a+b)+c = a+(b+c), \quad a, b, c \in R$．

(A2)　　$0 \in R$ が存在して，すべての $a \in R$ に対して $a+0 = a$．

(A3)　　任意の a に対して $a+b = 0$ を満たす $b \in R$ が存在する．
　　　　このような元 b を $-a$ と書く．

(A4)　　$(ab)c = a(bc)$．

(A5)　　$a+b = b+a$．

(A6)　　$1 \in R$ が存在して，すべての $a \in R$ に対して $a1 = a$．

(A7)　　任意の $a \neq 0$ に対して $ab = 1$ を満たす $b \in R$ が存在する．
　　　　このような元 b を a^{-1} と書く．

(A8)　　$(a+b)c = ac+bc$．

(A9)　　$ab = ba$．　　□

公理 1.2　$\boldsymbol{R}$ は順序体である．これは次の性質をもつ部分集合 P が存在することをいう．$-P = \{-x ; x \in P\}$ と書くとき

(Ord1)　　$P \cap (-P) = \emptyset$．

(Ord2)　　$P \cup (-P) \cup \{0\} = \boldsymbol{R}$．

(Ord3)　　$a, b \in P$ ならば $a+b \in P$ そして $ab \in P$．　　□

$a-b \in P$ であるとき，$b < a$ と書く．(Ord1) と (Ord2) によって，$a, b \in \boldsymbol{R}$ ならば $a < b, b < a, a = b$ のいずれか一つが成り立つことが容易にわかる．

$|x|$ を $x \geqq 0$ のとき x，$x < 0$ のとき $-x$ と定義し，x の絶対値という．

有理数全体 $\boldsymbol{Q}$ も順序体である．実数体は，次の完備性の公理によって他の順序体と区別される．公理を述べる前に上限という概念を導入しておく．

E を $\boldsymbol{R}$ の部分集合とする．もし，すべての $x \in E$ に対し $x \leqq b$ となるような実数 b が存在すれば，E は上に**有界**であるといい，b を E の**上界**という．E のすべての上界からなる集合を B とする．すべての $b \in B$ に対し $c \leqq b$ を満たす $c \in B$ を E の**上限**または**最小上界**といい $\sup E, \sup_{x \in E} x$ などと書く[*1]．$\sup E$ は常に存在するとは限らない．しかし存在すれば一意にきまる．

公理 1.3（完備性の公理）　空でない実数の部分集合が上に有界ならばその上限が存在する．　　□

下に有界，下界，下限なども同様にして定義される．$\inf_{x \in E} x = -\sup_{x \in E}(-x)$ であるから，公理 1.3 は

「空でない実数の部分集合が下に有界ならば下限が存在する」

と言い換えることもできる．

(b)　実数の完備性

完備性の公理 1.3 についてもう少し詳しく述べよう．

定義 1.1　$\boldsymbol{R}$ の点列 $\{a_j ; j = 1, 2, \cdots\}$ は任意の $\varepsilon > 0$ に対し N が存在して

[*1] supremum の略である．これに対し下限は infimum を記号化して inf と書く．

(1.1) $\qquad |a_i - a_j| < \varepsilon \quad (i, j \geqq N)$

を満たすとき，**Cauchy 列**[*2]であるという．点 a が存在して

(1.2) $\qquad |a_j - a| < \varepsilon \quad (j \geqq N)$

であるとき，$\{a_j\}$ は**収束列**であるといい，

$$\lim_{j \to \infty} a_j = a \quad \text{または} \quad a_j \to a \ (j \to \infty)$$

などと書く． □

(1.1), (1.2) はそれぞれ

$$\forall \varepsilon > 0 \ \exists N; \ |a_i - a_j| < \varepsilon \quad (i, j \geqq N),$$
$$\forall \varepsilon > 0 \ \exists N; \ |a_j - a| < \varepsilon \quad (j \geqq N)$$

のように表わされる．

定理 1.1 (Cauchy の定理)　実数のすべての Cauchy 列は収束列である．

[証明]　$\{a_j\}$ を Cauchy 列とする．$\varepsilon > 0$ に対し N が存在して (1.1) が成り立つから，$|a_j| \leqq |a_j - a_N| + |a_N| \leqq \varepsilon + |a_N|$ $(j \geqq N)$ である．ゆえに N を固定すれば，$\{a_j\}$ は上，下に有界であるといえる．したがって公理 1.3 によって，$\alpha_k = \sup_{j \geqq k} a_j$ は存在し，しかも下に有界な列をなす．ゆえに $a = \inf_{k \geqq 1} \alpha_k = \inf_{k \geqq 1} \sup_{j \geqq k} a_j$ は存在する．

(1.1) によって，$a_i - a_j < \varepsilon \ (i, j \geqq N)$ であるから，$k \geqq N$ とするとき，

$$\sup_{i \geqq k} a_i - a_j \leqq \varepsilon \quad (j \geqq N)$$

である．$k \geqq N$ について inf をとり，$a = \inf_{k \geqq 1} \sup_{i \geqq k} a_i = \inf_{k \geqq N} \sup_{i \geqq k} a_i$ であることに注意すれば，

$$a - a_j \leqq \varepsilon \quad (j \geqq N)$$

が得られる．$\inf_{j \geqq k}(-a_j) = -\sup_{j \geqq k} a_j$ であるから同様にして，$k \geqq N$ とするとき

$$a_i - \sup_{j \geqq k} a_j \leqq \varepsilon \quad (i \geqq N)$$

[*2]　A. L. Cauchy (コーシー), 1789–1857. フランスの数学者

である．ここで $k \geq N$ について左辺の sup をとれば，$\sup_{k \geq N}(-\sup_{j \geq k} a_j) = -\inf_{k \geq N} \sup_{j \geq k} a_j = -a$ であるから，

$$a_j - a \leq \varepsilon \quad (j \geq N)$$

である．ゆえに

$$|a - a_j| \leq \varepsilon \quad (j \geq N)$$

が成り立つ．ゆえに $\{a_j\}$ は収束列である． ∎

次の定理は Archimedes の公理とよばれるものである．

定理 1.2 任意の実数 a に対し $a < n$ を満たす整数 n が存在する．

[証明] $E = \{k \in \mathbf{Z}; k \leq a\}$ とおくと E は上に有界な $\mathbf{R}$ の部分集合である．ゆえに $\sup E$ が存在する．それを b とする．$b - \dfrac{1}{2}$ は E の最小上界ではないから，$b - \dfrac{1}{2} < k$ となる $k \in E$ が存在する．$b < k + \dfrac{1}{2} < k + 1$ であるから，$k + 1 \notin E$．ゆえに $a < k + 1$ である．ゆえに $n = k + 1$ が求める性質をもつ． ∎

Archimedes の公理から有理数の稠（ちゅう）密性が導かれる．

定理 1.3 任意の実数 $a < b$ に対し $a < r < b$ を満たす有理数 r が存在する．

[証明] Archimedes の公理によって $(b-a)^{-1} < n$ を満たす整数 n が存在する．ゆえに $\dfrac{1}{n} < b - a$ である．$nb \leq p$ を満たす最小の整数 p をとると，$nb \leq p < nb + 1$ である．ゆえに $a < b - \dfrac{1}{n} = (nb-1)/n \leq (p-1)/n < \dfrac{nb}{n} = b$ である．ゆえに $m = p - 1$ とおけば $a < (m/n) < b$ が得られる． ∎

(c) 有理数の可算性

有限集合または自然数と1対1の対応がつく集合を**可算集合**，そうでない集合を**非可算集合**という．A が可算集合であるとき $\operatorname{card} A \leq \aleph_0$ と書く．そうでないときは $\operatorname{card} A > \aleph_0$ と書く．

可算集合は $a_1, a_2, \cdots$ のように番号をつけることができる．したがって，その部分集合も可算集合である．

定理 1.4 可算集合の可算和は可算集合である．

[証明] $A_m = \{a_{mn} : n = 1, 2, \cdots\}$, $m = 1, 2, \cdots$ を可算集合とする．

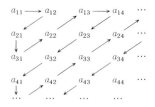

図 1.1 可算集合

図 1.1 のように矢印に沿って番号をつけてゆく．ここで A_m の列が有限できれていれば飛ばして番号をつけることにする．そうすれば，集合 $\bigcup_{m=1}^{\infty} A_m$ のすべての元に番号をつけることができる．

定理 1.5　有理数は可算集合である．

［証明］　m を自然数とする．$A_m = \left\{\cdots, -\dfrac{2}{m}, -\dfrac{1}{m}, 0, \dfrac{1}{m}, \dfrac{2}{m}, \cdots\right\}$ は可算集合である．

$$0, \frac{1}{m}, -\frac{1}{m}, \frac{2}{m}, -\frac{2}{m}, \cdots$$

と書けばすべての元に番号を付けることができるからである．

したがって，前定理によって有理数全体 $\bigcup_{m=1}^{\infty} A_m$ は可算集合である． ∎

定理 1.6　実数は非可算集合である．

［証明］　$0 < x \leqq 1$ を満たす x の集合 $(0,1]$ が非可算集合であることを示す．実数 $0 < a \leqq 1$ を小数展開 $0.a_1 a_2 \cdots$ するとき，たとえば $0.5000\cdots = 0.4999\cdots$ のように二通りに表わされることがある．このような場合は無限小数展開を採用することにすれば，展開の仕方は一通りに決まる．

集合 $(0,1]$ が可算集合であるとすると，$(0,1]$ の元は

$$\begin{aligned} a_1 &= 0.a_{11}a_{12}a_{13}a_{14}\cdots, \\ a_2 &= 0.a_{21}a_{22}a_{23}a_{24}\cdots, \\ a_3 &= 0.a_{31}a_{32}a_{33}a_{34}\cdots, \\ &\cdots\cdots\cdots\cdots\cdots\cdots \end{aligned}$$

と表わすことができる．いま，a_{nn} が 1 ならば $b_n = 2$，1 以外の数ならば $b_n = 1$ とし，$b = 0.b_1 b_2 \cdots b_n \cdots$ とおけば，$0 < b < 1$ である．ところがどのような n

をとっても a_n は b に一致しない．小数第 n 桁が異なるからである．これは $\{a_n\}$ が $(0,1]$ を尽くしているという仮定に反する．

実数と 1 対 1 の対応がつく集合は**連続体の濃度**を持つという．

複素数全体を
$$\boldsymbol{C} = \{a+ib; a,b \in \boldsymbol{R}\}$$
で表わす．

§1.2　Euclid 空間

$\boldsymbol{R}^d$ を d 個の実数の組 $x=(x_1,\cdots,x_d)$ からなる集合とする．$\boldsymbol{R}^d$ の上に次に述べる算法と内積を定義し，これを d 次元 **Euclid 空間**とよぶ．

$\boldsymbol{R}^d$ の点 $x=(x_1,\cdots,x_d), y=(y_1,\cdots,y_d)$ および実数 a に対し
$$x+y = (x_1+y_1,\cdots,x_d+y_d),$$
$$ax = (ax_1,\cdots,ax_d)$$
と定義する．したがって $x+y, ax \in \boldsymbol{R}^d$ である．特に
$$0 = (0,\cdots,0)$$
と書く．

$x,y \in \boldsymbol{R}^d$ に対して
$$x \cdot y = x_1 y_1 + \cdots + x_d y_d$$
を x と y の**内積**という．原点と点 x 間の**距離**は
$$|x| = (x \cdot x)^{1/2}$$
である．

$x,y \in \boldsymbol{R}^d, a \in \boldsymbol{R}$ とするとき，
(i)　　$|x| \geqq 0, \quad |x|=0 \Leftrightarrow x=0,$
(ii)　　$|ax| = |a||x|,$
(iii)　　$|x+y| \leqq |x|+|y|$　（Minkowski の不等式）
である．さらに
(iv)　　$|x \cdot y| \leqq |x||y|$　（Schwarz の不等式）
が成り立つ．

まず Schwarz の不等式を示そう．それには，
$$(1.3) \qquad (x_1y_1+\cdots+x_dy_d)^2 \leqq (x_1^2+\cdots+x_d^2)(y_1^2+\cdots+y_d^2)$$
が成り立つことを示せばよい．

t の 2 次式 $(tx_1-y_1)^2+\cdots+(tx_d-y_d)^2$ はすべての t に対し $\geqq 0$ であるから，判別式 $\leqq 0$ である．これは，とりもなおさず (1.3) の不等式である．

Minkowski の不等式を示そう．
$$\begin{aligned} |x+y|^2 &= (x_1+y_1)^2+\cdots+(x_d+y_d)^2 \\ &= (x_1^2+\cdots+x_d^2)+(y_1^2+\cdots+y_d^2)+2(x_1y_1+\cdots+x_dy_d) \\ &= |x|^2+|y|^2+2x\cdot y \end{aligned}$$
である．最後の項に Schwarz の不等式を用いると，右辺は次の式を超えない：
$$|x|^2+|y|^2+2|x||y| \leqq (|x|+|y|)^2.$$
ゆえに (iii) が導かれた．

集合 X において，写像 $\rho\colon X\times X \mapsto \boldsymbol{R}$ が定義されており

(D1) $\quad \rho(x,y)\geqq 0, \quad \rho(x,y)=0 \;\Leftrightarrow\; x=y,$

(D2) $\quad \rho(x,y)=\rho(y,x),$

(D3) $\quad \rho(x,y)\leqq \rho(x,z)+\rho(z,y) \quad (x,y,z\in X)$

を満たすとき，ρ を X 上の**距離**といい (X,ρ) を**距離空間**という．

$\boldsymbol{R}^d$ 上で $\rho(x,y)=|x-y|$ と定義すれば，$\rho(\cdot,\cdot)$ は (i) と Minkowski の不等式によって距離の条件を満たす．

距離空間 X の点列 $\{a_j\}$ は
$$\rho(a_i,a_j)\to 0 \quad (i,j\to\infty)$$
を満たすとき **Cauchy 列**であるといい，点 a が存在して
$$\rho(a_j,a)\to 0 \quad (j\to\infty)$$
であるとき，$\{a_j\}$ は**収束列**であるという．すべての Cauchy 列が収束列であるような距離空間を**完備距離空間**という．

定理 1.7 Euclid 空間は完備距離空間である．

［証明］ $\{x^j\}$ を $\boldsymbol{R}^d$ の列とする．$x^j=(x_1^j,\cdots,x_d^j)$ と書くと，$\{x^j\}$ が Cauchy

列であるための必要十分条件は，各 $i=1,2,\cdots,d$ について $\{x_i^j\}$ が Cauchy 列であることである．このことに注目すれば，定理は Cauchy の定理 1.1 から容易に導かれる． ∎

§1.3　距離空間と位相空間

(a)　距離空間

距離空間 (X,ρ) において，
$$B(x,r)=\{y\in X\,;\,\rho(x,y)<r\}$$
を中心 x，半径 $r>0$ の球という．

集合 $A\subset X$ に対して
$$(A-\{x\})\cap B(x,r)\neq\emptyset\quad(\forall r>0)$$
を満たす点 x を A の**集積点**という．集積点の全体を A' で表わし，A の**導集合**という．
$$\overline{A}=A\cup A'$$
を A の**閉包**という．

$A\supset\overline{A}$ のとき A は**閉集合**であるという．

$r>0$ が存在して $B(x,r)\subset A$ であるとき，x を A の**内点**といい，内点全体からなる集合 A^i を A の**内部**という．A^i は $\mathrm{int}A$ とも書く．$A^i=A$ のとき A を**開集合**という．

(b)　位相空間

距離空間より，より広い概念である位相空間について述べよう．

集合 X において，次の3つの条件を満たす集合族 $\mathcal{O}$ が与えられているとする．

(O1)　$X\in\mathcal{O},\emptyset\in\mathcal{O}$,

(O2)　$O_\alpha\in\mathcal{O},\alpha\in I$,　ならば，$\bigcup_{\alpha\in I}O_\alpha\in\mathcal{O}$,

(O3)　$O_1,O_2\in\mathcal{O}$ ならば，$O_1\cap O_2\in\mathcal{O}$.

このとき，$\mathcal{O}$ は X の**位相**を定義するといい，$\mathcal{O}$ の集合を**開集合**とよぶ．

たとえば，距離空間において，$A^i = A$ を満たす集合全体を $\mathcal{O}$ とすれば，$\mathcal{O}$ は (O1-3) を満たすことが容易に確かめられる(章末演習問題 1.1 参照)．

点 x を含む開集合を x の**近傍**という．位相空間 X の任意の異なる点 x, y に対し交わらない x の近傍 V_x と y の近傍 V_y が存在するとき，X は **Hausdorff 空間**であるという(図 1.2)．

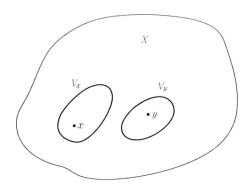

図 **1.2** Hausdorff 空間

x のすべての近傍 V_x に対し
$$(A - \{x\}) \cap V_x \neq \emptyset$$
であるような点 x を A の**集積点**といい，集積点の全体を A' で表わし，A の**導集合**という．距離空間の場合と同様 $\overline{A} = A \cup A'$ を A の**閉包**という．$\overline{A} \subset A$ のとき A は**閉集合**であるという．$V_x \subset A$ であるような x の近傍 V_x が存在するとき，x は A の**内点**であるといい，内点全体を int A または A^i と書き A の**内部**という．

定理 1.8 集合 O が開であるための必要十分条件は，$O = O^i$ であることである．

[証明] O が開集合なら O の各点は内点であるから，$O \subset O^i$, ゆえに $O = O^i$ である．逆に，$O = O^i$ ならば，任意の $x \in O$ に対し $V_x \subset O$ であるような x の近傍 V_x が存在するから $O = \bigcup \{V_x ; x \in O\}$ である．右辺は (O2) によって $\mathcal{O}$ に属するから開集合である． ∎

D を X の集合とする．$G \subset D$ が D において開であるとは，X の開集合 O が存在して $G = D \cap O$ と表わすことができることである．したがって，$G \subset D$ が D において開であるための必要十分条件は，任意の $x \in G$ に対し $V_x \cap D \subset G$ を満たす近傍 V_x が存在することである．実際，$G = D \cap O$，そして O は開集合であるとすれば，任意の $x \in G = D \cap O$ に対し，$V_x \subset O$ を満たす x の近傍が存在する．逆に，$G \subset D$ が D において開であれば，$O = \bigcup \{V_x ; V_x \cap D \subset G\}$ とおくと O は開集合で $G = O \cap D$ である．

集合 A の **補集合** $\{x \in X ; x \notin A\}$ を A^c で表わす．

定理 1.9 A が開集合であるための必要十分条件は，補集合 A^c が閉であることである．

［証明］ A を閉集合とする．$A = X$ なら，$A^c = \emptyset$ は開集合である．$A \neq X$ とする．$x \notin A$ なら，x は A の集積点ではないから，x の十分小さな近傍 V_x をとれば，$V_x \cap A = \emptyset$ である．ゆえに x は A^c の内点である．よって A^c は開集合である．

逆に，A^c を開集合とする．$x \in A^c$ とすると x は A^c の内点であるから，x の十分小さな近傍 V_x をとれば，$V_x \cap A = \emptyset$ である．したがって x は A の集積点ではない．ゆえに $A^c \subset (A')^c$．ゆえに $A \supset A'$．したがって A は閉集合である． ∎

定義から開集合の和集合はまた開集合である．補集合をとることによって，A_α がすべて閉集合ならば，$\bigcap A_\alpha$ は閉集合であることがわかる．

$A' = A, A \neq \emptyset$ のとき，A は **完全集合** であるという．

$A \subset A'$ のとき，A は **自己稠密** であるという．

$B \subset A, A \subset \overline{B}$ のとき，B は A で **稠密** であるという．

$A^s = A - A'$ を A の **孤立集合**，その元を **孤立点** という．

$\partial A = \overline{A} - A^i$ を A の **境界** という．

(c) 開区間と閉区間

$-\infty < a < b < \infty$ とするとき，

$$[a, b] = \{x \in \mathbf{R} ; a \leqq x \leqq b\}, \quad (a, b) = \{x \in \mathbf{R} ; a < x < b\}$$

をそれぞれ**閉区間**，**開区間**という．閉区間，開区間はそれぞれ閉，開集合である．

$$[a,b) = \{x \in \mathbf{R}; a \leqq x < b\}, \quad (a,b] = \{x \in \mathbf{R}; a < x \leqq b\}$$

をそれぞれ**右半開区間**，**左半開区間**という．

$I_1, \cdots, I_d$ を区間とするとき

$$I = I_1 \times \cdots \times I_d = \{x = (x_1, \cdots, x_d); x_j \in I_j, j = 1, \cdots, d\}$$

を d 次元区間という．$I_1, \cdots, I_d$ がすべて閉(開，右半開，左半開)のとき I は閉(開，右半開，左半開)区間という．有界な右半開区間，左半開区間は閉集合でも開集合でもない．

例 1.1 (Cantor の三分集合) 以下のようにして構成される実軸上の集合 C は **Cantor**[*3]**の三分集合**という．それが持つ特異な性質はしばしば集合や関数の特殊な性質を明らかにするために利用される．

閉区間 $I = [0,1]$ から中央の $1/3$ の開区間 $(1/3, 2/3)$ を取り除く．$C_1 = I - (1/3, 2/3)$ は 2 つの閉区間 $[0, 1/3], [2/3, 1]$ からなる閉集合である．これら 2 つの閉区間の中央の $1/3$ の開区間 $(1/3^2, 2/3^2), (2/3+1/3^2, 2/3+2/3^2)$ を除いて得られる閉集合を C_2 とする．C_2 は 4 つの閉区間からなる．次に，これら 4 つの閉区間から中央の $1/3$ の開区間を取り除く(図 1.3)．このような操作を次々に施して得られる残りの集合を $C_1, C_2, C_3, \cdots$ で表わす．$C = \bigcap_{j=1}^{\infty} C_j$ を Cantor の三分集合という．

図 1.3 Cantor の三分集合

(i) Cantor の三分集合は

$$C = \{x; x = \sum_{j=1}^{\infty} 2\varepsilon_j/3^j, \varepsilon_j = 0, 1\}$$

と表わされる．右辺の集合は $[0,1]$ の数 x を三進法展開するとき 1 を用い

---

*3 G. Cantor (カントール), 1845–1918.

ないで表わすことができるような x の集合であることを意味する．たとえば，$1/3$ は $1/3=1/3+0/3^2+0/3^3+\cdots$ の他に 1 を用いない三進法展開 $1/3=\sum_{j=2}^{\infty}2/3^j$ を持つから，$1/3\in C$ である．

$x\in[0,1]-C$ であることと，x は少なくとも 1 つの中央の $1/3$ の開区間に含まれていることとは同値である．このことは，x の三進法展開を $\sum_{j=1}^{\infty}\eta_j/3^j$, $\eta_j=0,1,2,$ とするとき，$\eta_j=1$ となる j が必ず存在することと同値である．つまり，$x=\sum_{j=1}^{\infty}2\varepsilon_j/3^j$ と表わすことができないことと同値である．

(ii) C は完全集合である．

C_j は閉であるから，$C=\bigcap_{j=1}^{\infty}C_j$ も閉である．ゆえに，$C'\subset C$.

$x=\sum_{j=1}^{\infty}2\varepsilon_j/3^j\in C$ とする．任意の $r>0$ に対し $(C-\{x\})\cap(x-r,x+r)\neq\emptyset$ である．なぜならば，$x^n=\sum_{j=1}^{n}2\varepsilon_j/3^j+\sum_{j=n+1}^{\infty}2(1-\varepsilon_j)/3^j$ とおくと，$x^n\neq x$, $x^n\in C$. そして $n\to\infty$ とするとき，$x^n\to x$ である．ゆえに $C\subset C'$. ゆえに $C=C'$.

(iii) C は連続体の濃度を持つ．

実際，写像 $\psi:C\mapsto[0,1]$ を

$$\psi\left(\sum_{j=1}^{\infty}2\varepsilon_j/3^j\right)=\sum_{j=1}^{\infty}\varepsilon_j/2^j$$

で定義すると，ψ は全射であるからである． □

§1.4 Euclid 空間の開集合と閉集合の構造

実軸 $\boldsymbol{R}$ または空間 $\boldsymbol{R}^d$ 特有の，開集合と閉集合の構造について調べよう．これは第 2 章で述べる Lebesgue 測度を理解する上でも役に立つと思う．

定理 1.10 $\boldsymbol{R}$ の開集合は，互いに交わらない可算個の開区間の和として表わされる．

証明には Zorn の補題は必ずしも必要ではないが，ここでは Zorn の補題を

用いて示す．Zorn の補題については付録を参照していただきたい．

[証明] O を $\boldsymbol{R}$ の空でない開集合とする．$\mathcal{I}$ を O に含まれる開区間全体の族とする．$\mathcal{I}$ は包含関係 $\subset$ に関して半順序集合である．$\{I_\alpha\}$ を $\mathcal{I}$ の勝手な全順序部分集合とする．$\bigcup_\alpha I_\alpha$ は開区間であってすべての $\{I_\alpha\}$ を含むから，$\{I_\alpha\}$ の上界である．つまり，任意の全順序部分集合は上界をもつ．ゆえに Zorn の補題によって $\mathcal{I}$ は少なくとも 1 つ極大元を持つ．極大元全体を $\mathcal{I}_o$ と書く．このとき，$\mathcal{I}_o$ は可算個の交わらない開区間からなり，$O = \bigcup\{J; J \in \mathcal{I}_o\}$ となる．

実際，O の任意の元 x は少なくとも 1 つの $\mathcal{I}$ の区間 I に含まれる．そして I はある極大区間 I_o に含まれるから，$x \in I_o \subset \bigcup\{J; J \in \mathcal{I}_o\}$，ゆえに $O \subset \bigcup\{J; J \in \mathcal{I}_o\}$ である．逆向きの不等号は明らかである．

$I, J \in \mathcal{I}_o$ なら，$I \cap J = \emptyset$ か $I = J$ のいずれかである．なぜならば，$I \cap J \neq \emptyset$ なら $I \cup J$ もまた O に含まれる開区間であるから I, J の極大性によって $I \cup J \subset I, J$ となる．ゆえに $I = J$．ゆえに $\mathcal{I}_o$ の元は互いに交わらない．

最後に，$\mathcal{I}_o$ は可算族であることを示そう．$\mathcal{I}_o$ の区間 I から 1 つの有理点 r_I を選ぶ．写像 $r_I \mapsto I \in \mathcal{I}_o$ は 1 対 1 である．有理点全体は可算集合であるから，$\mathcal{I}_o$ は可算族である． ∎

定理 1.10 は 1 次元の場合にしか成り立たない．$\boldsymbol{R}^d (d>1)$ の開集合は必ずしも互いに素な開区間の可算和として表わすことはできないのである(章末演習問題 1.2 参照)．

$k \in \boldsymbol{Z}$ を固定する．立方体
$$[j_1 2^{-k}, (j_1+1)2^{-k}] \times \cdots \times [j_d 2^{-k}, (j_d+1)2^{-k}], \quad (j_1, \cdots, j_d) \in \boldsymbol{Z}^d,$$
を辺長 2^{-k} の **2 進立方体**という(図 1.4)．辺長 2^{-k} の 2 進立方体全体を $\mathcal{Q}_k$，そして
$$\mathcal{Q} = \bigcup_{k=-\infty}^{\infty} \mathcal{Q}_k$$
と書く．

$\mathcal{Q}_k$ は可算集合であるから，$\mathcal{Q}$ は可算集合である．

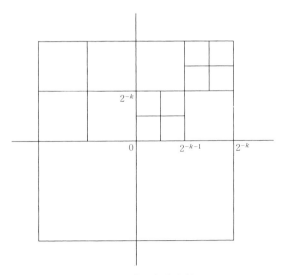

図 1.4　2 進立方体全体

$I, J \in \mathcal{Q}$ なら $I \cap J = \emptyset, I \subset J, I \supset J$ のいずれか一つが成り立つ．

定理 1.11　$\mathbf{R}^d$ の開集合は，互いに交わらない可算個の右半開区間の和として表わされる．

［証明］　O を $\mathbf{R}^d$ の空でない開集合とする．$\mathcal{I} = \{I \in \bigcup_{k \geq 0} \mathcal{Q}_k ; I \subset O\}$ とおく．$(\mathcal{I}, \subset)$ は半順序集合である．その極大元全体を $\mathcal{I}_o$ とすると $\mathcal{I}_o$ の区間は互いに素である．$O \subset \bigcup\{J ; J \in \mathcal{I}_o\}$ であることを示せばよい．逆向きの包含関係は明らかだからである．$x \in O$ とすると，x を含む十分小さな $I \in \mathcal{Q}$ をとれば，$x \in I \subset O$ となる．そして I は $\mathcal{I}$ の極大元に含まれる．ゆえに $x \in \bigcup\{J ; J \in \mathcal{I}_o\}$ である．2 進立方体は可算個であるから，$\mathcal{I}_o$ は可算集合である． ∎

集合 A, B は $A \cap B$ が内点を持たないとき，重ならないという．2 進立方体の閉包はお互いに重ならないか一方が他方を含む．

定理 1.12　$\mathbf{R}^d$ の開集合は，互いに重ならない可算個の閉区間の和として表わされる．

[証明] O を $\bm{R}^d$ の空でない開集合とし，$\mathcal{J}=\{J\in\bigcup_{k\geq 0}\mathcal{Q}_k;\overline{J}\subset O\}$ とおく．$\mathcal{J}$ の極大元全体を $\mathcal{J}_o$ とする．$\mathcal{J}_o$ の区間は互いに交わらないから，その閉包は重ならない．$O=\bigcup\{\overline{J};J\in\mathcal{J}_o\}$ であることは前定理と同様にして示される． ∎

定義 1.2 集合族 $\mathcal{G}$ が集合 A の**被覆**であるとは，

$$A\subset\bigcup_{G\in\mathcal{G}}G=\bigcup\{G\in\mathcal{G}\}$$

であることをいう．特に，$\mathcal{G}$ の元がすべて開集合であるとき**開被覆**という．

例 1.2 開区間列 $I_n=\left(\dfrac{1}{n}-2^{-n-1},\dfrac{1}{n}+2^{-n-1}\right),n=1,2,\cdots$, は集合 $A=\left\{1,\dfrac{1}{2},\dfrac{1}{3},\cdots\right\}$ の開被覆である (図 1.5)．しかし，$0\notin\bigcup_{n=1}^{\infty}I_n$ であるから，$A\cup\{0\}$ の被覆ではない． ∎

図 1.5 $\left\{1,\dfrac{1}{2},\dfrac{1}{3},\cdots\right\}$ の開被覆

補題 1.1 (Lindelöf の定理) A を $\bm{R}^d$ の集合，$\mathcal{G}$ を A の開被覆であるとする．そのとき $\mathcal{G}$ は A の可算部分被覆を含む．

[証明] $A\subset\bigcup\{G\in\mathcal{G}\}$ である．x を A の任意の点とする．仮定から，x は少なくとも一つの $O\in\mathcal{G}$ に含まれる．成分が有理数からなる点 $a_x\in\bm{R}^d$ を中心とし有理数 $r_x>0$ を半径とする球が $x\in B(a_x,r_x)\subset O$ を満たすようにとることができる．このような球の集合 $\{B(a_x,r_x);x\in A\}$ は可算個であって，$A\subset\bigcup B(a_x,r_x)$ である．各 $B(a_x,r_x)$ に対して $B(a_x,r_x)\subset O'$ であるような開集合 $O'\in\mathcal{G}$ を 1 つ選べば，$\{O'\}$ は $\mathcal{G}$ の可算部分族であって A を覆う． ∎

定理 1.13 (Cantor-Bendixson の定理) $\bm{R}^d$ の閉集合は，完全集合と可算集合の和として表わされる．

[証明] 一般に，A を $\bm{R}^d$ の集合とするとき，すべての $r>0$ に対して
$$\mathrm{card}(A\cap B(a,r))>\aleph_0$$

であるような点 a を A の**凝集点**という．

F を $\boldsymbol{R}^d$ の閉集合とする．P を F の凝集点全体，$N = F - P$ とおく．P は完全集合，N は可算集合であることを示せばよい．

実際，N の点は凝集点ではないから，$a \in N$ に対して
$$\mathrm{card}(F \cap B(a, r_a)) \leqq \aleph_0$$
となる $r_a > 0$ が存在する．$\{B(a, r_a); a \in N\}$ は N の開被覆であるから，Lindelöf の定理によって N の可算部分被覆が存在する．それを $\{B(a_j, r_{a_j}); j = 1, 2, \cdots\}$ とする．
$$N = N \cap F \subset \bigcup_j B(a_j, r_{a_j}) \cap F$$
である．右辺は可算集合の可算和であるから，N は可算集合である．

次に P は完全集合であることを示そう．$a \in P$ とすると，任意の $r > 0$ に対して $P \cap B(a, r) = F \cap B(a, r) - N \cap B(a, r)$．右辺は，非可算集合と可算集合の差であるから非可算である．ゆえに $a \in P'$．ゆえに $P \subset P'$．逆に，$a \notin P$ とすると，a は凝集点ではないから，

(1.4) $\qquad \exists r > 0; \quad \mathrm{card}(F \cap B(a, r)) \leqq \aleph_0$

である．一方，$P \cap B(a, r)$ の点 b をとるとき，P は F の凝集点からなる集合であるから，

(1.5) $\qquad \mathrm{card}(F \cap B(b, s)) > \aleph_0 \quad (\forall s > 0)$

である．s を十分小さくとれば，$B(b, s) \subset B(a, r)$ であるから (1.4) と (1.5) は矛盾する．ゆえに，$P \cap B(a, r)$ の点は存在しない，つまり空集合である．ゆえに $B(a, r) \subset P^c$，すなわち，a は P^c の内点である．ゆえに P^c は開集合，したがって P は閉集合である．ゆえに $P' \subset P$．したがって，前半と合わせると $P = P'$ となる．ゆえに P は完全集合である． ∎

§1.5 被覆定理

定義 1.3 K を Hausdorff 空間の部分集合とする．K の任意の開被覆が有限部分被覆をもつとき，K は**コンパクト**であるという． ∎

すなわち，$\{G_\iota \,;\, \iota \in I\}$ は開集合族で $K \subset \bigcup_{\iota \in I} G_\iota$ であれば，
$$K \subset \bigcup_{i=1}^{N} G_{\iota_i}$$
となる有限個の $\iota_1, \cdots, \iota_N$ が存在することである．

後ほど述べるように，Euclid 空間の有界閉集合はコンパクトであり，逆も成り立つのである．

例 1.3 例 1.2 の集合 $A \cup \{0\}$ は R の有界閉集合であるから，コンパクトである．実際，$\mathcal{G}$ を $A \cup \{0\}$ の任意の開被覆とする．0 を含む集合 $G_0 \in \mathcal{G}$ を 1 つとると，G_0 は開集合であるから，N を十分大にとれば $\frac{1}{n} \in G_0 \,(n > N)$ である．点 $1, \frac{1}{2}, \cdots, \frac{1}{N}$ をそれぞれ含む開集合 $G_1, G_2, \cdots, G_N \in \mathcal{G}$ をとれば，$G_0, G_1, G_2, \cdots, G_N$ は $A \cup \{0\}$ の有限開被覆である． □

定義 1.4 集合族 $\mathcal{F}$ が**有限交叉性**をもつとは，$\mathcal{F}$ の任意の有限個の集合 $F_1, \cdots, F_N$ に対して $\bigcap_{j=1}^{N} F_j \neq \emptyset$ が成り立つことである． □

定理 1.14 集合 K がコンパクトであるための必要十分条件は，$\mathcal{F}$ が閉集合からなる族で $\{K \cap F \,;\, F \in \mathcal{F}\}$ が有限交叉性をもてば，$\bigcap_{F \in \mathcal{F}} K \cap F \neq \emptyset$ となることである．

［証明］ $\mathcal{F}$ は閉集合からなる一つの族とする．$\bigcap_{F \in \mathcal{F}} K \cap F = \emptyset$ であることと $K \subset \bigcup_{F \in \mathcal{F}} F^c$ であること，すなわち $\{F^c\}$ は K の開被覆であることと同値である．一方，$\{K \cap F \,;\, F \in \mathcal{F}\}$ が有限交叉性をもたないことは，有限個の $F_1, \cdots, F_N \in \mathcal{F}$ が存在して $\bigcap_{j=1}^{N} K \cap F_j = \emptyset$，すなわち $K \subset \bigcup_{j=1}^{N} F_j^c$ であることと同値である．

以上のこととコンパクトの定義から証明が従う． ∎

補題 1.2 $\mathbf{R}^d$ のコンパクト集合は閉集合である．

［証明］ 集合 A が閉でないとすると，$a \notin A$ が存在してすべての $r > 0$ に対し $A \cap B(a, r) \neq \emptyset$．ゆえに $\{A \cap \overline{B(a, r)} \,;\, r > 0\}$ は有限交叉性をもつ．ところが，$\bigcap_{r>0} \overline{B(a, r)} \cap A = \{a\} \cap A = \emptyset$ である．ゆえに定理 1.14 によって A はコンパクトでない． ∎

補題 1.3 コンパクト集合の閉部分集合はコンパクトである．

［証明］ K をコンパクト集合，C を閉部分集合とする．$\{O_\iota\}$ を C の開被覆とすると，$\{O_\iota\} \cup \{C^c\}$ は K の開被覆である．ゆえに K の有限部分開被覆 $O_{\iota_1}, \cdots, O_{\iota_N}, C^c$ が存在する．ここで，C^c は不必要かもしれないが念のため加えておく．C は K の閉部分集合であるから，
$$(O_{\iota_1} \cup \cdots \cup O_{\iota_N}) \cap C = (O_{\iota_1} \cup \cdots \cup O_{\iota_N} \cup C^c) \cap C \supset K \cap C = C$$
である．ゆえに C は有限開被覆 $O_{\iota_1}, \cdots, O_{\iota_N}$ を持つ． ∎

$\boldsymbol{R}^d$ の集合はある球に含まれるとき，**有界**であるという．

補題 1.4 $\boldsymbol{R}^d$ の有界閉区間はコンパクト集合である．

［証明］ I を有界閉区間，$\{O_\iota\}$ を I の開被覆とする．$\{O_\iota\}$ は I の有限部分被覆を持たないとすると，I を 2^d 個の等しい閉区間に分割するとき，それらのうち少なくとも一つの閉区間は有限部分被覆を持たない．それを I_1 と書く．次に I_1 を 2^d 個の等しい閉区間に分割するとき，やはりそれらのうち少なくとも一つの閉区間は有限部分被覆を持たない．それを I_2 と書く．このようにして，閉区間列 $I_1 \supset I_2 \supset \cdots$ が得られる（図 1.6）．

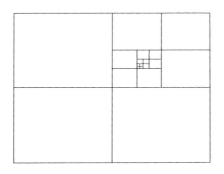

図 1.6　有界閉区間列 I_j

I_j はすべて有限部分被覆を持たない．ところが $\{I_j\}$ は 1 点に収束するから，その点を $\{a\}$ とすれば，$a \in I$ である．a を含む開集合 O_ι をとると，十分大きな k に対し $I_k \subset O_\iota$ となる．これはすべての $I_1, I_2, \cdots$ が有限部分被覆を持たないことに反する．ゆえに証明された． ∎

定理 1.15（Heine-Borel の定理）　$\boldsymbol{R}^d$ の集合がコンパクトであるための必要十分条件は，有界かつ閉であることである．

［証明］ C は有界かつ閉であるとする．C はある有界閉区間に含まれるから，補題 1.4 と補題 1.3 によって C はコンパクトである．

C をコンパクト集合とする．$\{B(0,r);\ r=1,2,\cdots\}$ は C の開被覆である．ゆえに有限部分被覆を持つ．ゆえに $R>0$ を十分大にとれば $C\subset B(0,R)$ であるから有界である．閉であることは補題 1.2 からわかる． ∎

§1.6 連続関数

D を $\boldsymbol{R}^d$ の部分集合，f を D 上の関数とする．x を D の点とする．任意の $\varepsilon>0$ に対し $\delta>0$ が存在して，

(1.6) $\qquad |f(x)-f(y)|<\varepsilon \quad (y\in D,\ |x-y|<\delta)$

であるとき，f は x で**連続**であるという．

D の各点で連続であるとき，f は D で連続であるという．一般に，δ は点 x と ε に依存するが，点 x によらないようにとれるとき，すなわち，(1.6) が $|x-y|<\delta$ を満たすすべての $x,y\in D$ に対して成り立つような $\delta>0$ が存在するとき，f は D で**一様連続**であるという．

定理 1.16 $\boldsymbol{R}^d$ の集合 D 上の実数値関数 f が連続であるための必要十分条件は，$\boldsymbol{R}$ の任意の開集合 O に対し，$f^{-1}(O)=\{x\in D;\ f(x)\in O\}$ が D で開であることである．

［証明］ f は D で連続であるとする．O を $\boldsymbol{R}$ の開集合とする．$x\in f^{-1}(O)$ とすると $f(x)\in O$ であるから，$\delta>0$ を十分小にとれば，$y\in B(x,\delta)\cap D$ なら $f(y)\in O$ となる．したがって，$B(x,\delta)\cap D\subset f^{-1}(O)$ である．ゆえに $f^{-1}(O)$ は D で開である．

逆を示す．$x\in D,\varepsilon>0$ とする．$f^{-1}(B(f(x),\varepsilon))$ は開であって x を含むから，$\delta>0$ が存在して，$B(x,\delta)\cap D\subset f^{-1}(B(f(x),\varepsilon))$，すなわち，$|f(x)-f(y)|<\varepsilon\ (y\in B(x,\varepsilon)\cap D)$．ゆえに f は連続である． ∎

定理 1.17 コンパクト集合上の連続関数は一様連続である．

［証明］ f を $\boldsymbol{R}^d$ のコンパクト集合 K 上の連続関数とする．$\varepsilon>0$ を与える．任意の $x\in K$ に対し $\delta_x>0$ が存在して

(1.7) $\qquad |f(x)-f(y)|<\varepsilon/2 \quad (y\in K\cap B(x,2\delta_x))$

である．$\{B(x,\delta_x); x\in K\}$ は K の開被覆であるから，有限部分被覆 $B(x_1,\delta_{x_1})$, $\cdots$, $B(x_k,\delta_{x_k})$ が存在する．$\delta=\min(\delta_{x_1},\cdots,\delta_{x_k})$ とおく．$\delta>0$ である．
$$|f(x)-f(y)|<\varepsilon \quad (x,y\in K,\ |x-y|<\delta)$$
であることを示せばよい．

任意の x に対して $x\in B(x_j,\delta_j)$ となる j が存在する．ゆえに $|x-y|<\delta$ を満たす点 $y\in K$ に対し，$|x_j-y|\leqq|x_j-x|+|x-y|<\delta_{x_j}+\delta\leqq 2\delta_{x_j}$ であるから，$y\in B(x_j,2\delta_{x_j})$ である．ゆえに
$$|f(x)-f(y)|\leqq|f(x)-f(x_j)|+|f(x_j)-f(y)|<\varepsilon/2+\varepsilon/2=\varepsilon$$
である． ∎

例 1.4 f は $\boldsymbol{R}^d$ 上の関数で，任意の $|x_j|\to\infty$ であるような点列 $\{x_j\}$ に対し $f(x_j)\to 0$ であるとする．そのとき，任意の $\varepsilon>0$ に対しコンパクト集合 K が存在して，

(1.8) $\qquad\qquad |f(x)|<\varepsilon \quad (x\notin K)$

である．また，逆も成り立つ． □

このとき，f は**無限遠点で 0** となるといい，$f(\infty)=0$ などと書く．

[証明] 実際，もし (1.8) が成り立たないとすると，$\varepsilon>0$ が存在してすべての $j>0$ に対し $|f(x_j)|\geqq\varepsilon$ となるような $|x_j|\geqq j$ が存在する．これは仮定に反する．逆に，(1.8) が成り立てば，任意の j に対し $R_j>0$ が存在して，$|f(x)|<1/j$ ($|x|>R_j$) となるからである． ∎

定理 1.18 コンパクト集合上の連続関数の値域はコンパクトである．特に，$\boldsymbol{R}^d$ 上の連続関数はコンパクト集合をコンパクト集合に写す．

[証明] f を $\boldsymbol{R}^d$ のコンパクト集合 K 上の連続関数とする．$\{O_\alpha\}$ を $f(K)$ の開被覆とする．$\{f^{-1}(O_\alpha)\}$ は K を被覆する開集合族である．詳しく述べると，$\boldsymbol{R}^d$ の開集合 $\tilde{O}_\alpha$ が存在して $f^{-1}(O_\alpha)=\tilde{O}_\alpha\cap K$ である．$\{\tilde{O}_\alpha\}$ は K の開被覆であるから，有限個の $\alpha_1,\cdots,\alpha_k$ が存在して，$K\subset\tilde{O}_{\alpha_1}\cup\cdots\cup\tilde{O}_{\alpha_k}$ となる．したがって $K\subset f^{-1}(O_{\alpha_1})\cup\cdots\cup f^{-1}(O_{\alpha_k})$．ゆえに $f(K)\subset f(f^{-1}(O_{\alpha_1})\cup\cdots\cup f^{-1}(O_{\alpha_k}))\subset O_{\alpha_1}\cup\cdots\cup O_{\alpha_k}$．ゆえに $f(K)$ はコンパクトである． ∎

系 1.1 コンパクト集合 K 上の実数値連続関数 f は有界であって，K 上

で最小上界 $\sup_{x \in K} f(x)$, および最大下界 $\inf_{x \in K} f(x)$ をとる.

[証明] $f(K)$ は $\boldsymbol{R}$ のコンパクト集合である. 一般に $\boldsymbol{R}$ のコンパクト集合は有界かつ閉であるから, 上限および下限 を含む. ∎

§1.7 Riemann 積分

1854 年, Riemann[*4]ははじめて積分の概念を明確に定義した. それは, 今日からみると意外なことかもしれないが, Fourier 係数(第 8 章参照)を定義するためであった. 以下で Riemann による積分の定義をのべよう.

$I = [a_1, b_1] \times \cdots \times [a_d, b_d]$ を $\boldsymbol{R}^d$ の有界区間とするときその体積(長さ, 面積) $(b_1 - a_1) \times \cdots \times (b_d - a_d)$ を $|I|$ で表わす. このとき I を定義する各区間は開区間であっても閉区間, 半開区間であっても, すべて $|I|$ の値は同じであるものとする.

f を I 上の実数値関数とする. I を任意に有限個の重ならない区間 $\Delta = \{I_j; j = 1, \cdots, k\}$ に分割して

$$\overline{f}_j = \sup_{x \in I_j} f(x), \quad \underline{f}_j = \inf_{x \in I_j} f(x)$$

とおき

$$\overline{s}(f, \Delta) = \sum_{j=1}^{k} \overline{f}_j |I_j|, \quad \underline{s}(f, \Delta) = \sum_{j=1}^{k} \underline{f}_j |I_j|$$

と定義する. $\overline{s}(f, \Delta)$ は分割区間 Δ を細分するに従って減少し, $\underline{s}(f, \Delta)$ は逆に細分するに従って増加する (図 1.7).

$$\overline{\int}_I f dx = \inf_\Delta \overline{s}(f, \Delta), \quad \underline{\int}_I f dx = \sup_\Delta \underline{s}(f, \Delta)$$

と定義し, これらをそれぞれ f の I 上の Darboux(ダルブー)の上, 下積分という.

[*4] G. F. B. Riemann(リーマン), 1826–1866.

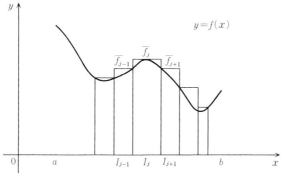

図 1.7 $\overline{s}(f,\Delta)$

$$\overline{\int}_I f dx = \underline{\int}_I f dx$$

であるとき，f は I 上で Riemann 積分可能であるといい，その共通の値を

$$\mathcal{R}\int_I f dx \quad \text{または単に} \quad \int_I f dx$$

と書き **Riemann 積分**という．

f が複素数値の場合は，実部と虚部に $f=u+iv$ と分解する．u, v が共に Riemann 積分可能であるとき f は Riemann 積分可能であるといい，

$$\mathcal{R}\int_I f dx = \mathcal{R}\int_I u dx + i\mathcal{R}\int_I v dx$$

と定義する．

定理 1.19　有界閉区間上の連続関数は Riemann 積分可能である．

［証明］　I を有閉界区間，f を連続関数とする．f を実数部分と虚数部分の和として表わし，それぞれについて調べればよいから，はじめから f は実数値であるとしてよい．I はコンパクトだから f は I 上で一様連続である．$\varepsilon>0$ に対し I の分割 $\Delta=\{I_j; j=1,\cdots,m\}$ を
$$|f(x)-f(y)|<\varepsilon/|I| \quad (x,y\in I_j)$$
$j=1,\cdots,m$ であるように十分細かくとると，
$$\overline{f}_j - \underline{f}_j \leqq \varepsilon/|I|$$

である．したがって

$$\overline{s}(f,\Delta) - \underline{s}(f,\Delta) = \sum_{j=1}^{m}(\overline{f}_j - \underline{f}_j)|I_j| \leqq \sum_{j=1}^{m}(\varepsilon/|I|)|I_j| = \varepsilon$$

である．ε は任意に与えたものであるから，Darboux の上，下積分は一致する． ∎

　不連続であっても Riemann 積分可能であるような関数は存在する．たとえば，関数がそれぞれの区間 $[a,b]$, $(b,c]$ では連続であるが点 $x=b$ では不連続であるような場合である．このとき，積分可能であることは定理 1.9 の証明から容易にわかる．

　§3.8 において，有界区間上の有界関数が Riemann 積分可能であるための必要十分条件は"ほとんどすべての点"で連続であることであるということを示す．"ほとんどすべての点"というのは，ある零集合を除いたところという意味であって Lebesgue 測度や積分の一つの特徴を表わしている概念である．

　その特別の場合として，可算集合を除いた点で連続である関数は Riemann 積分可能であることが従う．

　例 1.5　R 上の単調関数 f の不連続点は高々可算である．したがって上で述べた注意を仮に認めるならば，区間 $[a,b]$ 上の単調増加関数は Riemann 積分可能である．

　実際，f は単調増加であるとして，各不連続点 x に区間 $I_x = (f(x-0), f(x+0))$ を対応させる (図 1.8)．$\{I_x\}$ は互いに交わらない空でない開区間であるから，各区間 I_x に含まれる有理数 r_x を一つ選ぶ．$\{I_x\}$ と $\{r_x\}$ は 1 対 1 の対応がある．有理点は可算集合であるから，$\{I_x\}$ と 1 対 1 に対応する不連続点の集合も高々可算である． ∎

　例 1.5 については章末の演習問題 1.8 を参照されたい．

　集合 E に対して

$$\chi_E(x) = \begin{cases} 1 & (x \in E) \\ 0 & (x \notin E) \end{cases}$$

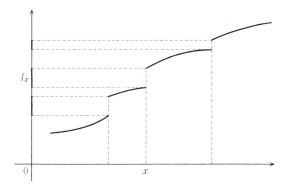

図 1.8　単調関数 f の不連続点 x

で定義される関数 χ_E を E の**特性関数**という．

例 1.6　有理数の特性関数 $\chi_{\boldsymbol{Q}}$ はいかなる区間 $[a,b]$ の上でも Riemann 積分可能ではない．

なぜならば，任意の内点をもつ区間 I_j は有理数および無理数を含むから，$(\overline{\chi_{\boldsymbol{Q}}})_j = 1$, $(\underline{\chi}_{\boldsymbol{Q}})_j = 0$, したがって任意の Δ に対し $\overline{s}(\chi_{\boldsymbol{Q}}, \Delta) = b - a$ そして $\underline{s}(\chi_{\boldsymbol{Q}}, \Delta) = 0$ である．　　　□

§1.8　Jordan 測度

$\boldsymbol{R}^d$ の有界半区間 $I = [a_1, b_1) \times \cdots \times [a_d, b_d)$ に対し，実数
$$|I| = \prod_{j=1}^{d} (b_j - a_j)$$
を対応させ，これを**測度**という．これは $d = 1, 2, 3$ のときは，それぞれ長さ，面積，体積の定義と一致する．しかし，より複雑な形をした集合に対して，長さ，面積，体積をどのようにとらえるかという問いの一つの解答は，Jordan 測度という概念によって与えられる．それは Riemann 積分に呼応する概念である．

区間 $I = [a, b]$ 上の正値関数 f に対する Riemann 積分の定義を思いだそう．区間 $I = [a, b]$ 上の関数 f の Riemann 積分は，区間 $I = [a, b]$ の分割 $a = a_0 <$

$a_1 < \cdots < a_N = b$ に対し，各区間 $I_j = [a_{j-1}, a_j]$ ごとに，それを底辺とするグラフ f を含む最小の長方形と，含まれる最大の長方形の面積の和をとり，グラフ f と区間 $I = [a, b]$ によって囲まれる集合の"面積"の近似値をつくる．そして，分割を細分してゆくとき，もしそれらの極限値が一致すれば，その値を，f が与える図形の面積として定義したのである．

この考え方を基にして $\boldsymbol{R}^d$ の有界集合 A の Jordan 測度は定義される．

A を覆う $\boldsymbol{R}^d$ の有限個の右半開区間 $I_1, \cdots, I_n$ をとり

$$m_J^*(A) = \inf\{|I_1| + \cdots + |I_n| ; A \subset \bigcup_{j=1}^n I_j\}$$

を A の Jordan 外測度という．もし I_i と I_j が重なるならば，$I_i \cup I_j$ は互いに交わらない右半開区間の有限和として表わされるから，A を覆う区間列は互いに交わらないとしてよい (図 1.9)．

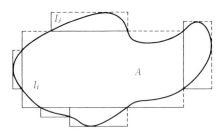

図 1.9　A の区間による被覆

次に，A に含まれる，互いに交わらない有限個の区間列 $I_1, \cdots, I_n$ を考え

$$m_{J*}(A) = \sup\{|I_1| + \cdots + |I_n| ; A \supset \bigcup_{j=1}^n I_j\}$$

を A の Jordan 内測度という．

$$m_J^*(A) = m_{J*}(A)$$

であるとき，A は **Jordan 可測**であるという．共通の値を A の **Jordan 測度**といい $m_J(A)$ で表わす．

容易にわかるように，閉区間，開区間は Jordan 可測である．

例 1.7　A を区間 $[0, 1]$ に含まれる有理数全体からなる集合とする．

$$m_J{}^*(A) = 1, \quad m_{J*}(A) = 0$$

であるから，A は Jordan 可測ではない．

Darboux の上，下積分の定義から

$$m_J{}^*(A) = \overline{\int} \chi_A dx, \quad m_{J*}(A) = \underline{\int} \chi_A dx$$

であることに注目しよう． □

■ 演習問題 ■

1.1 距離空間において，$A^i = A$ を満たす集合全体を $\mathcal{O}$ とすれば，$\mathcal{O}$ は条件 (O1-3) を満たすことを示せ．

1.2 平面の開円盤 $B(O, 1)$ は互いに素な開区間の可算和として表わされないことを示せ．

1.3 φ を集合 X から Y への写像とする．$A, A_\alpha \subset X, B_\alpha \subset Y$ とするとき，

(i) $\varphi(\bigcup_\alpha A_\alpha) = \bigcup_\alpha \varphi(A_\alpha)$,

(ii) $\varphi(\bigcap_\alpha A_\alpha) \subset \bigcap_\alpha \varphi(A_\alpha)$,

(iii) $\varphi^{-1}(\bigcup_\alpha B_\alpha) = \bigcup_\alpha \varphi^{-1}(B_\alpha)$,

(iv) $\varphi^{-1}(B^c) = \varphi^{-1}(B)^c$.

1.4 $\boldsymbol{R}^d$ の完全集合は非可算集合であることを示せ．

1.5 $F_1 \supset F_2 \supset \cdots$ を $\boldsymbol{R}^d$ の空でない閉集合列とする．$\mathrm{diam}\,(F_j) \to 0 \ (j \to \infty)$ ならば，$\bigcap_{j=1}^\infty F_j$ は唯一点からなる集合であることを示せ，ここで $\mathrm{diam}\,(F_j) = \sup_{x, y \in F_j} |x - y|$ である．

1.6 $\{a_j\}$ を $\boldsymbol{R}^d$ の有界列とする．$\{a_j\}$ は収束部分列を含むことを示せ (Bolzano-Weierstrass の定理)．

1.7 f は $\boldsymbol{R}^d$ 上で連続，$f(\infty) = 0$ とする．そのとき f は一様連続であることを示せ．

1.8 有界閉区間上の有界，単調関数は Riemann 積分可能であることを示せ (難易度高い)．

1.9 開集合は必ずしも Jordan 可測ではない．それを次の順に従って示せ．

$\{r_j\}$ を $\boldsymbol{R}$ の有理数全体とする．$I_j = (r_j - 1/2^j, r_j + 1/2^j)$ は開集合，したがって $O = \bigcup_{j=1}^{\infty} I_j$ は開集合である．そのとき
 (i) $1 < m_{J*}(O) \leqq 2$,
 (ii) $m_J{}^*(O) = \infty$.

2
Euclid 空間上の Lebesgue 測度

　再び，「平面の集合の面積とは何か」という問いについて考えてみよう．
　まず長方形の面積は底辺×高さで定義される．より複雑な図形に対しては §1.8 では Jordan 測度という概念を導入した．
　ここで我々は，面積—以後測度ということにする—という概念が可算無限操作でも閉じているという要請をする．これは極限をとることを許す数学的な要求である．これをまとめると次のようになる：
　測度が定義できるような集合の族を $\mathcal{M}$ とする．そのとき
（ⅰ）　$\mathcal{M}$ は長方形を含み，その測度は底辺×高さである，
（ⅱ）　$\mathcal{M}$ の集合の可算和はやはり $\mathcal{M}$ に含まれる，
　　　ということを要請する．さらに
（ⅲ）　$\mathcal{M}$ の二つの集合の差はまた $\mathcal{M}$ に含まれる，
　　　という条件をつける．このような条件を満たす最小の集合族は Borel 集合族といわれるものである．Lebesgue 測度はこれに零集合という概念を導入して，
（ⅳ）　$\mathcal{M}$ は零集合を含む，
　　　としたものである．
　本章では，Euclid 空間における Lebesgue 可測集合，Lebesgue 測度について学ぶ．本書で述べる方法は，Carathéodory の条件によって Lebesgue 可測集合を導びくものであって，Euclid 空間の集合のみならず一般の集合の上に

測度を導入する場合も，そのままあてはまる方法である．

以下，便宜上次のような約束をしておく．実数 a に対し

$$a+(\pm\infty)=(\pm\infty)+a=\pm\infty,$$

$$a\cdot(\pm\infty)=(\pm\infty)\cdot a=\begin{cases} 0, & a=0 \\ \pm\infty, & a>0 \\ \mp\infty, & a<0, \end{cases}$$

$$(\pm\infty)\cdot(\pm\infty)=\infty, \quad (\pm\infty)\cdot(\mp\infty)=-\infty,$$

$$a/(\pm\infty)=0.$$

§2.1 区間の測度

一般の集合 X に対し，次のような集合族を考える．

定義 2.1 X の部分集合からなるある集合族 $\mathcal{R}$ は次の条件を満たすとき，**有限加法的集合環**であるという．

(i) $E,F\in\mathcal{R}$ のとき $E-F\in\mathcal{R}$,

(ii) $E,F\in\mathcal{R}$ のとき $E\cup F\in\mathcal{R}$,

さらに

(iii) $X\in\mathcal{R}$,

であるとき，**有限加法的集合体**または**有限加法族**であるという． □

$\mathcal{R}$ が有限加法的集合体ならば，

(a) $E\in\mathcal{R}$ のとき $E^c=X-E\in\mathcal{R}$,

(b) $E,F\in\mathcal{R}$ ならば $E\cap F=(E^c\cup F^c)^c\in\mathcal{R}$,

である．

X の部分集合全体を $\mathcal{P}(X)$ と書く．$\mathcal{P}(X)$ は有限加法的集合体である．

$X=\boldsymbol{R}^d$ とし，$\boldsymbol{R}^d$ の有界右半開区間の有限個の和集合として表わすことができる集合の全体を $\mathcal{R}(\boldsymbol{R}^d)$ と書く．

$\mathcal{R}(\boldsymbol{R}^d)$ は有限加法的集合環である．実際，(ii)は明らかである．(i)を示す

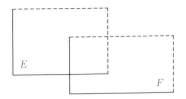

図 2.1 右半開区間 E, F

には，E, F が共に右半開区間であるとき $E - F$ が有限個の右半開区間の和として表わされることを見ればよい(図 2.1).

右半開区間 $I = [a_1, b_1) \times \cdots \times [a_d, b_d)$ に対し

$$m(I) = \prod_{j=1}^{d}(b_j - a_j)$$

によって有界な右半開区間の測度を定義する．$E \in \mathcal{R}(\mathbf{R}^d)$ に対しては，E を互いに交わらない有界な右半開区間の有限和 $E = \bigcup_{j=1}^{k} I_j$ で表わし

(2.1) $$m(E) = \sum_{j=1}^{k} m(I_j)$$

と定義する．左辺は $\{I_j\}$ のとりかたによらず定まる．実際，

$$E = \bigcup_{j=1}^{k} I_j = \bigcup_{p=1}^{q} J_p$$

を E の互いに交わらない有界な右半開区間の有限和表現とすると，$I_j = I_j \cap E = \bigcup_{p=1}^{q} I_j \cap J_p$. これは，$\{I_j \cap J_p ; p = 1, 2, \cdots, q\}$ が I_j の分割であることを意味しているから，

$$m(I_j) = \sum_{p=1}^{q} m(I_j \cap J_p)$$

である．同様にして $m(J_p) = \sum_{j=1}^{k} m(I_j \cap J_p)$ である．ゆえに，

$$\sum_{j=1}^{k} m(I_j) = \sum_{j=1}^{k} \sum_{p=1}^{q} m(I_j \cap J_p) = \sum_{p=1}^{q} \sum_{j=1}^{k} m(I_j \cap J_p) = \sum_{p=1}^{q} m(J_p).$$

特に，$E, F \in \mathcal{R}(\mathbf{R}^d), E \cap F = \emptyset$ なら

(2.2) $$m(E \cup F) = m(E) + m(F)$$
である．

定義 2.2 μ は有限加法的集合環 $\mathcal{R}$ の上で定義された，$\mathbf{R} \cup \{+\infty\}$ に値をもつ集合関数とする．

(i) $\mu(\emptyset) = 0$,

(ii) $E, F \in \mathcal{R}$, $E \cap F = \emptyset$ なら $\mu(E \cup F) = \mu(E) + \mu(F)$ であるとき，

μ は有限加法的集合関数，または有限加法的測度であるという．

加法性が可算個の集合に対し成り立つとき，すなわち

(iii) $E_j \in \mathcal{R}\ (j=1,2,\cdots)$, $\bigcup_{j=1}^{\infty} E_j \in \mathcal{R}$ かつ $E_i \cap E_j = \emptyset\ (i \neq j)$ なら
$$\mu\Big(\bigcup_{j=1}^{\infty} E_j\Big) = \sum_{j=1}^{\infty} \mu(E_j)$$

を満たすとき，μ は単に**測度**であるという． □

測度というときは $\mu \geq 0$ であると仮定することが多い．しかし，ここでは負の値も許すことにする．

(iii) では，右辺は収束して等号が成り立つことを要求している．

定理 2.1 m を (2.1) で定義される集合関数とするとき，m は $\mathcal{R}(\mathbf{R}^d)$ 上の測度である． □

定理を証明するために，いくつかの補題を用いる．

補題 2.1 $E, F \in \mathcal{R}(\mathbf{R}^d)$, $E \subset F$ なら，$m(E) \leq m(F)$.

［証明］ $F = (F-E) \cup E$, $F-E \in \mathcal{R}(\mathbf{R}^d)$ であって，E と $F-E$ は互いに交わらないから，(2.2) によって
$$m(F) = m(F-E) + m(E) \geq m(E)$$
である． ■

補題 2.2 $E, E_j \in \mathcal{R}(\mathbf{R}^d)\ (j=1,\cdots k)$, $E \subset \bigcup_{j=1}^{k} E_j$ ならば，

(2.3) $$m(E) \leq \sum_{j=1}^{k} m(E_j).$$

［証明］ $F_j = E \cap E_j$ とおく．E は互いに交わらない $\mathcal{R}(\mathbf{R}^d)$ の元の和
$$E = \bigcup_{j=1}^{k} F_j$$

$$= F_1 \cup (F_2 - F_1) \cup (F_3 - F_1 - F_2) \cup \cdots \cup (F_k - F_1 - \cdots - F_{k-1})$$
と書くことができるから,
$$m(E) = m(F_1) + m(F_2 - F_1) + m(F_3 - F_1 - F_2) + \cdots$$
$$+ m(F_k - F_1 - \cdots - F_{k-1})$$
である.各項は,補題 2.1 によって,それぞれ $m(F_1) \leqq m(E_1)$, $m(F_2 - F_1) \leqq m(E_2)$, $m(F_3 - F_1 - F_2) \leqq m(E_3), \cdots$ でおさえられるから,(2.3)は証明された. ∎

補題 2.3 $E_j \in \mathcal{R}(\boldsymbol{R}^d)$ $(j = 1, 2, \cdots)$, $E_1 \supset E_2 \supset \cdots \to \emptyset$ なら
$$m(E_j) \to 0 \ (j \to \infty).$$

[証明] $m(E_j) \not\to 0$ と仮定すれば,$\delta > 0$ が存在して $m(E_j) > \delta$, $j = 1, 2, \cdots$ である.$F_j \in \mathcal{R}(\boldsymbol{R}^d)$ を
$$E_j \supset \overline{F}_j \supset F_j, \quad m(E_j - F_j) < \delta/2^{j+1}$$
であるように選ぶ.$\mathcal{R}(\boldsymbol{R}^d)$ の元は有界であるから,$\overline{F}_1$ はコンパクトである.
$$\emptyset = \bigcap_{j=1}^{\infty} E_j \supset \overline{F}_1 \cap \bigcap_{j=2}^{\infty} \overline{F}_j$$
であるから,$\{\overline{F}_1 \cap \bigcap_{j=2}^{k} \overline{F}_j; k = 2, 3, \cdots\}$ は有限交叉性をもたない.したがって,$\overline{F}_1$ のコンパクト性から,N が存在して $\overline{F}_1 \cap \bigcap_{j=2}^{N} \overline{F}_j = \emptyset$ である.ゆえに
$$E_N = E_N - \bigcap_{j=1}^{N} F_j = \bigcup_{j=1}^{N} (E_N - F_j) \subset \bigcup_{j=1}^{N} (E_j - F_j)$$
である.補題 2.2 と F_j の選び方から,
$$\delta \leqq m(E_N) \leqq \sum_{j=1}^{N} m(E_j - F_j) \leqq \sum_{j=1}^{N} \delta/2^{j+1} < \delta/2$$
となる.これは不合理である. ∎

[定理 2.1 の証明] $E_j \in \mathcal{R}(\boldsymbol{R}^d)$ $(j = 1, 2, \cdots)$ は互いに交わらない集合列,$E = \bigcup_{j=1}^{\infty} E_j$, $E \in \mathcal{R}(\boldsymbol{R}^d)$ とする.$E - \bigcup_{j=1}^{k} E_j$ は $\mathcal{R}(\boldsymbol{R}^d)$ に属し,単調減少で,$\emptyset$ に収束する.ゆえに補題 2.3 によって
$$m\left(E - \bigcup_{j=1}^{k} E_j\right) \to 0 \ (k \to 0)$$

である．一方(2.2)から
$$m(E) = m(\bigcup_{j=1}^{k} E_j) + m(E - \bigcup_{j=1}^{k} E_j) = \sum_{j=1}^{k} m(E_j) + m(E - \bigcup_{j=1}^{k} E_j)$$
である．ここで $k \to 0$ とすれば
$$m(E) = \sum_{j=1}^{\infty} m(E_j)$$
が得られる． □

§2.2 外測度

$\boldsymbol{R}^d$ の部分集合全体を $\mathcal{P}(\boldsymbol{R}^d)$ と書く．$A \in \mathcal{P}(\boldsymbol{R}^d)$ に対し
$$m^*(A) = \inf\{\sum_{j=1}^{\infty} m(E_j); E_j \in \mathcal{R}(\boldsymbol{R}^d), A \subset \bigcup_{j=1}^{\infty} E_j\}$$
とおく．A が $\mathcal{R}(\boldsymbol{R}^d)$ の集合であれば，A の被覆として A 自身をとればよいから，
$$m^*(A) = m(A)$$
である．

定義 2.3 集合 X の部分集合全体からなる集合族 $\mathcal{P}(X)$ 上の集合関数 μ^* は，次の条件を満たすとき **Carathéodory の外測度**[*1]または単に**外測度**という．
 (ⅰ) $0 \leqq \mu^*(A) \leqq \infty$, $\mu^*(\emptyset) = 0$,
 (ⅱ) $A \subset B$ なら $\mu^*(A) \leqq \mu^*(B)$,
 (ⅲ) $\mu^*(\bigcup_{j=1}^{\infty} A_j) \leqq \sum_{j=1}^{\infty} \mu^*(A_j)$. □

定理 2.2 m^* は $\mathcal{P}(\boldsymbol{R}^d)$ 上の外測度である．

［証明］ 条件(ⅰ)を満たすことは明らかである．条件(ⅱ)が成り立つことは，B の被覆はまた A の被覆であることからわかる．

[*1] C. Carathéodory(カラテオドリー), 1873–1950.

(iii) を示そう．$\sum_{j=1}^{\infty} \mu^*(A_j) < \infty$ と仮定して証明すればよい．$\varepsilon > 0$ を与えるとき，各 j に対し A_j の被覆 $\{E_{j,k}; k=1,2,\cdots\} \subset \mathcal{R}(\boldsymbol{R}^d)$ を

$$\sum_{k=1}^{\infty} m(E_{j,k}) < m^*(A_j) + \frac{\varepsilon}{2^j}$$

であるようにとる．$\{E_{j,k}; j,k=1,2,\cdots\}$ は $\bigcup A_j$ の被覆であることに注目すれば，m^* の定義から

$$m^*(\bigcup_{j=1}^{\infty} A_j) \leqq \sum_{j,k=1}^{\infty} m(E_{j,k}) = \sum_{j=1}^{\infty} \left(\sum_{k=1}^{\infty} m(E_{j,k})\right) < \sum_{j=1}^{\infty} \left(m^*(A_j) + \frac{\varepsilon}{2^j}\right)$$
$$= \sum_{j=1}^{\infty} m^*(A_j) + \varepsilon$$

である．$\varepsilon > 0$ は任意でよかったから (iii) が成り立つ． ∎

例 2.1 直線上の 1 点から成る集合の外測度は 0 である．したがって，可算集合，特に有理数全体 $\boldsymbol{Q}$ の外測度は 0 である． □

実際，勝手に点 x をとるとき，$\{x\}$ は任意に小さな区間 $[x-\varepsilon, x+\varepsilon]$ で覆われるから，$m^*(\{x\}) = 0$ である．可算集合 $D = \{r_n\}$ に対しその外測度は $m^*(D) \leqq \sum_{n=1}^{\infty} m^*(\{r_n\}) = 0$ である．

定義 2.4 外測度が 0 であるような集合を**零集合**という． □

直線上の零集合は必ずしも有限集合とは限らない．実際，$\boldsymbol{Q}$ は例 2.1 によって零集合である．さらに，非可算の零集合も存在するのである．

例 2.2 §1.3 で定義した Cantor の三分集合 C は，非可算零集合である．

C が非可算零集合であることは既に示してある．$C = \bigcap_{j=1}^{\infty} C_j$ であった，ここで C_j は長さ $1/3^j$ の 2^j 個の閉区間からなる集合である．ゆえに任意の j に対し

$$m^*(C) \leqq m^*(C_j) \leqq 2^j \times 1/3^j.$$

である．$j \to \infty$ のとき右辺は 0 となるから，$m^*(C) = 0$ である． □

§2.3　可測集合と Lebesgue 測度

定義 2.5　集合 E が，すべての $A \in \mathcal{P}(\boldsymbol{R}^d)$ に対し条件

(C) $$m^*(A) = m^*(A \cap E) + m^*(A - E)$$

を満たすとき，E は **Lebesgue**[*2]**可測**，または単に**可測**であるといい，可測集合全体を $\mathcal{M}(\boldsymbol{R}^d)$ で表わす．　□

条件 (C) を **Carathéodory の条件**という．

外測度の性質から，一般に
$$m^*(A) \leqq m^*(A \cap E) + m^*(A - E)$$
であるから，条件 (C) は

(C)′ $$m^*(A) \geqq m^*(A \cap E) + m^*(A - E), \quad A \in \mathcal{P}(\boldsymbol{R}^d),$$

であることと同値であることに注意しよう．

E が零集合ならば，$m^*(A \cap E) = 0$ であるから，条件 (C)′ が成り立つ．ゆえに

定理 2.3　零集合は可測集合である．　□

条件 (C) は，どのような集合 A をとっても，A を可測集合 E によって 2 つの部分に分けるとき，その外測度は 2 分されるということをいっている．しかし，Carathéodory の条件が，集合 E 一つ一つにどのような性質を要求しているのか，直接的に意味を見出すことは困難であろう．むしろ条件 (C) は可測集合族 $\mathcal{M}(\boldsymbol{R}^d)$ の集合間の満たすべき性質を要求していると考えると理解しやすい．

集合 A が互いに交わらない可測集合 E_1 と E_2 の和 $A = E_1 \cup E_2$ であるときは，$A \cap E_1 = E_1$, $A - E_1 = E_2$ であるから，条件 (C) から直ちに
$$m^*(E_1 \cup E_2) = m^*(E_1) + m^*(E_2)$$
が導かれる．可算個の交わらない可測集合 $E_1, E_2, \cdots$ に対しても

[*2]　H. Lebesgue (ルベーグ), 1875–1941.

$$m^*(\bigcup_{j=1}^{\infty} E_j) = \sum_{j=1}^{\infty} m^*(E_j)$$

であることが導びかれる．これは以下で述べる本章の主定理 2.4 の証明の最も重要な部分である．つまり，条件 (C) は，外測度 μ^* が集合族 $\mathcal{M}(\boldsymbol{R}^d)$ の上で可算加法的であるための条件を与えているとみなすことができるのである．

定義 2.6 X の部分集合からなる集合族 $\mathcal{F}$ は，次の条件を満たすとき，σ**集合環**であるという．

（ⅰ） $E_j \in \mathcal{F}, j=1,2,\cdots,$ なら，$\bigcup_{j=1}^{\infty} E \in \mathcal{F}$,

（ⅱ） $E, F \in \mathcal{F}$ なら，$E - F \in \mathcal{F}$.

さらに，

（ⅲ） $X \in \mathcal{F}$

であるとき，σ**集合体**または**可算加法的集合体**という． □

$\mathcal{F}$ が σ 集合体ならば，

（a） $E \in \mathcal{F}$ なら $E^c = X - E \in \mathcal{F}$,

（b） $E_j \in \mathcal{F}, j=1,2,\cdots,$ なら，$\bigcap_{j=1}^{\infty} E_j = (\bigcup_{j=1}^{\infty} E_j^c)^c \in \mathcal{F}$

である．

定義 2.7
$$\tilde{m} = m^*|_{\mathcal{M}(\boldsymbol{R}^d)}$$

を **Lebesgue 測度**という．

すなわち，$\tilde{m}$ は $E \in \mathcal{M}(\boldsymbol{R}^d)$ に対して
$$\tilde{m}(E) = m^*(E)$$

で定義される． □

本章の主定理を述べよう．

定理 2.4

（ⅰ） $\mathcal{M}(\boldsymbol{R}^d)$ は $\mathcal{R}(\boldsymbol{R}^d)$ を含む σ 集合体である．

（ⅱ） $\tilde{m}$ は $\mathcal{M}(\boldsymbol{R}^d)$ 上の測度である．

［証明］ 第 1 段． $\emptyset \in \mathcal{M}(\boldsymbol{R}^d),$
$E \in \mathcal{M}(\boldsymbol{R}^d)$ なら $E^c \in \mathcal{M}(\boldsymbol{R}^d),$

$E, F \in \mathcal{M}(\boldsymbol{R}^d)$ なら $E - F \in \mathcal{M}(\boldsymbol{R}^d)$.

第 1 の式は明らかである．第 2 の式は Carathéodory の条件式から容易にわかる．第 3 の式を示すためには，$A \in \mathcal{P}(\boldsymbol{R}^d)$ に対し

(2.4) $\qquad m^*(A) = m^*(A \cap (E - F)) + m^*(A - (E - F))$

であることを示せばよい．

$$[A - (E - F)] \cap F = A \cap (E \cap F^c)^c \cap F = A \cap (E^c \cup F) \cap F = A \cap F,$$
$$[A - (E - F)] - F = A \cap (E^c \cup F) \cap F^c = A \cap E^c \cap F^c = (A \cap F^c) - E$$

である．F は，Carathéodory の条件を満たすから

(2.5)
$$m^*(A - (E - F)) = m^*([A - (E - F)] \cap F) + m^*([A - (E - F)] - F)$$
$$= m^*(A \cap F) + m^*((A \cap F^c) - E).$$

また，

(2.6) $\qquad A \cap (E - F) = A \cap E \cap F^c = (A \cap F^c) \cap E$

である．ゆえに，(2.6) と (2.5) を代入すれば，

(2.4) の右辺 $= m^*((A \cap F^c) \cap E) + m^*(A \cap F) + m^*((A \cap F^c) - E)$

となる．$E \in \mathcal{M}(\boldsymbol{R}^d)$ であるから，上式の第 1 項と第 3 項に対し，再び Carathéodory の条件を用いると，

(2.4) の右辺 $= m^*(A \cap F^c) + m^*(A \cap F)$

となる．$F \in \mathcal{M}(\boldsymbol{R}^d)$ であるから，これは $m^*(A)$ に等しい，ゆえに (2.4) が示された．

第 2 段．$E_j\ (j = 1, 2, \cdots)$ は互いに交わらない $\mathcal{M}(\boldsymbol{R}^d)$ の集合とする．そのとき，すべての集合 $A \in \mathcal{P}(\boldsymbol{R}^d)$ に対して

(2.7) $\qquad m^*(A) \geqq \sum_{j=1}^{\infty} m^*(A \cap E_j) + m^*\left(A - \bigcup_{j=1}^{\infty} E_j\right)$

が成り立つ．

(2.7) を示すために，まず，任意の集合 A と $k = 1, 2, \cdots$ に対し

(2.8) $\qquad m^*(A) \geqq \sum_{j=1}^{k} m^*(A \cap E_j) + m^*\left(A - \bigcup_{j=1}^{k} E_j\right)$

が成り立つことを帰納法を用いて示す．実際，$k=1$ のとき，(2.8) は可測性の定義そのものである．k のとき (2.8) が成り立つと仮定すれば，

(2.9)
$$m^*(A) = m^*(A \cap E_{k+1}) + m^*(A - E_{k+1})$$
$$\geqq m^*(A \cap E_{k+1})$$
$$+ \left\{ \sum_{j=1}^{k} m^*((A - E_{k+1}) \cap E_j) + m^*(A - E_{k+1} - \bigcup_{j=1}^{k} E_j) \right\}.$$

E_j は互いに交わらないから，

$$(A - E_{k+1}) \cap E_j = A \cap E_j, \quad (A - E_{k+1}) - \bigcup_{j=1}^{k} E_j = A - \bigcup_{j=1}^{k+1} E_j$$

である．これを代入すれば，(2.9) の右辺は

$$m^*(A \cap E_{k+1}) + \sum_{j=1}^{k} m^*(A \cap E_j) + m^*(A - \bigcup_{j=1}^{k+1} E_j)$$

となる．ゆえに (2.8) は $k+1$ のとき成り立つ．

(2.8) から任意の k に対し

$$m^*(A) \geqq \sum_{j=1}^{k} m^*(A \cap E_j) + m^*(A - \bigcup_{j=1}^{\infty} E_j)$$

である．$k \to \infty$ とすれば (2.7) が得られる．

第 3 段．E_j は互いに交わらない $\mathcal{M}(\boldsymbol{R}^d)$ の集合列とすると，$\bigcup_{j=1}^{\infty} E_j \in \mathcal{M}(\boldsymbol{R}^d)$ である．

実際，m^* は外測度であるから，$m^*(A \cap \bigcup_{j=1}^{\infty} E_j) \leqq \sum_{j=1}^{\infty} m^*(A \cap E_j)$ である．これを (2.7) に代入すると

$$m^*(A) \geqq m^*(A \cap \bigcup_{j=1}^{\infty} E_j) + m^*(A - \bigcup_{j=1}^{\infty} E_j)$$

が得られる．ゆえに $\bigcup_{j=1}^{\infty} E_j$ は Carathéodory の条件を満足する．

第 4 段．$\mathcal{M}(\boldsymbol{R}^d)$ は σ 集合体である．

$E_j \in \mathcal{M}(\boldsymbol{R}^d), j = 1, 2, \cdots$，とすると，$\bigcup E_j$ は互いに交わらない集合の和

$$\bigcup_{j=1}^{\infty} E_j = E_1 \cup (E_2 - E_1) \cup (E_3 - E_1 - E_2) \cup \cdots$$

と表わされる．右辺は第 3 段によって $\mathcal{M}(\boldsymbol{R}^d)$ に属するから，$\bigcup_{j=1}^{\infty} E_j \in \mathcal{M}(\boldsymbol{R}^d)$ である．

第 5 段．$\tilde{m}$ は $\mathcal{M}(\boldsymbol{R}^d)$ 上の測度である．

測度の条件，定義 2.2(iii) を示せばよい．$E_j \ (j=1,2,\cdots)$ は互いに交わらない $\mathcal{M}(\boldsymbol{R}^d)$ の集合列とする．(2.7) で $A = \bigcup_{j=1}^{\infty} E_j$ とおけば，

$$\tilde{m}(\bigcup_{j=1}^{\infty} E_j) \geq \sum_{j=1}^{\infty} \tilde{m}(E_j)$$

となる．逆向きの不等号は一般に成り立つから，

$$\tilde{m}(\bigcup_{j=1}^{\infty} E_j) = \sum_{j=1}^{\infty} \tilde{m}(E_j)$$

である．

ゆえに定理は証明された． ∎

定理 2.5 $(\mathcal{M}(\boldsymbol{R}^d), \tilde{m})$ は $(\mathcal{R}(\boldsymbol{R}^d), m)$ の拡張である，すなわち

(i) $\mathcal{R}(\boldsymbol{R}^d) \subset \mathcal{M}(\boldsymbol{R}^d)$,

(ii) $\tilde{m}|_{\mathcal{R}(\boldsymbol{R}^d)} = m$. □

この定理によって，有限加法で閉じている測度空間 $(\boldsymbol{R}^d, \mathcal{R}, m)$ は可付番の算法で閉じている測度空間 $(\boldsymbol{R}^d, \mathcal{M}, \tilde{m})$ に拡張されたことがわかった．

[証明] (i) の証明．$E \in \mathcal{R}(\boldsymbol{R}^d)$ ならば，E は条件 (C)′ を満たすことを示せばよい．$A \in \mathcal{P}(\boldsymbol{R}^d), E_j \in \mathcal{R}(\boldsymbol{R}^d) \ (j=1,2,\cdots)$ を A の被覆とする．$A \subset \bigcup_{j=1}^{\infty} E_j$ であるから，

$$A \cap E \subset \bigcup_{j=1}^{\infty} E_j \cap E, \quad A - E \subset \bigcup_{j=1}^{\infty} (E_j - E)$$

である．したがって

$$\sum_{j=1}^{\infty} m(E_j) = \sum_{j=1}^{\infty} \{m(E_j \cap E) + m(E_j - E)\}$$
$$\geq m^*(A \cap E) + m^*(A - E)$$

ゆえに，A の被覆 $\{E_j\}$ について inf をとれば，左辺は $m^*(A)$ となるから，E は条件 (C)′ を満たすことがわかる．

(ii) $\mathcal{R}(\boldsymbol{R}^d)$ 上では $m^* = m$ であるから，$\tilde{m}|_{\mathcal{R}(\boldsymbol{R}^d)} = m$ である． ∎

以後，特に混乱のないときは記号を簡単にするため，$\tilde{m}$ を単に m と書くことにする．

§2.4　測度の基本的性質

この節では，Euclid 空間に限らず，一般の集合 X 上の測度についてその性質を調べよう．Euclid 空間の性質は特に用いていないからである．

集合列 $\{E_j\}$ に対し，その極限を

$$\{E_j\} \text{ が単調増加列のとき，} \lim_{j\to\infty} E_j = \bigcup_{j=1}^{\infty} E_j,$$

$$\{E_j\} \text{ が単調減少列のとき，} \lim_{j\to\infty} E_j = \bigcap_{j=1}^{\infty} E_j,$$

と定義する．一般の場合は，

$$\limsup_{j\to\infty} E_j = \bigcap_{k=1}^{\infty} \bigcup_{j=k}^{\infty} E_j, \quad \liminf_{j\to\infty} E_j = \bigcup_{k=1}^{\infty} \bigcap_{j=k}^{\infty} E_j$$

と定義する．

$\mathcal{F} \subset \mathcal{P}(X)$ は σ 集合体であるとする．$E_j \in \mathcal{F}$ ならば，

$$\bigcup_{j=i}^{\infty} E_j, \ \bigcap_{j=i}^{\infty} E_j, \ \limsup_{j\to\infty} E_j, \ \liminf_{j\to\infty} E_j$$

はすべて $\mathcal{F}$ に属する．

実際，σ 集合体の定義から $\bigcup_{j=i}^{\infty} E_j \in \mathcal{F}$ である．また，$\bigcap_{j=i}^{\infty} E_j = (\bigcup_{j=i}^{\infty} E_j^c)^c \in \mathcal{F}$ である．したがって $\limsup E_j, \liminf E_j \in \mathcal{F}$ である．

μ は X の部分集合からなる σ-体 $\mathcal{F}$ 上の非負測度とする．たとえば，$\mathcal{M}(\boldsymbol{R}^d)$ 上の Lebesgue 測度 m である．

定理 2.6　$E_j \in \mathcal{F}\,(j=1,2,\cdots)$ とする．

（ⅰ）　$\mu(\bigcup_{j=1}^{\infty} E_j) \leqq \sum_{j=1}^{\infty} \mu(E_j),$

（ⅱ）　$E_1 \subset E_2 \subset \cdots$ なら，

$$\lim_{j\to\infty} \mu(E_j) = \mu(\lim_{j\to\infty} E_j),$$

（ⅲ）　$E_1 \supset E_2 \supset \cdots$ かつ $\mu(E_1) < \infty$ なら，

$$\lim_{j\to\infty} \mu(E_j) = \mu(\lim_{j\to\infty} E_j).$$

［証明］　（ⅰ）$\bigcup E_j$ は互いに交わらない $\mathcal{F}$ の集合の和 $\bigcup E_j = E_1 \cup (E_2 - E_1) \cup (E_3 - E_1 - E_2) \cup \cdots$ として書くことができるから，

$$\mu(\bigcup E_j) = \mu(E_1) + \mu(E_2 - E_1) + \mu(E_3 - E_1 - E_2) + \cdots$$
$$\leqq \mu(E_1) + \mu(E_2) + \mu(E_3) + \cdots.$$

（ⅱ）　もし $\mu(E_k) = \infty$ となる k があれば，E_j は単調増加であるから，$E_k \subset \lim E_j$ より $\mu(\lim E_j) = \infty$. また $\mu(E_j) \geqq \mu(E_k) = \infty$ $(j \geqq k)$. ゆえに（ⅱ）は成り立つ．

すべての k に対し $\mu(E_k) < \infty$ であるとする．互いに交わらない集合に分解することによって，

$$\mu(\lim E_j) = \mu(E_1) + \mu(E_2 - E_1) + \mu(E_3 - E_2) + \cdots$$

である．$\mu(E_{j+1}) = \mu(E_{j+1} - E_j) + \mu(E_j)$. よって，右辺は

$$\mu(E_1) + [\mu(E_2) - \mu(E_1)] + [\mu(E_3) - \mu(E_2)] + \cdots = \lim \mu(E_j)$$

である．

（ⅲ）　$F_j = E_1 - E_j$ とおくと，$F_1 \subset F_2 \subset F_3 \subset \cdots$ であるから，（ⅱ）によって

$$\mu(\lim F_j) = \lim \mu(F_j).$$

ところで，左辺は $\mu(\lim(E_1 - E_j)) = \mu(E_1) - \mu(\lim E_j)$, そして右辺 $= \lim [\mu(E_1) - \mu(E_j)] = \mu(E_1) - \lim \mu(E_j)$ に等しいから，（ⅲ）が証明された．∎

§2.5　可測集合と Borel 集合

$\boldsymbol{R}^d$ のコンパクト集合全体を $\mathcal{C}(\boldsymbol{R}^d)$ で表わす．$\mathcal{C}(\boldsymbol{R}^d)$ を含む最小の σ 集合

体を Borel 集合体といい $\mathcal{B}(\boldsymbol{R}^d)$ と書く．$\mathcal{B}(\boldsymbol{R}^d)$ の元を Borel 集合という．

一般に $\mathcal{A}$ をある集合 X の部分集合からなる集合族としよう．$\mathcal{F}$ を $\mathcal{A}$ を含む σ 集合体とする．たとえば $\mathcal{F} = \mathcal{P}(X)$ は σ 集合体であって $\mathcal{A}$ を含む．このような集合体の族すべての共通部分を
$$\sigma(\mathcal{A}) = \bigcap \{\mathcal{F};\, \mathcal{A} \subset \mathcal{F} \subset \mathcal{P}(X),\, \mathcal{F} \text{ は } \sigma \text{ 集合体}\}$$
と表わすとき，$\sigma(\mathcal{A})$ は $\mathcal{A}$ を含む最小の σ 集合体である．

実際，$E_j \in \sigma(\mathcal{A})$，$j = 1, 2, \cdots$，ならば，$\mathcal{A} \subset \mathcal{F} \subset \mathcal{P}(X)$ であるような σ 集合体 $\mathcal{F}$ を任意にとるとき，$E_j \in \mathcal{F}$ であるから，$\bigcup E_j \in \mathcal{F}$ である．ゆえに，$\bigcup E_j \in \sigma(\mathcal{A})$ である．他の σ 集合体の条件も同様にして示される．最小であることは $\sigma(\mathcal{A})$ の定義から容易にわかる．

$\mathcal{A} = \mathcal{C}(\boldsymbol{R}^d) = \mathcal{C}$ ととるとき，$\sigma(\mathcal{C})$ は Borel 集合体 $\mathcal{B}(\boldsymbol{R}^d)$ に他ならない．

開集合の全体を $\mathcal{O}(\boldsymbol{R}^d)$ と書く．$O \in \mathcal{O}(\boldsymbol{R}^d)$ とすると，その補集合はコンパクト集合の可算和 $O^c = \bigcup_{n=1}^{\infty} O^c \cap \overline{B(0, n)}$ として表わされるから，$O \in \mathcal{B}(\boldsymbol{R}^d)$，ゆえに $\sigma(\mathcal{O}) \subset \mathcal{B}(\boldsymbol{R}^d)$ である．またコンパクト集合の補集合は開集合であるから，$\mathcal{C} \subset \sigma(\mathcal{O})$．ゆえに $\mathcal{B}(\boldsymbol{R}^d) = \sigma(\mathcal{O})$ である．

したがって Borel 集合体 $\mathcal{B}(\boldsymbol{R}^d)$ は，すべての開集合を含む最小の σ 集合体であるということもできる．

O を $\boldsymbol{R}^d$ の空でない開集合とすると，O は互いに交わらない右半開区間の可算和 $\bigcup I_j$ として表わされる．$I_j \in \mathcal{M}(\boldsymbol{R}^d)$ であるから，$O = \bigcup I_j \in \mathcal{M}(\boldsymbol{R}^d)$．すなわち，開集合は可測である．ゆえに $\mathcal{O}(\boldsymbol{R}^d) \subset \mathcal{M}(\boldsymbol{R}^d)$．ゆえに
$$\mathcal{B}(\boldsymbol{R}^d) \subset \mathcal{M}(\boldsymbol{R}^d)$$
である．

$\mathcal{N}(\boldsymbol{R}^d)$ を零集合の全体とする．定理 2.3 によって
$$\mathcal{N}(\boldsymbol{R}^d) \subset \mathcal{M}(\boldsymbol{R}^d)$$
である．

定理 2.7 $\mathcal{M}(\boldsymbol{R}^d)$ は $\mathcal{B}(\boldsymbol{R}^d)$ と $\mathcal{N}(\boldsymbol{R}^d)$ を含む最小の σ 集合体である． □

定理の証明は，次のような考察からわかる．

可算個の開集合の共通部分として表わされる集合を $\boldsymbol{G_\delta}$-**集合**，可算個の閉

集合の和として表わされる集合を $\boldsymbol{F_\sigma}$-**集合**という．

G_δ-集合，F_σ-集合はまた Borel 集合である．

定理 2.8 $E \in \mathcal{M}(\boldsymbol{R}^d)$ とする．

（ⅰ） G_δ-集合 G と零集合 N が存在して，
$$E = G - N, \quad m(E) = m(G).$$

（ⅱ） F_σ-集合 F と零集合 N' が存在して，
$$E = F \cup N', \quad m(E) = m(F).$$

[定理 2.7 の証明] 定理 2.8 を一時認めることにして定理 2.7 を示そう．任意の可測集合は Borel 集合と零集合の和で表わされるから，それは，Borel 集合と零集合を含む σ 集合体に含まれる．一方 $\mathcal{M}(\boldsymbol{R}^d)$ は $\mathcal{B}(\boldsymbol{R}^d)$ と $\mathcal{N}(\boldsymbol{R}^d)$ を含む σ 集合体である．ゆえに定理 2.7 は証明された． ∎

補題 2.4 任意の $\boldsymbol{R}^d$ の集合 A に対し
$$m^*(A) = \inf\{m(O);\, A \subset O,\, O \in \mathcal{O}(\boldsymbol{R}^d)\}.$$

[証明] $m^*(A) < \infty$ と仮定して証明すればよい．外測度の定義によって，$n = 1, 2, \cdots$ に対し，$E_j^n \in \mathcal{R}(\boldsymbol{R}^d)$ が存在して
$$A \subset \bigcup_{j=1}^{\infty} E_j^n, \quad m^*(A) + \frac{1}{n} > \sum_{j=1}^{\infty} m(E_j^n)$$
である．次に，E_j^n は右半開区間の有限和であるから，$O_j^n \in \mathcal{O}(\boldsymbol{R}^d)$ が存在して
$$E_j^n \subset O_j^n, \quad m^*(E_j^n) + \frac{1}{n 2^j} > m(O_j^n)$$
となる．したがって，$O^n = \bigcup_{j=1}^{\infty} O_j^n$ とおくと，$O^n \in \mathcal{O}(\boldsymbol{R}^d)$, $A \subset O^n$ であって，上の二つの不等式から，
$$m(O^n) \leqq \sum_{j=1}^{\infty} m(O_j^n) \leqq \sum_{j=1}^{\infty} \left[m(E_j^n) + \frac{1}{n 2^j} \right] < m^*(A) + \frac{1}{n} + \frac{1}{n}$$
である．$O^n \in \mathcal{O}$ であるから，上式から，
$$m^*(A) \geqq \inf\{m(O);\, A \subset O,\, O \in \mathcal{O}(\boldsymbol{R}^d)\}$$
が得られる．逆向きの不等号は明らかである． ∎

§2.5 可測集合とBorel集合

系 2.1 E は測度有限な可測集合とする．$\varepsilon > 0$ に対して互いに交わらない有限個の区間 $I_1, I_2, \cdots, I_N$ が存在して

$$m(E - \bigcup_{j=1}^{N} I_j) < \varepsilon \ \text{かつ} \ m(\bigcup_{j=1}^{N} I_j - E) < \varepsilon.$$

[証明] 補題 2.4 によって開集合 $O \supset E$ が存在して $m(O-E) = m(O) - m(E) < \varepsilon$ となる．O は互いに交わらない区間の和 $\bigcup_{j=1}^{\infty} I_j$ で表わされるから，N を十分大きくとれば，$m(O - \bigcup_{j=1}^{N} I_j) \leqq \sum_{j=N}^{\infty} m(I_j) < \varepsilon$ となる．ゆえに

$$m(E - \bigcup_{j=1}^{N} I_j) \leqq m(O - \bigcup_{j=1}^{N} I_j) < \varepsilon.$$

そして

$$m(\bigcup_{j=1}^{N} I_j - E) \leqq m(O - E) < \varepsilon.$$

[定理 2.8 の証明] $E \in \mathcal{M}(\boldsymbol{R}^d)$ とする．$E_k = E \cap B(0, k)$ とおくと，$k = 1, 2, \cdots$ に対し開集合 O_k^n が存在して $E_k \subset O_k^M$, $m(O_k^n) \leqq m(E_k) + 1/n2^k$ となる．ゆえに $m(O_k^n - E_k) < 1/n2^k$ である．$O^n = \bigcup_{k=1}^{\infty} O_k^n$ とおくと，O^n は開集合であって，$E = \bigcup E_k \subset O^n$．したがって，$G = \bigcap_{n=1}^{\infty} O^n$ は E を含む G_δ-集合である．

$$G - E \subset O^n - E = \bigcup_{k=1}^{\infty} (O_k^n - E) \subset \bigcup_{k=1}^{\infty} (O_k^n - E_k)$$

であるから，

$$m(G - E) \leqq \sum_{k=1}^{\infty} m(O_k^n - E_k) \leqq \sum_{k=1}^{\infty} \frac{1}{n2^k} = \frac{1}{n}$$

である．n は任意にとれるから，$N = G - E$ は零集合である．$E = G - N$, ゆえに (i) が得られた．

(ii) は E^c に対し (i) を適用すればよい．

§2.6　内測度

前節で示したように，$A \in \mathcal{P}(\boldsymbol{R}^d)$ の外測度は
$$m^*(A) = \inf\{m(O);\, A \subset O,\, O \text{ は開集合}\}$$
と定義することもできる．これに対して
$$m_*(A) = \sup\{m(C);\, A \supset C,\, C \text{ はコンパクト集合}\}$$
とおき，$m_*(A)$ を A の**内測度**という．コンパクト集合は Borel 集合である．したがって可測集合であることに注意しよう．

補題 2.5　$m^*(A) < \infty$ とする．A を含む任意の測度有限な開集合 O に対し
$$m_*(A) = m(O) - m^*(O - A).$$

［証明］　内測度と外測度の定義から

(2.10)
$$\begin{aligned}
m_*(A) &= \sup\{m(C);\, A \supset C,\, C \text{ はコンパクト集合}\} \\
&= \sup\{m(O) - m(O - C);\, A \supset C,\, C \text{ はコンパクト集合}\} \\
&= m(O) - \inf\{m(O - C);\, A \supset C,\, C \text{ はコンパクト集合}\}
\end{aligned}$$

である．F を A に含まれる任意の閉集合とすると，
$$m(O - F) = \inf\{m(O - F \cap \overline{B(O, r)});\, r > 0\}$$
であるから，(2.10) の右辺は
$$\begin{aligned}
&= m(O) - \inf\{m(O');\, O - A \subset O' \subset O,\, O' \text{ は開集合}\} \\
&= m(O) - m^*(O - A).
\end{aligned}$$

補題 2.6　$A, B \in \mathcal{P}(\boldsymbol{R}^d)$ とする．$A \cap B = \emptyset$ なら，
$$m_*(A \cup B) \leqq m_*(A) + m^*(B) \leqq m^*(A \cup B).$$

［証明］　第 1 の不等式から示そう．$m^*(B) < \infty$ としてよい．$\varepsilon > 0$ に対し開集合 O を $B \subset O$, $m(O) < m^*(B) + \varepsilon$ を満たすようにとれば，
$$m_*(A \cup B) = \sup\{m(C);\, A \cup B \supset C,\, C \text{ はコンパクト集合}\}$$

$$\leqq \sup\{m(C-O)+m(O); A\cup B \supset C, C \text{ はコンパクト集合}\}$$
$$\leqq \sup\{m(K); A \supset K, K \text{ はコンパクト集合}\} + m(O)$$
$$\leqq m_*(A)+m(O)$$
$$\leqq m_*(A)+m^*(B)+\varepsilon.$$

$\varepsilon > 0$ は任意でよかったから,第1の不等式は示された.

第2の不等式を示すためには,$m^*(A\cup B)<\infty$ としてよい.任意のコンパクト集合 $C\subset A$ に対し,

$$m^*(A\cup B) = \inf\{m(O); O\supset A\cup B, O \text{ は開集合}\}$$
$$= \inf\{m(O-C)+m(C); O\supset A\cup B, O \text{ は開集合}\}$$
$$\geqq \inf\{m(G); G\supset B, G \text{ は開集合}\}+m(C)$$
$$= m^*(B)+m(C).$$

$C\subset A$ について sup をとれば,求める不等式が得られる. ∎

定理 2.9 $m^*(E)<\infty$ とする.E が可測であるための必要十分条件は,

(2.11) $$m^*(E)=m_*(E).$$

［証明］ E を含む測度有限な開集合 O を一つとって固定する.E が可測集合であれば,Carathéodory の条件によって

$$m^*(O)=m(O)=m^*(O\cap E)+m^*(O-E)$$

である.$m^*(O\cap E)=m^*(E)$ そして補題 2.5 によって $m^*(O-E)=m(O)-m_*(E)$ であるから,右辺は $m^*(E)+m(O)-m_*(E)$ に等しい.ゆえに $m^*(E)=m_*(E)$ である.

逆に E は (2.11) を満たすとする.補題 2.6 によって任意の $O\in\mathcal{O}$ に対し

$$m(O)\geqq m_*(O\cap E)+m^*(O-E)$$

である.いま,

(2.12) $$m_*(O\cap E)\geqq m^*(O\cap E) \quad (A\subset O,\ O\in\mathcal{O}(\boldsymbol{R}^d))$$

が成り立つと仮定すれば,E は Carathéodory の条件を満たす.なぜならば,(2.12) を用いると

(2.13) $$m(O)\geqq m^*(O\cap E)+m^*(O-E)\geqq m^*(A\cap E)+m^*(A-E).$$

$O \supset A$ について inf をとれば，(2.13) の左辺は $m^*(A)$ となる．これは E が Carathéodory の条件を満たすことを示しているから，E は可測である．

(2.12) を示そう．開集合は可測であるから，
$$m^*(E) = m^*(O \cap E) + m^*(E - O).$$
一方，補題 2.6 によって
$$m_*(E) \leqq m_*(O \cap E) + m^*(E - O)$$
である．仮定から $m^*(E) = m_*(E)$ であるから，$m_*(O \cap E) \geqq m^*(O \cap E)$ が得られた．∎

§2.7 非可測集合の存在

R^d のすべての集合は可測であろうか？ 答えは否である．本節ではそれを一次元の場合に示そう．そのために，まず R には Hamel 基底が存在することを示すのであるが，そこでは Zorn の補題が用いられる．

R の部分集合 B は，次の条件を満たすとき **Hamel 基底**であるという．

(i) B は有理数体 Q 上一次独立である．

すなわち，任意有限個の $x_1, \cdots, x_N \in B$ と $r_1, \cdots, r_N \in Q$ に対し $r_1 x_1 + \cdots + r_N x_N = 0$ ならば，$r_1 = \cdots = r_N = 0$.

(ii) 任意の $x \in R$ は，有限個の $x_1, \cdots, x_N \in B$ と $r_1, \cdots, r_N \in Q$ をとって，
(2.14) $$x = r_1 x_1 + \cdots + r_N x_N$$

と表わすことができる．

補題 2.7 Hamel 基底は存在する．

[証明] $\mathcal{I}$ を R の Q 上一次独立集合全体とする．たとえば，1 点から成る集合 $\{\sqrt{2}\}$ は $\mathcal{I}$ に属する．$\mathcal{I}$ は包含関係 $\subset$ に関して半順序集合である．$\{I_\alpha; \alpha \in A\}$ を $\mathcal{I}$ の全順序部分集合とする，$\bigcup_{\alpha \in A} I_\alpha$ は，すべての I_α の元を含む $\mathcal{I}$ の元である．なぜならば，$x_{\beta_1}, x_{\beta_2}, \cdots, x_{\beta_N} \in \bigcup_{\alpha \in A} I_\alpha$, $x_{\beta_j} \in I_{\alpha_j}$ なら，$I_{\alpha_1}, I_{\alpha_2}, \cdots, I_{\alpha_N}$ の最大の元を I_{α_j} とすれば，$\{x_{\beta_1}, x_{\beta_2}, \cdots, x_{\beta_N}\} \subset I_{\alpha_j}$ であるから，$\{x_{\beta_1}, x_{\beta_2}, \cdots, x_{\beta_N}\}$ は一次独立である．すなわち，$\bigcup_{\alpha \in A} I_\alpha$ は一次独立集合

である．したがって，任意の全順序部分集合は上界を持つということができる．

したがって，Zornの補題によって，$\mathcal{I}$に少なくとも一つは極大元が存在する．それをBとすれば，条件(i)は当然成り立つ．もしBが条件(ii)を満たさなければ，$x \in \boldsymbol{R}$が存在して，$x_1, \cdots, x_N \in B$と$r_1, \cdots, r_N \in \boldsymbol{Q}$をどのように選んでも(2.14)は成り立たない．ゆえに$B \cup \{x\}$は$\boldsymbol{Q}$上一次独立である．これはBが極大であることに反する．ゆえに，Bは(ii)を満たす．ゆえにBはHamel基底である． ∎

定理2.10 $\boldsymbol{R}$には非可測集合が存在する．

[証明] BをHamel基底とし，その元aを勝手に一つとって固定する．
$$A = \{x = r_1 x_1 + \cdots + r_N x_N; x_1, \cdots, x_N \in B - \{a\}, r_1, \cdots, r_N \in \boldsymbol{Q}\}$$
とおく．すなわちAの元はHamel基底Bを用いて表現するときaを含まない．実は，集合Aが非可測集合なのである．それを示すために，Aは可測であると仮定して矛盾を導こう．

第1段． $m(A) > 0$ である．

実際，$r \in \boldsymbol{Q}$に対し$A_r = \{x + ra; x \in A\}$とおく．$A$は可測と仮定したから$A_r$も可測であって，$m(A_r) = m(A)$である．

Aの定義から，$\boldsymbol{R} = \bigcup_{r \in \boldsymbol{Q}} A_r$．ゆえに
$$\infty = m(\boldsymbol{R}) \leq \sum_{r \in \boldsymbol{Q}} m(A_r).$$

ゆえに$m(A) > 0$である．

第2段． $A_r \cap A_s \neq \emptyset, r \neq s$を満たす有理数$r, s$が存在する．

それを示すために，
$$A_{r,n} = \{x + ra; x \in A \cap [n-1, n)\} = A \cap [n-1, n) + ar$$
とおく．$A_r = \bigcup_{n=-\infty}^{\infty} A_{r,n}$であるから，少なくとも一つの$n$に対して$m(A_{r,n}) > 0$である．$m(A_{r,n}) = m(A \cap [n-1, n))$であることに注意しよう．

いま，$\{A_r, r \in \boldsymbol{Q}\}$は互いに交わらないとすれば，その部分集合$A_{r,n}$も交わらない．したがって，

$$m(\bigcup_{0<r<1,\,r\in Q} A_{r,n}) = \sum_{0<r<1,\,r\in Q} m(A_{r,n}) = \sum_{0<r<1,\,r\in Q} m(A\cap[n-1,n)) = \infty$$

である．一方，$\bigcup_{0<r<1,\,r\in Q} A_{r,n} \subset [n-1-|a|, n+|a|]$ であるから，左辺は有限である．これは不合理である．

第3段．$A_r \cap A_s \neq \emptyset$, $r \neq s$ とする．そのときは，$x,y \in A$ が存在して，$x+ra = y+sr$ となる．ゆえに $x-y = (s-r)a$ である．A の元の一次結合はまた A に属するから，$x-y \in A$．ゆえに $(s-r)a \in A$．これは A の元は a を含まないことに矛盾する．

この矛盾は A が可測であると仮定したことに起因する．∎

注意 2.1 A を定理の証明で定義した集合とすると，A は $\boldsymbol{R}$ で稠密である．なぜならば，$\boldsymbol{Q}^c$，すなわち無理数全体は $\boldsymbol{R}$ で稠密であるから，$\{ra;\,r\in \boldsymbol{Q}\}^c$ も $\boldsymbol{R}$ で稠密である．$\{ra;\,r\in \boldsymbol{Q}\}^c \subset A$ であるから，A も $\boldsymbol{R}$ で稠密である．

本節のおしまいに，Hamel 基底 B を用いて，奇妙な関数を構成してみよう．この関数は後の章で述べる非可測関数の例になっている．

再び $a \in B$ を一つとって固定しておく．任意の実数 x は $x = r_a a + r_1 x_1 + \cdots + r_N x_N$，ただし $r_a, r_1, \cdots, r_N \in \boldsymbol{Q}$, $x_1, \cdots, x_N \in B - \{a\}$，と表わされる．そのとき

$$f(x) = r_a$$

と定義する．明らかに

(2.15) $\qquad f(x+y) = f(x) + f(y) \quad (x,y \in \boldsymbol{R})$

が成り立つ．しかし，関数 f は連続ではない．

なぜならば，$f(a) = 1$ そして $f(x) = 0$ $(x \in A)$．A は $\boldsymbol{R}$ で稠密であることから，f は点 a で不連続であることがわかる．

さらに，f はいたるところで不連続となっている．点 x_0 を任意にとって固定するとき，$f(x_0+x) = f(a+x) + f(x_0-a)$ であるから，f は点 x_0 で不連続である．

もし，f が (2.15) を満たし，かつある一点で連続ならば，f はすべての点で連続で，

$$f(x) = f(1)x$$

となることが知られている(章末の演習問題 2.7 参照).

■ 演習問題 ■

2.1 集合列 E_j に対し
$$\limsup_{j\to\infty} \chi_{E_j}(x) = \chi_{\limsup E_j}(x), \quad \liminf_{j\to\infty} \chi_{E_j}(x) = \chi_{\liminf E_j}(x)$$
であることを示せ.

2.2 集合列 E_j が条件 $\sum_{j=0}^{\infty} m(E_j) < \infty$ を満たせば,$\limsup_{j\to\infty} E_j$ は零集合であることを示せ.

2.3 $E \in \mathcal{M}(\mathbf{R}^d)$ とする.$a > 0, y \in \mathbf{R}^d$ に対し
$$aE = \{ax; x \in E\}, \quad E+y = \{x+y; x \in E\}$$
と書く.そのとき次の式を示せ.
 (i) $m(aE) = a^d m(E)$,
 (ii) $m(E+y) = m(E)$.

2.4 $E, F \subset [0,1]$ を可測集合とする.もし $m(F) = 1$ なら,$m(E \cap F) = m(E)$ であることを示せ.

2.5 $E \in \mathcal{M}(\mathbf{R}^d)$ に対して
$$m(E) = \sup\{m(C); C \subset E, C はコンパクト\}$$
であることを示せ.

2.6 N_1, N_2 が零集合であっても,$N_1 + N_2 = \{x+y; x \in N_1, y \in N_2\}$ は零集合とは限らない.実際,Cantor 集合 C に対して $C + C = [0, 2]$ であることを示せ.

2.7 $\mathbf{R}$ 上の関数 f は
$$f(x) + f(y) = f(x+y) \quad (x, y \in \mathbf{R})$$
を満たし,かつ一点で連続であれば,一次式
$$f(x) = f(1)x$$
であることを示せ.

3

Euclid 空間上の Lebesgue 積分

三角級数

$$\frac{a_0}{2} + \sum_{n=1}^{\infty} (a_n \cos 2\pi nx + b_n \sin 2\pi nx)$$

を考えてみよう．級数は収束するとは限らないが，もし収束するとしても極限は連続であるとは限らない．実際に，極限関数はすべての点で連続でないような級数が存在する．また，たとえ，この級数が連続関数の Fourier 級数であっても，零集合の上では発散するようなものが存在する．

つまり，基本的に連続関数を扱う場合でも，可算個の算法を取り入れるとき，可算算法に対して適合した集合，関数の空間，積分の概念を導入する必要が生じるのである．

本章で述べる Lebesgue 積分論は，このような可算算法によって生じる問題に適合した理論である．§3.6 で述べる Lebesgue の収束定理に代表される収束定理は Lebesgue 積分の特徴をよく表わしているといえよう．

また，この議論は，より一般な集合の上に積分という概念を拡張することを可能にするのであって，それは次の章で扱われる．

§3.1 可測関数

定義 3.1 f を $\boldsymbol{R}^d$ 上で定義された $\boldsymbol{R} \cup \{\pm\infty\}$ に値をもつ関数とする．す

べての実数 a に対し，集合
$$\{x\,;\,f(x)>a\}$$
が可測集合であるとき，関数 f は**可測関数**であるという．複素数値関数に対しては，その実部，虚部が共に可測であるとき，**可測**であるという． □

我々は積分の対象を可測関数に限るのである．可測関数の集合は，また可算個の演算で閉じた空間であることが示される．

例 3.1 f が実数値連続関数ならば，集合 $\{x\,;\,f(x)>a\}$ は開であるから可測集合である．ゆえに連続関数は可測である． □

例 3.2 $\{E_j,\,j=1,2,\cdots,k\}$ を互いに交わらない集合列，$\{a_j\}$ を互いに異なる実数列とする．関数
$$f(x)=\sum_{j=1}^{k}a_j\chi_{E_j}(x)$$
が可測であれば，E_j はすべて可測である．逆に，E_j がすべて可測であれば，$\{x\,f(x)>a\}=\bigcup\{E_j\,;\,a_j>a\}$ は可測であるから，関数 f は可測である． □

ここで $\{a_j\}$ を複素数列としてもよいことは明らかであろう．

定義 3.2 $\boldsymbol{R}^d$ 上の関数 f は
（ i ） 値域は $\boldsymbol{R}\cup\{+\infty\}$ に含まれ，
（ ii ） 任意の実数 a に対し集合 $\{x\,;\,f(x)>a\}$ が開であるとき，

下半連続であるという．

同様に，値域が $\boldsymbol{R}\cup\{-\infty\}$ に含まれ，集合 $\{x\,;\,f(x)<a\}$ が開であるとき，**上半連続**であるという． □

下半連続関数は可測である．また，上半連続関数も以下で示す補題 3.1，(iii) によって可測である．

以下，この章では特に断わらない限り，関数はすべて $\boldsymbol{R}^d$ 上で定義され $\boldsymbol{R}\cup\{\pm\infty\}$ に値をもつものとする．

補題 3.1 関数 f に対し次の条件は同値である：
（ i ） f は可測，すなわち，$\{x\,;\,f(x)>a\}\in\mathcal{M}(\boldsymbol{R}^d)$ $(a\in\boldsymbol{R})$,
（ ii ） $\{x\,;\,f(x)\geqq a\}\in\mathcal{M}(\boldsymbol{R}^d)$ $(a\in\boldsymbol{R})$,
（iii） $\{x\,;\,f(x)<a\}\in\mathcal{M}(\boldsymbol{R}^d)$ $(a\in\boldsymbol{R})$,

(iv)　$\{x; f(x) \leqq a\} \in \mathcal{M}(\boldsymbol{R}^d)$　$(a \in \boldsymbol{R})$.

[証明]　(i) ⇒ (ii).　$\{x; f(x) \geqq a\} = \bigcap_{n=1}^{\infty} \left\{x; f(x) > a - \frac{1}{n}\right\}$ であることに注意．右辺は $\mathcal{M}(\boldsymbol{R}^d)$ に属する．以下同様にして，次の式に注目すればよい．

(ii) ⇒ (iii) に対しては，$\{x; f(x) < a\} = \{x; f(x) \geqq a\}^c$.

(iii) ⇒ (iv) に対しては，$\{x; f(x) \leqq a\} = \bigcap_{n=1}^{\infty} \left\{x; f(x) < a + \frac{1}{n}\right\}$.

(iv) ⇒ (i) に対しては，$\{x; f(x) > a\} = \{x; f(x) \leqq a\}^c$. ∎

補題 3.1 から，f が可測ならば，$\{x; f(x) = a\}$ は可測集合であることがわかる．

定理 3.1　実数値関数 f が可測であるための必要十分条件は，

(3.1) $\qquad f^{-1}(O) \in \mathcal{M}(\boldsymbol{R}^d), \quad O \in \mathcal{O}(\boldsymbol{R}),$

を満たすことである．

[証明]　開集合として，特に $O = (a, \infty)$ ととれば，(3.1) は f が可測であることの定義そのものである．

f は可測であると仮定して (3.1) を示す．まず，$O = (a, b)$ のときを考える．補題 3.1 から

$$f^{-1}((a,b)) = \{x; f(x) < b\} \cap \{x; f(x) > a\} \in \mathcal{M}(\boldsymbol{R}^d)$$

である．一般の開集合 O は互いに交わらない開区間の可算和 $\bigcup_{j=1}^{\infty}(a_j, b_j)$ として表わされるから，

$$f^{-1}(O) = f^{-1}\left(\bigcup_{j=1}^{\infty}(a_j, b_j)\right) = \bigcup_{j=1}^{\infty} f^{-1}((a_j, b_j))$$

であって，最後の式は $\mathcal{M}(\boldsymbol{R}^d)$ に属する． ∎

定義 3.3　命題 $\mathbf{P}(x)$ がある零集合 N の点以外のところで成り立つ，すなわち，

$$\mathbf{P}(x) \quad (x \notin N)$$

であるとき，命題 $\mathbf{P}(x)$ はほとんどすべての x に対し成り立つ，または，$\mathbf{P}$ はほとんどすべての点で成り立つといい，$\mathbf{P}(x)\,\mathrm{a.e.}\,x$ または，$\mathbf{P}$ a.e. と書

く*1.

補題 3.2 f は可測,$f=g$ a.e. ならば,g も可測である.

[証明] 仮定から,$N=\{x;\ f(x)\neq g(x)\}$ は零集合である.
$$\{x;\ g(x)>a\}=[\{x;\ f(x)>a\}-N]\cup[\{x;\ g(x)>a\}\cap N]$$
である.零集合は可測であるから,右辺の二つの集合は可測集合である.ゆえに g は可測である. ∎

定理 3.2 $\varphi(s,t)$ は $\boldsymbol{R}^2$ 上の連続関数とする.f,g は a.e. で有限な値をもつ実数値可測関数とすれば,$\varphi(f(x),g(x))$ も可測である.

[証明] $\{x;\ f(x)=\pm\infty\}\cup\{x;\ g(x)=\pm\infty\}$ は零集合であるから,補題 3.2 によって f,g はいたるところ有限な値をもつとしてよい.$\{(s,t);\ \varphi(s,t)>a\}$ は開集合であるから,互いに交わらない右半開区間 $[a_j,b_j)\times[c_j,d_j)$ の和として表わすことができる.ゆえに,

$$\{x;\ \varphi(f(x),g(x))>a\}=\bigcup_{j=1}^{\infty}\{x;\ (f(x),g(x))\in[a_j,b_j)\times[c_j,d_j)\}$$
$$=\bigcup_{j=1}^{\infty}\{x;\ a_j\leq f(x)<b_j\}\cap\{x;\ c_j\leq g(x)<d_j\}$$
$$\in\mathcal{M}(\boldsymbol{R}^d).$$
∎

系 3.1

(i) 可測関数の全体はベクトル空間である,すなわち,f,g は可測,$a,b\in\boldsymbol{C}$ なら,$af+bg$ も可測である.

(ii) f,g が可測なら,$f\cdot g$ も可測.さらに,$g\neq 0$ a.e. なら f/g も可測である.

(iii) f は可測,$p>0$ なら $|f|^p$ は可測である.

(iv) f は可測実数値なら,$f^+=\max(f,0)$ は可測である.

[証明] 関数は実数値であるとして証明する.複素数値の場合は,実部と虚部に分解することによって導くことができるので読者に任せることにする.

(i) $\varphi(s,t)=as+bt$ は連続関数であるから,定理 3.2 を適用すればよい.

---

*1 それぞれ almost every x, almost everywhere の略である.確率論では,almost sure, almost surely などといい,a.s. と略することが多い.

ベクトル空間の他の条件が満たされることは明らかである.

(ii) $\varphi(s,t)=st$ を考えることによって, $f\cdot g$ が可測であることがわかる. 次に

$$\{x;\,f(x)/g(x)>a\}\cap\{x;\,g(x)\neq 0\}$$
$$=[\{x;\,f(x)-ag(x)>0\}\cap\{x;\,g(x)>0\}]$$
$$\cup\,[\{x;\,f(x)-ag(x)<0\}\cap\{x;\,g(x)<0\}]$$

である. 右辺は可測, そして $\{x;\,g(x)=0\}$ は零集合であるから, $\{x;\,f(x)/g(x)>a\}$ は可測である.

(iii) を示すには $\varphi(s,t)=|s|^p$ を考えればよい. 特に, $|f|$ は可測である. したがって (i) によって $f^+=(|f|+f)/2$ は可測である. ∎

定理 3.3 $f_j\,(j=1,2,\cdots)$ が実数値可測ならば,

$$\sup_j f_j(x),\;\inf_j f_j(x),\;\limsup_{j\to\infty} f_j(x),\;\liminf_{j\to\infty} f_j(x)$$

はすべて可測である.

特に, $\lim f_j$ がほとんどすべての点で収束すれば, $\lim f_j$ も可測である. また, 可測関数 u_j の和 $u(x)=\sum_{j=1}^{\infty}u_j(x)$ が a.e. で収束すれば, $u(x)$ も可測である.

[証明] $$\{x;\,\sup_j f_j(x)>a\}=\bigcup_{j=1}^{\infty}\{x;\,f_j(x)>a\},$$
$$\{x;\,\inf_j f_j(x)\geq a\}=\bigcap_{j=1}^{\infty}\{x;\,f_j(x)\geq a\}$$

であることに注目しよう. 右辺の集合は仮定から可測であるから, 左辺も可測である.

前半の結果から $\sup_{j\geq k} f_j(x)$ は可測, したがって $\limsup_{j\to\infty}f_j(x)=\inf_{k\geq 1}\sup_{j\geq k}f_j(x)$ は可測である.

$\liminf f_j(x)$ についても同様である. ∎

§3.2 単関数列と可測関数

定義 3.4 値を有限個しかもたない関数を**単関数**という．ただし値として $\pm\infty$ をとってもかまわない． □

単関数は $f(x)=\sum_{j=1}^{k}a_j\chi_{E_j}(x)$ と表わされる．ここで集合 E_j は互いに交わらない，そして a_j は互いに異なるようにとることができる．そのとき，f が可測であることと，E_j がすべて可測であることは同値であることは例 3.2 でみた通りである．

定理 3.4 f は可測，$0\leqq f(x)\leqq\infty$ とする．そのとき次の条件を満たす可測単関数列 $\{s_j\}$ が存在する．

 (i) すべての x に対し $0\leqq s_1(x)\leqq s_2(x)\leqq\cdots\to f(x)$,

 (ii) 各 s_j は有界，そして $m(\{x\,;\,s_j(x)\neq 0\})<\infty$.

[証明] $j=1,2,\cdots$ に対し $s_j(x)$ を次のように定義する：

$$s_j(x)=\begin{cases} 2^{-j}(k-1) & (|x|\leqq j\text{ かつ }2^{-j}(k-1)\leqq f(x)<k\cdot 2^{-j}), \\ & \qquad\qquad\qquad k=1,2,\cdots,j\cdot 2^j \\ j & (|x|\leqq j\text{ かつ }f(x)\geqq j) \\ 0 & (|x|>j). \end{cases}$$

そのとき，(ii) が満たされることは容易にわかる．すべての x と j に対し
$$0\leqq s_j(x)\leqq s_{j+1}(x)\leqq f(x),$$
そして $|x|\leqq j$ かつ $f(x)<j$ のとき
$$0\leqq f(x)-s_j(x)\leqq 2^{-j}$$
である．ゆえに，$f(x)<\infty$ であるときは，$s_j(x)\to f(x)$ となる．$f(x)=\infty$ のときは $s_j(x)=j\to\infty$ であるから，(i) が示された． ∎

§3.3　Lebesgue 積分の定義

以下特に断わらない限り，$\mathbf{R}^d$ の集合というときは，可測集合を意味し，$\mathbf{R}^d$ の関数はすべて可測関数をさすものとする．

$s(x)$ を非負単関数とする．そのとき，$s(x) = \sum_{j=1}^{k} a_j \chi_{E_j}(x)$, ここで E_j は可測, $a_j > 0$, と書くことができる．その積分値を

$$(3.2) \qquad \int_{\mathbf{R}^d} s(x)dm(x) = \sum_{j=1}^{k} a_j m(E_j)$$

と定義する．

$f(x)$ が非負関数であるとき，単関数の列 $\{s_j\}$ で

$$(3.3) \qquad 0 \leq s_1(x) \leq s_2(x) \leq \cdots \to f(x)$$

であるものを一つ選び

$$(3.4) \qquad \int_{\mathbf{R}^d} f(x)dm(x) = \lim_{p \to \infty} \int_{\mathbf{R}^d} s_p(x)dm(x)$$

と定義する．変数 x, 積分領域 $\mathbf{R}^d$ は省略することがある．$dm(x)$ は dm, dx などとも書く．

一般の複素数値関数 f に対しては

$$f = u + iv, \quad u, v \text{は実数値関数},$$
$$u = u_+ - u_-, \quad v = v_+ - v_-,$$

と分解する，ただし，$u_+(x) = \max(u(x), 0)$, $u_-(x) = u_+(x) - u(x)$ である．$v_+(x), v_-(x)$ も同様にして定義される．

$$\int u_+ dm, \quad \int u_- dm, \quad \int v_+ dm, \quad \int v_- dm$$

がすべて有限値であるとき，f は **Lebesgue 積分可能** または Lebesgue 可積分，より簡単に**可積分**であるといい f の積分値を

$$\int f dm = \int u_+ dm - \int u_- dm + i\left(\int v_+ dm - \int v_- dm\right)$$

と定義する.

$E \in \mathcal{M}(\mathbf{R}^d)$ に対し，f の E 上の積分は

$$\int_E f dm = \int_{\mathbf{R}^d} f \cdot \chi_E dm$$

で定義される.

以上の定義が意味をもつためには，

(I) (3.2)の右辺は単関数 $s(x)$ の表現の仕方によらず決まる，

(II) (3.4)の右辺の極限値は単関数列 $\{s_j\}$ の選び方に依存しない，

ことを確かめておかなければならない.

[(I) の証明] $s(x) = \sum_{j=1}^{k} a_j \chi_{E_j}(x) = \sum_{p=1}^{q} b_p \chi_{F_p}(x), a_j > 0, b_p > 0$ とする. まず，$\bigcup E_j = \bigcup F_p$ であることに注意しよう. Δ を

$$A_1 \cap \cdots \cap A_k \cap B_1 \cap \cdots \cap B_q,$$

ただし $A_j = E_j$ または E_j^c，$B_p = F_p$ または F_p^c と表わされる集合全体とする.

Δ の集合は互いに素である. そして任意の E_j は，互いに素な和 $E_j = \bigcup\{D \in \Delta ; D \subset E_j\}$ と書くことができる. それを示そう.

$D, D' \in \Delta$，ただし $D = A_1 \cap \cdots \cap A_k \cap B_1 \cap \cdots \cap B_p$，$D' = A_1' \cap \cdots \cap A_k' \cap B_1' \cap \cdots \cap B_p'$ とする. $D \neq D'$ ならば少なくとも 1 つの j か q に対して A_j と A_j' または B_p と B_p' は異なるから，$A_j \cap A_j' = \emptyset$ または $B_p \cap B_p' = \emptyset$ である. ゆえに $D \cap D' = \emptyset$ である. ゆえに Δ の集合は互いに交わらない.

次に，$x \in E_j$ とする. $x \in E_l$ なら $A_l = E_l$，$x \notin E_l$ なら $A_l = E_l^c$ とおき，$x \in F_r$ なら $B_r = F_r$，$x \notin F_r$ なら $B_r = F_r^c$ とおけば，$x \in D = A_1 \cap \cdots \cap A_k \cap B_1 \cap \cdots \cap B_p$ である. ゆえに $E_j \subset \bigcup\{D \in \Delta ; D \subset E_j\}$ である. 逆向きの包含関係は明らかであるから，$E_j = \bigcup\{D \in \Delta ; D \subset E_j\}$ である.

さて，$x \in D \in \Delta$ ならば，$s(x) = \sum_{\{j\,;\,D \subset E_j\}} a_j = \sum_{\{p\,;\,D \subset F_p\}} b_p$ である. したがって，

$$\sum_{j=1}^{k} a_j m(E_j) = \sum_{j=1}^{k} a_j \left(\sum \{m(D) ; D \in \Delta, D \subset E_j\} \right)$$

$$= \sum_{\{D \in \Delta\}} \left(\sum_{\{j\,;\,D \subset E_j\}} a_j \right) m(D)$$

$$= \sum_{\{D \in \Delta\}} \left(\sum_{\{p\,;\,D \subset F_p\}} b_p \right) m(D).$$

$\sum_{p=1}^{q} b_j m(F_p)$ についても上と同様な計算をすることによって，最後の式は，$\sum_{p=1}^{q} b_j m(F_p)$ に等しいことがわかる．ゆえに (I) は成り立つ． ∎

(II) を示すために，補題を二つ準備しよう．

補題 3.3 $s(x), t(x)$ を非負単関数とする．そのとき，
(i)
$$\int (s+t) dm = \int s\, dm + \int t\, dm,$$
(ii)　$s \leqq t$ なら
$$\int s\, dm \leqq \int t\, dm.$$

［証明］ (i) $s(x) = \sum_i a_i \chi_{E_i}(x)$, $t(x) = \sum_j b_j \chi_{F_j}(x)$ とする，ここで $a_i, b_j \geqq 0$, $\{E_i\}, \{F_j\}$ はそれぞれ互いに素な集合列で $\bigcup E_i = \bigcup F_j = \boldsymbol{R}^d$ であるようにとる．そのとき $\{E_i \cap F_j\}$ は互いに素であって，$E_i = \bigcup_j E_i \cap F_j$, $F_j = \bigcup_i E_i \cap F_j$ である．ゆえに $s(x) + t(x) = \sum_{i,j} (a_i + b_j) \chi_{E_i \cap F_j}(x)$ と書くことができる．ゆえに

$$\int (s+t) dm = \sum_{i,j} (a_i + b_j) m(E_i \cap F_j)$$
$$= \sum_{i,j} a_i m(E_i \cap F_j) + \sum_{i,j} b_j m(E_i \cap F_j)$$
$$= \sum_i a_i m(E_i) + \sum_j b_j m(F_j) = \int s\, dm + \int t\, dm.$$

(ii) $t = s + u$ とおく．$u = t - s$ はまた非負単関数である．(i) によって，
$$\int t\, dm = \int s\, dm + \int u\, dm \geqq \int s\, dm$$

であるから，補題は証明された． ∎

補題 3.4 $\{s_p\}, \{t_q\}$ は非負単関数の単調増加列とする．もし

$$\lim_{q\to\infty} t_q(x) \leqq \lim_{p\to\infty} s_p(x) \quad (x \in \boldsymbol{R}^d)$$

ならば，

$$\lim_{q\to\infty} \int t_q dm \leqq \lim_{p\to\infty} \int s_p dm.$$

［証明］ q を固定して，$t_q(x) = \sum_{j=1}^{k} b_j \chi_{F_j}(x)$ と書く，ここで，$b_j > 0$, $\{F_j\}$ は互いに交わらない集合列である．$\int t_q dm < \infty$ とする．そのときは $m(\bigcup F_j) < \infty$ である．$F = \bigcup F_j$ とおく．$\varepsilon > 0$ を固定して

$$E_p = \{x \in F \,;\, s_p(x) + \varepsilon > t_q(x)\}$$

とおくと，$E_p \nearrow F$ $(p \to \infty)$ である．また $m(F) < \infty$ であるから，十分大にとれば，定理 2.6(iii) によって，$m(F - E_p) \to 0$ $(p \to \infty)$ である．したがって p を

$$\int t_q dm = \int t_q \chi_{F - E_p} dm + \int t_q \chi_{E_p} dm$$

$$\leqq \sup_x t_q(x) \cdot m(F - E_p) + \int [s_p(x) + \varepsilon] \chi_{E_p}(x) dm$$

$$\leqq \varepsilon \cdot \sup_x t_q(x) + \varepsilon \cdot m(E_p) + \int s_p dm.$$

である．ゆえに，$p \to \infty$ のとき

$$\int t_q dm \leqq \varepsilon [\sup_x t_q(x) + m(F)] + \lim_{p\to\infty} \int s_p dm$$

となる．$\varepsilon > 0$ は任意でよかったから，$\varepsilon \to 0$ とし，次に $q \to \infty$ とすれば求める式が得られる．

$\int t_q dm = \infty$ であるような q が存在するときは，任意の N に対し $a > 0$ と集合 F を

(3.5) $\quad t_q(x) > a \chi_F(x) \quad (x \in \boldsymbol{R}^d) \quad$ かつ $\quad \infty > \int a \chi_F dm > N$

を満たすように選ぶことができる．いま (3.5) を仮に認めれば，前半で示した結果によって

$$\lim_{p \to \infty} \int s_p \, dm \geqq \int a\chi_F \, dm > N.$$

である．N は任意であるから，$\lim \int s_p \, dm = \infty$ となって，この場合も補題は成り立つことがわかった．

(3.5) の証明．$t_q = \sum b_j \chi_{F_j}$ とする，ここで F_j は互いに素，$b_j > 0$ である．仮定から，少なくとも一つの j に対し $b_j m(F_j) = \infty$ であるから，$m(F_j) = \infty$．$F_j^n = \{|x| < n\} \cap F_j$ とおく．$F_j^n \nearrow F_j \, (n \to \infty)$ であるから，$m(F_j^n) \to \infty \, (n \to \infty)$．ゆえに n を十分大にとれば，$b_j m(F_j^n) > N$ である．

[(II) の証明]　(3.4) の右辺は s_j のとり方によらないことを示す．$\{s_p\}$, $\{t_q\}$ を非負単関数の単調増加列で $\lim s_p = \lim t_q = f$ とすると，補題 3.4 によって $\lim \int s_p \, dm \leqq \lim \int t_q \, dm$ かつ $\lim \int s_p \, dm \geqq \lim \int t_q \, dm$ である．ゆえに両極限値は等しい．

ゆえに (3.4) によって積分を定義できることがわかった．

§3.4　積分の基本的な性質

E を $\boldsymbol{R}^d$ の集合とする．E 上で定義された複素数値 Lebesgue 可積分関数全体を $\mathcal{L}(E, dm), \mathcal{L}(E)$ などと書く．特に，考えている定義域が自明であるときは，単に $\mathcal{L}$ と書く．

補題 3.5　$0 \leqq f \leqq g$, $g \in \mathcal{L}$ なら $f \in \mathcal{L}$, そして

$$0 \leqq \int f \, dm \leqq \int g \, dm.$$

[証明]　補題 3.4 から明らかである．

定理 3.5　f は可測とする．$f \in \mathcal{L}$ であるための必要十分条件は，$|f| \in \mathcal{L}$, すなわち

$$\int |f| \, dm < \infty$$

であって，このとき

(3.6) $$\left|\int f\,dm\right| \leqq \int |f|\,dm.$$

[証明] $f = u + iv = (u_+ - u_-) + i(v_+ - v_-)$, ここで, $u_+ = \max(u,0)$, $u_- = u_+ - u$, $v_\pm$ も同様である. $0 \leqq u_\pm, v_\pm \leqq |f|$ であるから, $|f| \in \mathcal{L}$ ならば補題 3.5 によって $u_\pm, v_\pm \in \mathcal{L}$. ゆえに定義から $f \in \mathcal{L}$ である.

逆に, f は可積分であるとする. $0 \leqq |f| \leqq u_+ + u_- + v_+ + v_- \in \mathcal{L}$. ゆえに再び補題 3.5 によって $|f| \in \mathcal{L}$ である.

(3.6) を示そう. $\{s_p^\pm\}, \{t_p^\pm\}$ を $u_\pm, v_\pm$ の積分を定義する非負単調関数列とする. 各 p について同一の集合列 $\{E_j\}$ を用いて
$$s_p^\pm = \sum a_j^\pm \chi_{Ej}, \quad t_p^\pm = \sum b_j^\pm \chi_{Ej},$$
$a_j^\pm \geqq 0, b_j^\pm \geqq 0$ と表わすことができる. なぜならば, もし $s_p^\pm = \sum a_j^\pm \chi_{E_j^\pm}, t_p^\pm = \sum b_k^\pm \chi_{F_k^\pm}$ ならば, $\{E_i^+ \cap E_j^- \cap E_k^+ \cap F_l^-\}$ を改めて $\{E_m\}$ と書けばよい. そのとき, 積分 $\int \{(s_p^+ - s_p^-) + i(t_p^+ - t_p^-)\}\,dm$ の絶対値は
$$|\sum\{(a_j^+ - a_j^-) + i(b_j^+ - b_j^-)\}m(E_j)| \leqq \sum|\{(a_j^+ - a_j^-) + i(b_j^+ - b_j^-)\}|m(E_j)$$
である. ここで $p \to \infty$ とすれば求める式が得られる. ∎

補題 3.6 (i) $f \in \mathcal{L}(\mathbf{R}^d)$ なら, 任意の可測集合 E に対し, $f \in \mathcal{L}(E)$.

(ii) $E \cap F = \emptyset$ なら
$$\int_{E \cup F} f\,dm = \int_E f\,dm + \int_F f\,dm.$$

[証明] (i) は明らか. (ii) は直接積分の定義から導かれる. ∎

定理 3.6 (i) $\mathcal{L}$ は $\mathbf{C}$ 上のベクトル空間である.

(ii) 積分は $\mathcal{L}$ 上の線形汎関数である, すなわち, 積分は写像 $\mathcal{L} \mapsto \mathbf{C}$ であって,

(3.7) $$\int (af + bg)\,dm = a\int f\,dm + b\int g\,dm \quad (f, g \in \mathcal{L}, a, b \in \mathbf{C}).$$

[証明] (i) は (ii) から明らかであろう. (ii) を段階を追って示す.

(3.8) $$\int (af)\,dm = a\int f\,dm \quad (f \in \mathcal{L}, \ a \in \mathbf{C}),$$

(3.9) $$\int (f+g)dm = \int f dm + \int g dm \quad (f,g \in \mathcal{L}).$$

を示せばよい．

第1段．(3.8)は $f \geqq 0$, a が実数のとき成り立つ．それは，定義に戻ってみれば直ちにわかる．f が実数値，a が実数のときは，$f = f_+ - f_-$ と分解すればよい．

第2段．(3.9)は f, g が実数値のとき成り立つ．それを示すために
$E_1 = \{x; f \geqq 0 \text{ かつ } g \geqq 0\}$, $E_2 = \{x; f < 0 \text{ かつ } g < 0\}$,
$E_3 = \{x; f \geqq 0, g < 0 \text{ かつ } f+g \geqq 0\}$, $E_4 = \{x; f < 0, g \geqq 0 \text{ かつ } f+g \geqq 0\}$,
$E_5 = \{x; f \geqq 0, g < 0 \text{ かつ } f+g < 0\}$, $E_6 = \{x; f < 0, g \geqq 0 \text{ かつ } f+g < 0\}$,
とおく．$E_1, \cdots, E_6$ は互いに素であって，$E_1 \cup \cdots \cup E_6 = \boldsymbol{R}^d$ であるから，補題3.6によって

$$\int (f+g)dm = \sum_{j=1}^{6} \int_{E_j} (f+g)dm$$

である．ゆえに

$$\int_{E_j} (f+g)dm = \int_{E_j} f dm + \int_{E_j} g dm \quad (j = 1, 2, \cdots, 6)$$

を示せばよい．

$j = 1$ のとき．補題3.3によって成り立つ．$j = 2$ のときは，$-(f+g)$ に $j = 1$ の場合を適用して，第1段を用いればよい．$j = 3$ のときは，E_3 上で $f+g \geqq 0, -g \geqq 0$ であるから，

$$\int_{E_3} f dm = \int_{E_3} [(f+g) + (-g)] dm$$
$$= \int_{E_3} (f+g) dm + \int_{E_3} (-g) dm = \int_{E_3} (f+g) dm - \int_{E_3} g dm.$$

ゆえに(3.9)は成り立つ．$j = 4, 5, 6$ の場合も同様にすればよい．

第3段．(3.8)は複素数値関数 f と複素数 a に対して成り立つ．実際，f, a をそれぞれ実部，虚部に分解して，実数値関数と実数に対する(3.8)と(3.9)を用いればよい．

(3.9) は f, g が複素数値関数のとき成り立つ．実際，それは関数を実部，虚部に分解してみれば容易にわかる．ゆえに (ii) は証明された．

定理 3.7　$f \in \mathcal{L}(\boldsymbol{R}^d)$ とする．任意の $\varepsilon > 0$ に対し，$a_1, \cdots, a_k \in \boldsymbol{C}$ と区間列 $I_1, \cdots, I_k$ が存在して
$$\int |f - \sum_{j=1}^{k} a_j \chi_{I_j}| dm < \varepsilon.$$

［証明］　f は実数値非負関数としてよい．積分の定義から単関数 $s = \sum_{j=1}^{k} a_j \chi_{E_j}$ が存在して
$$\int |f - s| dm < \varepsilon/2$$

となる，ここで E_j は互いに交わらない．系 2.1 によって，各 E_j について互いに素な区間列 $I_1^j, I_2^j, \cdots, I_{N_j}^j$ を
$$m(E_j - \bigcup_{n=1}^{N_j} I_n^j) + m(\bigcup_{n=1}^{N_j} I_n^j - E_j) < \varepsilon' \quad (j = 1, \cdots, k)$$

であるように選ぶ，$\varepsilon' > 0$ は $(|a_1| + \cdots + |a_N|) \varepsilon' < \varepsilon/2$ であるようにとっておく．そのとき
$$\int |f - \sum_{j=1}^{k} a_j \sum_{n=1}^{N_j} \chi_{I_n^j}| dm$$
$$\leqq \int |f - \sum_{j=1}^{k} a_j \chi_{E_j}| dm + \int |\sum_{j=1}^{k} a_j \chi_{E_j} - \sum_{j=1}^{k} a_j \sum_{n=1}^{N_j} \chi_{I_n^j}| dm$$
$$\leqq \frac{\varepsilon}{2} + \sum_{j=1}^{k} |a_j| [m(E_j - \bigcup_{n=1}^{N_j} I_n^j) + m(\bigcup_{n=1}^{N_n} I_k^j - E_j)].$$

最後の式の第 2 項は $< \sum_{j=1}^{N} |a_j| \varepsilon' < \varepsilon/2$ であるから，証明は終わった．

定理 3.8　$f \in \mathcal{L}$ とする．任意の $\lambda > 0$ に対し

(3.10)　$m(\{x; |f(x)| > \lambda\}) \leqq \dfrac{1}{\lambda} \int |f| dm.$　　（Čebyšev の不等式）

［証明］　$E_\lambda = \{x; |f(x)| > \lambda\}$ とおくと，

$$\int |f|dm \geqq \int |f|\chi_{E_\lambda}dm \geqq \int \lambda\chi_{E_\lambda}dm = \lambda m(E_\lambda).$$

両辺を λ で割れば不等式 (3.10) が得られる．

定理 3.9 $f \in \mathcal{L}$ なら，$|f(x)| < \infty$ a.e., すなわち f はほとんどすべての点で有限な値をとる．

［証明］ $N = \{x; |f(x)| = \infty\}$ とおくと，$N \subset \{x; |f(x)| > \lambda\}, \lambda > 0$ であるから，Čebyšev の不等式によって

$$m(N) \leqq m(\{x; |f(x)| > \lambda\}) \leqq \frac{1}{\lambda}\int |f|dm.$$

これはすべての $\lambda > 0$ に対し成り立つ．ゆえに $m(N) = 0$ である．

定理 3.10 $f \in \mathcal{L}$, $f = g$ a.e. なら，$g \in \mathcal{L}$ そして

$$\int fdm = \int gdm.$$

［証明］ g が可測であることは補題 3.2 による．$N = \{x; f(x) \neq g(x)\}$ とおき，関数 u を $u(x) = 0\,(x \notin N), = \infty\,(x \in N)$ と定義する．N は仮定から零集合であるから，$\int u dm = 0$ である．ゆえに

$$\left|\int fdm - \int gdm\right| = \left|\int (f-g)dm\right| \leqq \int |f-g|dm \leqq \int u dm = 0$$

である．ゆえに定理は証明された．

$f, g \in \mathcal{L}$ に対し

$$f \sim g \iff f(x) = g(x)\,\text{a.e.}$$

と定義すれば，"$\sim$"は同値関係を与える．実際，上で述べた関係"$\sim$"が同値関係

$$f \sim f, \quad f \sim g \Rightarrow g \sim f, \quad f \sim g, g \sim h \Rightarrow f \sim h$$

を満たすことは，容易に確かめられる．

f を含む同値類を $\dot{f}$ と書く．$\mathcal{L}$ の元の同値類全体 $\mathcal{L}/\sim$ を $L^1(\boldsymbol{R}^d, \mathcal{M}, dm)$ または，$\boldsymbol{R}^d, \mathcal{M}, dm$ を省略して，$L^1(\boldsymbol{R}^d), L^1$ などと書く．

$\dot{f} \in L^1$ とする．$f', f'' \in \dot{f}$ なら $f' = f''$ a.e. であるから，定理 3.10 によって

$$\int f' dm = \int f'' dm$$

である．したがって，同値類 $\dot{f}$ から勝手に関数 f' を一つとって

$$\int \dot{f} dm = \int f' dm$$

とおき，これによって $\dot{f}$ の積分値を定義することができる．

以下，特に混乱の恐れのない限り，可積分関数 f を含む同値類も単に f と書く．f はあるいは関数を表わし，あるいは同値類を表わすものとする．

可測集合 E に対し $L^1(E, dm) = L^1(E)$ も同様にして定義される．

§3.5　関数列の収束

Lebesgue 積分論は，関数や集合の可算無限演算で閉じた積分の理論体系を構成することを一つの目的として組み立てられている．本節では，関数列の収束について述べ，次節で Lebesgue 積分論がいかに関数の可算無限演算に適合した体系であるかを示すいくつかの定理を述べる．

$\{f_n(x)\}$ は集合 E 上で定義された関数列であるとする．

関数 $f(x)$ が存在して，すべての $x \in E$ に対し $f_n(x) \to f(x)\,(n \to \infty)$ であるとき，$\{f_n\}$ は集合 E 上で f に**各点収束**するという．

零集合 N が存在して，$\{f_n\}$ が集合 $E - N$ 上で各点収束するとき，**概収束**するという．その極限関数を f とするとき，

$$f_n \to f \text{ a.e. in } E, \text{ または単に } f_n \to f \text{ a.e.}$$

などと書く．

任意の $\varepsilon > 0$ に対し $N > 0$ が存在して

$$|f_n(x) - f(x)| < \varepsilon \quad (x \in E,\, n \geqq N)$$

であるとき，$\{f_n\}$ は f に**一様収束**するという．

任意の $\varepsilon > 0$ に対して

$$m(\{x \in E;\, |f_n(x) - f(x)| > \varepsilon\}) \to 0 \quad (n \to \infty)$$

であるとき，$\{f_n\}$ は f に**測度収束**するといい，$f_n \to f$ (測度)$(n \to \infty)$ また

は $f_n \to f$ in measure などと書く．

f_n, f は $L^1(E)$ の関数とする．

$$\int_E |f_n - f| dm \to 0 \quad (n \to \infty)$$

であるとき，$\{f_n\}$ は f に**強収束**する，または L^1-**ノルム収束**するといい，$f_n \to f$ in L^1, $\lim f_n = f$ in L^1, $\|f_n - f\|_1 \to 0 \ (n \to \infty)$ などと書く．

(a) ノルム収束と概収束

定理 3.11 集合 E 上で関数列 $\{f_n\}$ は f に L^1-ノルム収束するとする．そのとき，$\{f_n\}$ は f に測度収束する．

[証明] 任意に $\varepsilon > 0$ をとって固定する．Čebyšev の不等式によって，

$$m(\{x \in E; |f_n(x) - f(x)| > \varepsilon\}) \leqq \frac{1}{\varepsilon} \int_E |f_n(x) - f(x)| dm$$

である．右辺は，仮定から $n \to \infty$ のとき 0 に収束する． ∎

定理 3.12 $m(E) < \infty$ とする．関数列 $\{f_n\}$ が f に測度収束するための必要十分条件は

$$(3.11) \qquad \int_E \frac{|f_n(x) - f(x)|}{|f_n(x) - f(x)| + 1} dm \to 0 \quad (n \to \infty).$$

[証明] $f_n \to f$ (測度)とする．$\varepsilon > 0$ を与える．被積分関数は 1 を超えない．また，$t/(t+1)$ は $t > 0$ について単調増加であるから，$|f_n(x) - f(x)| \leqq \varepsilon$ のとき

$$\frac{|f_n(x) - f(x)|}{|f_n(x) - f(x)| + 1} \leq \frac{\varepsilon}{1 + \varepsilon}$$

である．ゆえに

$$\int_E \frac{|f_n - f|}{|f_n - f| + 1} dm$$
$$= \left(\int_{\{x \in E; |f_n - f| > \varepsilon\}} + \int_{\{x \in E; |f_n - f| \leqq \varepsilon\}} \right) \frac{|f_n - f|}{1 + |f_n - f|} dm$$

$$\leq \int_{\{x\in E\,;\,|f_n-f|>\varepsilon\}} 1\,dm + \int_E \frac{\varepsilon}{1+\varepsilon}\,dm$$
$$\leq m(\{x\in E\,;\,|f_n(x)-f(x)|>\varepsilon\}) + \varepsilon m(E)$$

である．右辺の第 1 項は $n\to\infty$ のとき 0 に収束するから，(3.11) は成り立つ．逆を示す．再び $t/(t+1)$ ($t>0$) の単調性によって

$$\int_E \frac{|f_n-f|}{|f_n-f|+1}\,dm \geq \int_{\{x\in E\,;\,|f_n-f|>\varepsilon\}} \frac{\varepsilon}{1+\varepsilon}\,dm$$
$$\geq \frac{\varepsilon}{1+\varepsilon} m(\{x\in E\,;\,|f_n-f|>\varepsilon\})$$

である．左辺は 0 に収束するから，$\varepsilon>0$ を固定するとき，

$$m(\{x\in E\,;\,|f_n-f|>\varepsilon\}) \to 0 \quad (n\to\infty)$$

である．ゆえに証明された． ∎

(b) 一様収束

集合 E 上の連続関数全体を $C(E)$ と書く．$f\in C(E)$ に対し

$$\|f\|_\infty = \sup_{x\in E} |f(x)|$$

を f の ∞-ノルムという．$C(E)$ の列 $\{f_j\}_{j=1}^\infty$ が f に一様収束することは

(3.12) $\forall \varepsilon>0 \quad \exists N\,;\, \|f_j-f\|_\infty<\varepsilon \quad (j\geq N)$

と述べることができる．

定理 3.13 関数列 $f_j\in C(E)$ が f に一様収束すれば，$f\in C(E)$．

［証明］ $\varepsilon>0$ に対し N を (3.12) が成り立つように選んで固定する．f_N は連続であるから，任意の x に対し $\delta>0$ が存在して

(3.13) $|f_N(x)-f_N(y)|<\varepsilon \quad (y\in E,\ |x-y|<\delta)$

である．したがって (3.12) と合わせて

$$|f(x)-f(y)| \leq |f(x)-f_N(x)| + |f_N(x)-f_N(y)| + |f_N(y)-f(y)|$$
$$< \varepsilon+\varepsilon+\varepsilon = 3\varepsilon \quad (y\in E,\ |x-y|<\delta).$$

ゆえに f は点 x で連続である． ∎

定理 3.14 (Dini の定理)　$K\subset \mathbf{R}^d$ をコンパクト集合とする．もし

（ⅰ）　$f_j,\ f\in C(K)$,
（ⅱ）　$f_1(x)\leqq f_2(x)\leqq\cdots\to f(x)$

　ならば，$\{f_j\}$ は f に一様収束する．

［証明］　$g_j(x)=f(x)-f_j(x)$ とおく．$g_j\to 0$（一様）であることを証明すればよい．g_j は単調減少列であって 0 に収束するから，$\varepsilon>0$ を与えるとき任意の $x\in K$ に対し j_x が存在して

$$0\leqq g_{j_x}(x)<\varepsilon/2$$

となる．$g_{j_x}(y)$ は y の連続関数であるから，$\delta_x>0$ が存在して

$$|g_{j_x}(y)-g_{j_x}(x)|<\varepsilon/2,\quad y\in K\cap B(x,\delta_x).$$

したがって $y\in B(x,\delta_x)\cap K$ ならば，

(3.14)　　　　　$0\leqq g_{j_x}(y)\leqq|g_{j_x}(y)-g_{j_x}(x)|+g_{j_x}(x)<\varepsilon$

$\{B(x,\delta_x);x\in K\}$ は K の開被覆，そして K はコンパクトであるから，K の有限部分被覆 $B(x_n,\delta_{x_n}),n=1,2,\cdots,N$, が存在する．$j_{x_1},\cdots,j_{x_N}\leqq J$ を満たすような J を選ぶ．

　任意に $y\in K$ をとるとき，y は少なくとも一つの球 $B(x_n,\delta_{x_n})$ に含まれる．$g_j(x)$ は単調減少列であるから，(3.14) によって

$$0\leqq g_J(y)\leqq g_{j_{x_n}}(y)<\varepsilon.$$

ゆえに，すべての $y\in K$ に対して $0\leqq g_j(y)<\varepsilon\,(j\geqq J)$ である．ゆえに $g_j\to 0$（一様）である．　∎

（c）　Egorov の定理と Lusin の定理

定理 3.15（Egorov の定理）　E は測度有限な可測集合，可測関数列 $\{f_n\}$ は E 上で有限値関数 f に概収束するとする．そのとき，任意の $\varepsilon>0$ に対し次のような条件を満たす集合 E_0 が存在する：

（ⅰ）　$E_0\subset E,\ m(E-E_0)<\varepsilon$,
（ⅱ）　f_n は f に E_0 上で一様収束する．

［証明］　$p,q=1,2,\cdots$ に対し

$$E_p(q)=\{x\in E;\,|f(x)-f_j(x)|<1/q,\,\forall j\geqq p\}$$

とおく．

$$E_p(q) = \bigcap_{j=p}^{\infty} \{x \in E\,;\, |f(x) - f_j(x)| < 1/q\}$$

であるから，$E_p(q) \in \mathcal{M}(\boldsymbol{R}^d)$ である．

任意の q に対し，

(3.15) $\qquad m(E - E_p(q)) \to 0 \quad (p \to \infty)$

である．なぜならば，$E_1(q) \subset E_2(q) \subset \cdots$，そして $x \in E$ なら $f_j(x) \to f(x)$ ($j \to \infty$) であるから，$\lim_{p \to \infty} E_p(q) = E$ である．ゆえに定理 2.6 (ii) によって (3.15) が得られる．

$\varepsilon > 0$ を与える．q に対し p_q を
$$m(E - E_{p_q}(q)) < \varepsilon/2^q$$
となるように十分大にとっておく．これは (3.15) によって可能である．そのとき $E_0 = \bigcap_{q=1}^{\infty} E_{p_q}(q)$ が求める集合である．実際，

$$m(E - E_0) = m(\bigcup_{q=1}^{\infty} \{E - E_{p_q}(q)\}) \leq \sum_{q=1}^{\infty} m(E - E_{p_q}(q)) < \sum_{q=1}^{\infty} \frac{\varepsilon}{2^q} = \varepsilon$$

である．E_0 の定義から，任意の $q > 1$ に対して $E_0 \subset E_{p_q}(q)$ であるから，すべての $x \in E_0$ に対して

$$|f(x) - f_j(x)| \leq 1/q \quad (j \geq p_q)$$

である．

注意 3.1 E_0 としてコンパクト集合をとることができる．E_0 に含まれるコンパクト集合 K が存在して，$m(E_0 - K)$ はいくらでも小にとることができるからである．

定理 3.16 (Lusin の定理) E を測度有限な可測集合とする．f は E 上の a.e. で有限な値をとる可測関数とする．そのとき，任意の $\varepsilon > 0$ に対し次のような条件を満たすコンパクト集合 K_0 が存在する．

(a) $\quad K_0 \subset E,\ m(E - K_0) < \varepsilon,$

(b) $\quad f$ は K_0 上で連続．

［証明］ f は実数値，さらに非負関数としてよい．

第1段．f が単関数の場合．$f(x) = \sum_{j=1}^{k} a_j \chi_{E_j}(x)$ とする，ただし E_j は互いに素とする．コンパクト集合 C_j を $C_j \subset E_j$，$m(E_j - C_j) < \varepsilon/k\,(j=1,2,\cdots,k)$ ととれば，f は C_j 上で定数だから連続である．ゆえに $C = \bigcup_{j=1}^{k} C_j$ が求める集合である．

第2段．一般の場合．f に収束する非負単調増加単関数列 $\{s_n\}$ を考える．第1段によって，$n=1,2,\cdots$ に対し，コンパクト集合 $K_n \subset E$ が存在して
$$m(E - K_n) < \varepsilon/2^{n+1} \quad \text{そして} \quad s_n \text{は} K_n \text{上連続}$$
とできる．いま
$$K = \bigcap_{n=1}^{\infty} K_n$$
とおくと，K はコンパクトであって，$m(E-K) = m(\bigcup_{n=1}^{\infty}(E - K_n)) \leqq \sum_{n=1}^{\infty} m(E - K_n) < \varepsilon/2$ である．

Egorov の定理によって，コンパクト集合 K_0 が存在して
$$K_0 \subset K, \quad m(K - K_0) < \varepsilon/2, \quad \text{そして} \quad s_n \to f\,(K_0 \text{上一様})\text{,}$$
そして s_n は K_n 上で連続であるから，K_0 上連続である．ゆえに定理 3.13 によって，その一様収束列の極限 $\lim s_n = f$ は K_0 上で連続である．$m(E - K_0) = m(E - K) + m(K - K_0) < \varepsilon$ であるから，K_0 が求めるコンパクト集合である．∎

(d) 測度収束と概収束

定理 3.17 $m(E) < \infty$ とする．$\{f_j\}$ が有限値関数 f に E 上概収束すれば，それは測度収束する．逆は必ずしも成り立たない．

［証明］ $\varepsilon > 0$ を与えるとき，Egorov の定理によって $E_0 \subset E$ と N が存在して，
$$m(E - E_0) < \varepsilon, \quad |f_j(x) - f(x)| < \varepsilon \quad (x \in E_0,\ j > N)$$
である．ゆえに
$$\{x \in E\,;\,|f_j(x) - f(x)| > \varepsilon\} \subset E - E_0 \quad (j > N).$$
ゆえに $m(\{x \in E\,;\,|f_j(x) - f(x)| > \varepsilon\}) \leqq m(E - E_0) < \varepsilon\,(j > N)$．これは $f_j \to$

f (測度) であることを示している．

逆は成り立たないことを示そう．$j=1,2,\cdots$, $k=1,2,\cdots,2^j$ に対し $\psi_j^k(x)=1$ $(x\in[(k-1)/2^j,k/2^j))$，それ以外の x に対しては $\psi_j^k(x)=0$ であるとする (図 3.1)．

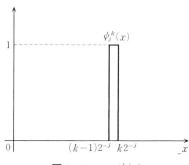

図 3.1　$y=\psi_j^k(x)$

関数列
$$\psi_1^1,\psi_2^1,\psi_2^2,\psi_3^1,\psi_3^2,\cdots,\psi_3^{2^3},\cdots,\psi_j^1,\psi_j^2,\cdots,\psi_j^{2^j},\cdots$$
を改めて $f_1,f_2,\cdots$ と書くことにする．各 $x\in[1,0)$ に対し $f_j(x)=1$ となる j は無限に存在するから $\limsup f_j(x)=1$．一方 $\liminf f_j(x)=0$．したがって $\{f_j(x)\}$ は $[1,0)$ のいたる所で収束しない．しかし，$\{x;\psi_j^k(x)\neq 0\}=[(k-1)/2^j,k/2^j)$ であるから，$0<\varepsilon<1$ に対し
$$m(\{x\in[0,1];|\psi_j^k(x)|>\varepsilon\})=\frac{1}{2^j}\to 0\quad(j\to\infty).$$
ゆえに，$f_j\to 0$ (測度) である．　■

定理 3.18　$\{f_j\}$ が E 上 f に測度収束すれば，部分列 $\{f_{n_k}\}$ が存在して，それは f に概収束する．

[証明]　仮定から，任意の k に対し n_k が存在して，
$$m(\{x\in E;|f_j(x)-f(x)|>2^{-k}\})<2^{-k}\quad(j\geqq n_k)$$
となる．$n_1<n_2<\cdots$ としてよい．いま，$N_k=\{x\in E;|f_{n_k}(x)-f(x)|>2^{-k}\}$，$N=\limsup N_k=\bigcap_{l=1}^{\infty}\bigcup_{k=l}^{\infty}N_k$ とおくと N は零集合である．実際，

$$m(N) \leqq m(\bigcup_{k=j}^{\infty} N_k) \leqq \sum_{k=l}^{\infty} m(N_k) \leqq \sum_{k=l}^{\infty} 2^{-k} = 2^{-l+1}.$$

この式はすべての l に対し成り立つから，$m(N)=0$．ゆえに N は零集合である．

$x \notin N$ なら，$x \in \bigcup_{l=1}^{\infty} \bigcap_{k=l}^{\infty} N_k^c$．ゆえに，ある l が存在して $x \in \bigcap_{k=l}^{\infty} N_k^c$，すなわち $x \notin N_k (k \geqq l)$．ゆえに $k \geqq l$ のとき $|f_{n_k}(x) - f(x)| \leqq 2^{-k}$ である．したがって $x \notin N$ に対し $f_{n_k}(x) \to f(x) \ (k \to \infty)$ である． ∎

§3.6 収束定理

可測集合は可算演算で閉じた集合族として構成した．その上で定義された測度は，単調増加集合列 E_j に対し極限を保存する，すなわち $\lim m(E_j) = m(\lim E_j)$ であった（定理 2.6(ii)）．この性質は，積分に対しても保存される．積分演算に可算操作を施すことは，Lebesgue 積分の理論では自然なかたちで述べられるのである．収束定理はそのよい例である．このことは 2 重積分の積分順序交換についてもいえることであって，それは第 5 章で示される．

定理 3.19 (B. Levi の定理) 　$\{u_j\}_{j=1}^{\infty}$ を非負可測関数列とすると，

(3.16) $$\int (\sum_{j=1}^{\infty} u_j) dm = \sum_{j=1}^{\infty} \int u_j dm.$$

右辺または左辺の一方が無限大であれば，他の辺も無限大で等しい．

[証明] 　$f = \sum_{j=1}^{\infty} u_j$ とおく．$f \geqq \sum_{j=1}^{n} u_j$ であるから，
$$\int f dm \geqq \int (\sum_{j=1}^{n} u_j) dm = \sum_{j=1}^{n} \int u_j dm.$$

ゆえに

(3.17) $$\int f dm \geqq \sum_{j=1}^{\infty} \int u_j dm.$$

逆向きの不等号を示す．$\{s_j^p(x)\}$ は単関数列で，各 j と x に対し
$$0 \leqq s_j^1(x) \leqq s_j^2(x) \leqq \cdots \to u_j(x)$$

を満たすものとする．このような単関数列が存在することはすでに示してある．

$$S^p(x) = \sum_{j=1}^{p} s_j^p(x)$$

とおく．

$S^p(x)$ も非負単関数であり，p について単調増加して $f(x)$ に収束する．実際，

$$S^p(x) = \sum_{j=1}^{p} s_j^p(x) \leqq \sum_{j=1}^{p} s_j^{p+1}(x) \leqq \sum_{j=1}^{p+1} s_j^{p+1}(x) = S^{p+1}(x) \leqq f(x)$$

であるから，$\{S^p(x)\}$ は単調増加単関数列である．さらに，p を固定するとき

$$\sum_{j=1}^{p} u_j(x) = \sum_{j=1}^{p} \lim_{q\to\infty} s_j^q(x) = \lim_{q\to\infty} \sum_{j=1}^{p} s_j^q(x) \leqq \lim_{q\to\infty} \sum_{j=1}^{q} s_j^q(x) = \lim_{q\to\infty} S^q(x)$$

である．ゆえに $p \to \infty$ とすれば，$f(x) = \sum_{j=1}^{\infty} u_j(x) \leqq \lim_{q\to\infty} S^q(x)$ となる．したがって $f(x) = \lim_{q\to\infty} S^q(x)$ である．

ゆえに，Lebesgue 積分の定義から，

$$\int f dm = \lim_{q\to\infty} \int S^q(x) dm$$

である．また s_j^q の選び方から，

$$\lim_{q\to\infty} \int S^q(x) dm = \lim_{q\to\infty} \sum_{j=1}^{q} \int s_j^q(x) dm$$

(3.18)
$$\leqq \lim_{q\to\infty} \sum_{j=1}^{q} \int u_j(x) dm = \sum_{j=1}^{\infty} \int u_j(x) dm$$

(3.17) と (3.18) によって (3.16) が得られた． ∎

定理 3.20 $0 \leqq f_1(x) \leqq f_2(x) \leqq \cdots$ ならば，

$$\int (\lim_{j\to\infty} f_j) dm = \lim_{j\to\infty} \int f_j dm.$$

[証明] $f_j(x) < \infty$ a.e. としてよい．$u_1 = f_1$, $u_j = f_{j+1} - f_j$ $(j \geqq 2)$ とおけ

ば，$\sum_{j=1}^{\infty} u_j = \lim_{k\to\infty} f_k$ であるから，定理 3.19 を用いればよい．　∎

定理 3.21　$f \in L^1(E)$ とする．$E = \bigcup E_j$, $\{E_j\}$ は互いに素，ならば，

(3.19) $$\int_E f dm = \sum_{j=1}^{\infty} \int_{E_j} f dm.$$

[証明]　f を実部，虚部に分解することによって f は実数値としてよい．さらに，正，負の部分に分解して $f \geqq 0$ としてよい．$u_j(x) = f(x)\chi_{E_j}(x)$ として Levi の定理を適用すると (3.19) が得られる．　∎

Levi の定理によって，定理 3.21 は $f \geqq 0$ であれば，必ずしも可積分であることは仮定しなくてもよい．

$$\mu_f(E) = \int_E f dm$$

とおくとき，この定理は μ_f が可算加法的

$$\mu_f(E) = \mu_f(E_1) + \mu_f(E_2) + \cdots, \quad E = \bigcup E_j \text{ は互いに素な和,}$$

であることを示している．したがって μ_f はまた $\mathcal{M}(\boldsymbol{R}^d)$ 上の測度であるということができる．

定理 3.22 (Fatou の補題)　$f_j \geqq 0$ なら，

$$\int (\liminf_{j\to\infty} f_j) dm \leqq \liminf_{j\to\infty} \int f_j dm.$$

[証明]　$g_k = \inf_{j\geqq k} f_j$ とおく．

$$0 \leqq g_1(x) \leqq g_2(x) \leqq \cdots \to \lim_{k\to\infty} g_k = \liminf_{j\to\infty} f_j$$

であるから，定理 3.20 によって

(3.20) $$\lim_{k\to\infty} \int g_k dm = \int (\lim_{k\to\infty} g_k) dm = \int (\liminf_{j\to\infty} f_j) dm.$$

ところで，$g_k \leqq f_j (j \geqq k)$ であるから，$\int g_k dm \leqq \int f_j dm \, (j \geqq k)$．ゆえに $\int g_k dm \leqq \inf_{j\geqq k} \int f_j dm$ である．したがって $k \to \infty$ として

(3.21) $$\lim_{k\to\infty} \int g_k dm \leqq \liminf_{j\to\infty} \int f_j dm$$

を得る．(3.20) と (3.21) によって定理は証明された．

  注意 3.2 Fatou の補題で，不等号を等号に置き換えることはできない．たとえば，$f_j(x) = j \, (0 \leq x \leq 1/j)$，その他の点では $f_j(x) = 0$ とおくと，$\liminf f_j(x) = 0 \, (x \neq 0)$．ゆえに $\int \liminf f_j \, dm = 0$．一方 $\int f_j \, dm = 1 \, (j = 1, 2, \cdots)$ であるから $\liminf \int f_j \, dm = 1$ である．

  定理 3.23 (Lebesgue の収束定理)　$\{f_j\}$ は次の条件を満たす関数列とする：

  (i)　f_j は概収束する．
  (ii)　$|f_j(x)| \leq g(x) \,\text{a.e.}\, x \, (j = 1, 2, \cdots)$ であるような $g \in L^1$ が存在する．
そのとき
$$(3.22) \qquad \lim_{j \to \infty} \int f_j(x) \, dm = \int \lim_{j \to \infty} f_j(x) \, dm$$

  注意 3.3　Lebesgue の収束定理において条件 (ii) は省くことはできない．実際，注意 3.2 の関数列は $x \neq 0$ で 0 に収束するが，(3.22) は成り立たない．

  [証明]　f_j は実数値としてよい．$g(x) + f_j(x), \, g(x) - f_j(x) \geq 0$ であることに注意して Fatou の補題を用いると
$$\int g \, dm + \int \lim f_j \, dm = \int (g + \lim f_j) \, dm = \int \liminf (g + f_j) \, dm$$
$$\leq \liminf \int (g + f_j) \, dm = \int g \, dm + \liminf \int f_j \, dm.$$
ゆえに
$$(3.23) \qquad \int \lim f_j \, dm \leq \liminf \int f_j \, dm.$$

同様にして
$$\int g \, dm - \int \lim f_j \, dm = \int (g - \lim f_j) \, dm = \int \liminf (g - f_j) \, dm$$
$$\leq \liminf \int (g - f_j) \, dm = \int g \, dm - \limsup \int f_j \, dm.$$
ゆえに

$$(3.24) \qquad \limsup \int f_j dm \leqq \int \lim f_j dm.$$

(3.23) と (3.24) から定理が得られる． ∎

系 3.2（有界収束定理）　$m(E)<\infty$ とする．$\{f_j\}$ は E 上の関数列で条件
（ⅰ）　f_j は E 上で概収束する，
（ⅱ）　$M<\infty$ が存在して $|f_j(x)|\leqq M$ a.e.x $(j=1,2,\cdots)$
を満たすとする．そのとき

$$\lim_{j\to\infty}\int f_j(x)dm = \int \lim_{j\to\infty} f_j(x)dm.$$

［証明］　$m(E)<\infty$ であるから，$M\chi_E(x)\in L^1$ である．ゆえに Lebesgue の収束定理を $g(x)=M\chi_E(x)$ とおいて適用すればよい． ∎

有界収束定理は $m(E)=\infty$ のときは必ずしも成り立たない．たとえば，$f_j(x)=1\,(x\in[j,j+1)),=0\,(x\notin[j,j+1))$ とすると，$|f_j(x)|\leqq 1$ である．すべての x に対し $\lim f_j(x)=0$ であるから，$\int \lim f_j dm=0$．しかし，$\int f_j dm=1\,(j=1,2,\cdots)$ である．

例 3.3　Lebesgue の収束定理の応用例として積分と微分の交換ができるための条件を考えよう．

$f(x,y)$ は $\boldsymbol{R}^2$ 上の実数値関数であって次の条件を満たすとする：
（ⅰ）　各 x に対して $f(x,y)$ は y について $\boldsymbol{R}$ 上可積分，
（ⅱ）　$\partial f(x,y)/\partial x$ は存在する．さらに $g\in L^1(\boldsymbol{R})$ が存在して

$$\left|\frac{\partial f(x,y)}{\partial x}\right|\leqq g(y), \quad (x,y)\in \boldsymbol{R}^2.$$

そのときは，

$$\frac{d}{dx}\int_{-\infty}^{\infty}f(x,y)dm(y) = \int_{-\infty}^{\infty}\frac{\partial f(x,y)}{\partial x}dm(y)$$

である．実際，平均値の定理によって

$$\left|\frac{f(x+h,y)-f(x,y)}{h}\right| = \left|\frac{\partial f(x+\theta h,y)}{\partial x}\right|\leqq g(y),$$

ここで $0<\theta<1$ である. したがって Lebesgue の収束定理によって

$$\lim_{h\to 0}\int_{-\infty}^{\infty}\frac{f(x+h,y)-f(x,y)}{h}dm(y)=\int_{-\infty}^{\infty}\lim_{h\to 0}\frac{f(x+h,y)-f(x,y)}{h}dm(y)$$

である. □

注意 3.4 Lebesgue の収束定理では, 関数列 f_j の収束を扱っている. この例では, h は連続パラメターであるが, $h_j\to 0$ であるような任意の列をとって収束定理をあてはめればよい.

§3.7　Riemann 積分と Lebesgue 積分

関数は, どのような条件を満たすとき Riemann 積分可能であろうか. また, Riemann 積分可能ならば Lebesgue 積分可能であり, それぞれの積分値は等しいのであろうか. これらの問題を考えてみよう. 議論を簡単にするため, 領域は有界区間 $[a,b]$, 関数 f は有界実数値として考える. 関数の連続性, 可測性は必ずしも仮定しない.

区間 $[a,b]$ の分割を $\Delta: a=a_0<a_1<\cdots<a_k=b$ とするとき, f の Darboux の上, 下積分はそれぞれ

$$\overline{\int}fdx=\inf_{\Delta}\overline{s}(f,\Delta),\quad \underline{\int}fdx=\sup_{\Delta}\underline{s}(f,\Delta)$$

であった, ただし, $I_j=[a_{j-1},a_j]$ と書くとき,

$$\overline{s}(f,\Delta)=\sum_{j=1}^{k}\sup_{x\in I_j}f(x)m(I_j),\quad \underline{s}(f,\Delta)=\sum_{j=1}^{k}\inf_{x\in I_j}f(x)m(I_j)$$

である. いま

$$\overline{f}(x)=\inf_{\delta>0}\sup_{|x-y|<\delta,\,y\in[a,b]}f(y),\quad \underline{f}(x)=\sup_{\delta>0}\inf_{|x-y|<\delta,\,y\in[a,b]}f(y)$$

とおく.

補題 3.7　$\overline{f}$ は上半連続, $\underline{f}$ は下半連続である. したがって, $\overline{f},\underline{f}$ は可測である.

[証明] $\underline{f}$ が下半連続であることを示そう．$\overline{f}$ の場合も同様である．
$\underline{f}(c) > \lambda$ とすると，$\delta > 0$ が存在して $\inf_{|c-y|<2\delta,\, y\in[a,b]} f(y) > \lambda$ となる．$|c-x| < \delta$ とする．$|x-y| < \delta$ ならば $|c-y| < 2\delta$．ゆえに $\inf_{|x-y|<\delta,\, y\in[a,b]} f(y) > \lambda$．ゆえに c は $\{t;\ \underline{f}(t) > \lambda\}$ の内点であることがわかった．ゆえに $\{t;\ \underline{f}(t) > \lambda\}$ は開集合である．ゆえに $\underline{f}$ は下半連続である． ∎

しばらくの間，Riemann 積分と Lebesgue 積分を区別して，積分をそれぞれ $\mathcal{R}\int$，$\mathcal{L}\int$ で表わすことにする．

補題 3.8　f を $[a,b]$ 上の有界関数とすると，

$$\overline{\int} f dx = \mathcal{L}\int \overline{f} dm, \quad \underline{\int} f dx = \mathcal{L}\int \underline{f} dm.$$

[証明]　Darboux の上，下積分の定義から，$[a,b]$ の分割の列 $\Delta^n : a = a_0^n < a_1^n < \cdots < a_{k_n}^n = b$ が存在して

(3.25) $$\overline{\int} f dx = \lim_{n\to\infty} \overline{s}(f, \Delta^n)$$

である．単関数 f^n を

$$f^n(x) = \sup_{y \in [a_{j-1}^n, a_j^n]} f(y), \quad x \in [a_{j-1}^n, a_j^n],\ j=1,2,\cdots,k_n,$$

によって定義する．もちろん f^n は可測であって

(3.26) $$\overline{s}(f, \Delta^n) = \mathcal{L}\int f^n dm$$

である．ゆえに (3.25) と (3.26) によって

(3.27) $$\overline{\int} f dx = \lim_{n\to\infty} \mathcal{L}\int f^n dm.$$

$M = \sup_y |f(y)|$ とおくと，
 (i) $|f^n(x)| \leqq M < \infty,\ x \in [a,b]$,
 (ii) $x \notin N = \{a_j^n;\ j=1,2,\cdots,k_n,\ n=1,2,\cdots\}$ なら，$f^n(x) \to \overline{f}(x)$.
N は可算集合であるから零集合であることに注意して，(3.27) に有界収束定理を適用すると

$$\overline{\int} f dx = \mathcal{L}\int \overline{f} dm.$$

同様にして

$$\underline{\int} f dx = \mathcal{L}\int \underline{f} dm$$

が得られる．

定理 3.24　f は有界区間上の有界関数であるとする．f が Riemann 積分可能であるための必要十分条件は，f がほとんどすべての点で連続であることである．そのとき Riemann 積分と Lebesgue 積分の値は一致する．

［証明］　f が Riemann 積分可能であるための必要十分条件は，

(3.28) $$\overline{\int} f dx = \underline{\int} f dx$$

ゆえに，補題によって (3.28) は $\mathcal{L}\int (\overline{f}-\underline{f}) dm = 0$ と同値である．$\overline{f} \geqq \underline{f}$ であるから，このことは $\overline{f} = \underline{f}$ a.e. であることと同値である．言い換えれば，f はほとんどすべての点で連続であることである．$\overline{f}(x) = \underline{f}(x)$ であることは，f は点 x で連続であることに等しいからである．

$\overline{f} = \underline{f}$ であれば

$$\mathcal{R}\int f dx = \mathcal{L}\int f dx$$

が成り立つことは，補題 3.8 からわかる．

定理 3.24 から，可算個の点を除いて連続な有界関数は Riemann 可積分であることがわかる．特に，単調関数の不連続点は高々可算個であるから有界区間上で Riemann 可積分である．

§3.8　Lebesgue 積分の Riemann-Stieltjes 積分による表現

(a)　有界変分関数

f を実軸上の関数とする．Δ を区間 $[a, x]$ の分割 $a = a_0 < a_1 < \cdots < a_k = x$

とするとき，
$$V_f([a,x]) = \sup_\Delta \sum_{j=1}^{k} |f(a_j) - f(a_{j-1})|$$
を f の**変分**といい，$V_f([a,x]) < \infty$ のとき f は $[a,x]$ 上**有界変分**であるという．ここで考える区間は無限区間であってもよい．

定理 3.25 有界変分関数は二つの単調増加関数の差で表わされる．

［証明］f を有界変分関数とするとき，
$$2P_f([a,x]) = V_f([a,x]) + f(x) - f(a),$$
$$2N_f([a,x]) = V_f([a,x]) - f(x) + f(a)$$
とおけば，
$$f(x) = f(a) + P_f([a,x]) - N_f([a,x])$$
である．$P_f([a,x])$ は単調増加関数である．なぜならば，$h > 0$ に対し
$$2[P_f([a,x+h]) - P_f([a,x])]$$
$$= [V_f([a,x+h]) - V_f([a,x])] + [f(x+h) - f(x)]$$
$$\geqq |f(x+h) - f(x)| + [f(x+h) - f(x)] \geqq 0$$
だからである．$N_f([a,x])$ についても同様にして単調増加であることが示される． ∎

$P_f([a,b]), N_f([a,b])$ をそれぞれ f の**正変分**，**負変分**，$V_f([a,b])$ を**全変分**，または単に変分という．

注意 3.5 もし f が連続なら，$P_f([a,x]), N_f([a,x])$ も連続である．より詳しくいうと，f が右側連続なら，$P_f([a,x]), N_f([a,x])$ も右側連続であり，左側連続なら $P_f([a,x]), N_f([a,x])$ も左側連続である．

ここでは，f が右側連続である場合について証明しよう．左側連続である場合も同様にして示すことができる．

$f(x+h) \to 0 \ (h \to +0)$ であるとき，$V_f([x,x+h]) \to 0 \ (h \to +0)$ を示せばよい．

もし成り立たないと仮定すれば，$\delta > 0$ が存在して，$h > 0$ ならば $[x,x+h]$ の十分細かな分割 $x = x_0 < x_1 < \cdots < x_k = x+h$ に対して
$$\sum_{j=1}^{k} |f(x_j) - f(x_{j-1})| > \delta$$
となる．f は右側連続であるから，$x < x + h' < x_1$ とし h' を十分小にとれば，

$$\sum_{j=2}^{k}|f(x_j)-f(x_{j-1})|+|f(x_1)-f(x+h')|>\delta$$

となる．ゆえに $V_f([x+h',x+h])>\delta$ である．

次に，上の論法を区間 $[x,x+h']$ に当てはめれば，$0<h''<h'$ が存在して $V_f([x+h'',x+h'])>\delta$ となる．以下同様にして $h>h'>h''>h'''>\cdots>0$ が存在して
$$V_f([x,x+h]) \geqq V_f([x+h',x+h])+V_f([x+h'',x+h'])+V_f([x+h''',x+h''])+\cdots$$
$$>\delta+\delta+\cdots=\infty$$
となって矛盾が生ずる．

単調増加関数 f に対して $\lim_{h\to+0}f(x+h)=f(x+0)$, $\lim_{h\to-0}f(x+h)=f(x-0)$ は常に存在するから，有界変分関数 f に対しても $f(x+0),f(x-0)$ は存在する．二つの増加関数の差として表わすことができるからである．

また，単調関数の不連続点は高々可算個であるから，有界変分関数の不連続点も高々可算個である．

例 3.4 $f\in L^1([a,b])$ は実数値とする．
$$\mu_f(x)=\int_a^x f(t)dt$$
とおくと，

(3.29) $$V_{\mu_f}([a,b])=\int_a^b|f(t)|dt,$$

したがって
$$P_{\mu_f}([a,x])=\frac{1}{2}\left(\int_a^x|f(t)|dt-\int_a^x f(t)dt\right)=\int_a^x f_+(t)dt.$$

同様に
$$N_{\mu_f}([a,x])=\int_a^x f_-(t)dt$$
である．

実際，$a=a_0<a_1<\cdots<a_N=b$ を $[a,b]$ の分割とすると

(3.30) $$\sum_{j=1}^{N}|\mu_f(a_j)-\mu_f(a_{j-1})|=\sum_{j=1}^{N}\left|\int_{a_{j-1}}^{a_j}f(t)dt\right|.$$

右辺は $\leqq \int_a^b |f|dt$ である．ゆえに
$$V_{\mu_f}([a,b]) \leqq \int_a^b |f(t)|dt$$
である．

逆向きの不等号を示す．$\varepsilon > 0$ に対し単関数 $s(x) = \sum_j c_j \chi_{I_j}(x)$ を
$$\int |f - s| < \varepsilon$$
であるように選ぶ，ここで $\{I_j\}$ は互いに交わらない区間の有限列である．(3.30) の右辺は
$$\geqq \sum_{j=1}^N \left| \int_{a_{j-1}}^{a_j} s(t)dt \right| - \sum_{j=1}^N \left| \int_{a_{j-1}}^{a_j} (f-s)dt \right|$$
である．最後の式の第 1 項は，分割 $\{a_j\}$ がすべての区間の端点を含むようにえらべば，$\int_a^b |s|dt$ に等しい．第 2 項の和は $\leqq \int_a^b |f-s|dt$ であるから，
$$V_{\mu_f}([a,b]) \geqq \sum_{j=1}^N |\mu_f(a_j) - \mu_f(a_{j-1})| \geqq \int_a^b |s|dt - \int_a^b |s-f|dt$$
$$\geqq \int_a^b |f|dt - 2\varepsilon.$$

$\varepsilon > 0$ は任意でよかったから，(3.29) は証明された． □

(b)　Riemann-Stieltjes 積分

$I = [a, b]$ を有界区間，μ を I 上の単調増加関数とする．I の分割 $\Delta : a = a_0 < a_1 < \cdots < a_k = b$ に対し
$$\Delta_j \mu = \mu(a_j) - \mu(a_{j-1}), \quad j = 1, 2, \cdots, k,$$
とおく．以下，簡単にするため有界変分関数というときは右側連続としておく．

I 上の実数値関数 f に対し
$$\overline{s}_\mu(f, \Delta) = \sum_{j=1}^k \overline{f}_j \Delta_j \mu, \quad \underline{s}_\mu(f, \Delta) = \sum_{j=1}^k \underline{f}_j \Delta_j \mu$$

とおく，ただし，$\overline{f}_j = \sup\limits_{x \in [a_{j-1}, a_j]} f(x)$, $\underline{f}_j = \inf\limits_{x \in [a_{j-1}, a_j]} f(x)$ である．
$$\overline{\int} f d\mu = \inf_{\Delta} \overline{s}_\mu(f, \Delta), \quad \underline{\int} f d\mu = \sup_{\Delta} \underline{s}_\mu(f, \Delta)$$

を，それぞれ μ に関する f の Darboux の上，下積分という．これら2つの値が等しいとき，f は μ に関して Riemann-Stieltjes[*3]積分可能であるといい，その値を

$$\int_I f d\mu$$

と書く．

μ が有界変分関数であるときは，$\mu = (\nu_1 - \nu_2) + i(\lambda_1 - \lambda_2)$，ただし，$\nu_1, \nu_2, \lambda_1, \lambda_2$ は単調増加関数，と分解し

$$\int f d\mu = \left(\int f d\nu_1 - \int f d\nu_2 \right) + i \left(\int f d\lambda_1 - \int f d\lambda_2 \right)$$

と定義する．$\int f d\mu$ を f の μ に関する **Riemann-Stieltjes 積分**という．特に，$\mu(x) = x$ のときは，Riemann 積分に一致する．

定理 3.26 μ を有界区間 $I = [a, b]$ 上の単調増加関数とする．

（i） f が I 上で連続な関数であれば，f は μ に関して Riemann-Stieltjes 積分可能である．

（ii） f は有界変分とする．さらに μ が連続ならば，f は μ に関して Riemann-Stieltjes 積分可能である．

［証明］（i）Δ を分割 $a = a_0 < a_1 < \cdots < a_k = b$ とする．$\varepsilon > 0$ とする．f は I で連続であるから，分割を十分細かくとれば

$$|f(x) - f(y)| < \frac{\varepsilon}{\mu(b) - \mu(b) + 1} \quad (x, y \in I_j = [a_{j-1}, a_j]), \ j = 1, 2, \cdots, k,$$

となる．

$$\overline{s}_\mu(f, \Delta) - \underline{s}_\mu(f, \Delta) = \sum_{j=1}^{k} [\overline{f}_j - \underline{f}_j] \Delta_j \mu \leq \sum_{j=1}^{k} \frac{\varepsilon}{\mu(b) - \mu(a) + 1} \Delta_j \mu$$

[*3] T. J. Stieltjes (スティルチェス), 1856–1894.

$$= \frac{\varepsilon[\mu(b)-\mu(a)]}{\mu(b)-\mu(a)+1} < \varepsilon.$$

ゆえに f は Riemann-Stieltjes 積分可能である．

(ii) f は単調増加としてよい．$\varepsilon>0$ を与えるとき，分割を十分細かくしておけば，$\Delta_j\mu<\varepsilon$ となるから

$$\overline{s}_\mu(f,\Delta) - \underline{s}_\mu(f,\Delta) = \sum_{j=1}^{k}[\overline{f}_j - \underline{f}_j]\Delta_j\mu$$

$$\leq \sum_{j=1}^{k}[f(a_j+0)-f(a_{j-1})]\varepsilon \leq 2[f(b)-f(a)]\varepsilon. \quad \blacksquare$$

定理 3.27 w は可積分関数で μ は $\mu(x)=\int_{-\infty}^{x}w(t)dt$ で与えられているとする．そのとき，有界 Riemann 可積分関数 f に対し

$$\int_I f(t)d\mu(t) = \int_I f(t)w(t)dt.$$

w を荷重，右辺を**荷重つき積分**という．

[証明] $w\geq 0$ としてよい．定義によって

$$\overline{s}_\mu(f,\Delta) = \sum_{j=1}^{k}\overline{f}_j\Delta_j\mu = \sum_{j=1}^{k}\overline{f}_j\int_{a_{j-1}}^{a_j}w(t)dt.$$

$\overline{f}^\Delta(t)=\overline{f}_j,\ t\in[a_{j-1},a_j)$ とおく．$\overline{f}^\Delta$ は単関数であって右辺は $\int_a^b \overline{f}^\Delta(t)w(t)dt$ に等しい．分割を細分すれば，f の仮定から，$\overline{f}^\Delta(t)$ は $f(t)$ に有界収束する．したがって Lebesgue の収束定理によって，$\int_a^b \overline{f}^\Delta(t)w(t)dt \to \int_a^b f(t)w(t)dt$ である．ゆえに $\overline{s}_\mu(f,\Delta) \to \int_a^b f(t)w(t)dt$ である． $\blacksquare$

定理 3.28 (部分積分) f,μ は $[a,b]$ 上の有界変分関数とする．そのとき

$$\int_a^b f d\mu = f(b)\mu(b) - f(a)\mu(a) - \int_a^b \mu df$$

[証明] f,μ は単調増加関数であるとしてよい．Δ を $[a,b]$ の分割 $a=a_0<a_1<\cdots<a_k=b$ とする．$\sup_{a_{j-1}\leq t\leq a_j}f(t)=f(a_j)$ であることに注意する．そのとき

$$\overline{s}_\mu(f, \Delta) = \sum_{j=1}^{k} f(a_j)[\mu(a_j) - \mu(a_{j-1})]$$

$$= f(b)\mu(b) - f(a)\mu(a) - \sum_{j=1}^{k} \mu(a_{j-1})[f(a_j) - f(a_{j-1})]$$

である.最後の式の左辺は $\int_a^b f d\mu$ に収束し,左辺の和は $\int_a^b \mu df$ に収束する. ∎

(c) Lebesgue 積分の Riemann-Stieltjes 積分による表現

実数値関数 f に対し
$$\lambda(a) = \lambda_{f,E}(a) = m(\{x \in E; f(x) > a\}) \quad (a \in \mathbf{R})$$
を f の E 上の**分布関数**という.

補題 3.9 f を E 上の可測関数とするとき,
(i) $\lambda(a)$ は右側連続単調減少関数,
(ii) $m(E) < \infty$ なら,$\lambda(a)$ は有界である.

[証明] (i) $b \searrow a$ のとき $\{x \in E; f(x) > b\} \nearrow \{x \in E; f(x) > a\}$ であるから,定理 2.6(ii) によって,$\lambda(b) \nearrow \lambda(a)$. ゆえに $\lambda(b)$ は単調減少,右側連続である.

(ii) $\lambda(a) \leqq m(E)$ である. ∎

補題 3.10 f は集合 E 上の可測関数であって,$0 \leqq f(x) < b$ a.e. とする.そのとき
$$\int_E f dm = -\int_0^b s d\lambda(s).$$
積分値は右辺,左辺のいずれかが ∞ ならば他の辺も ∞ である.

[証明] $0 = a_0 < a_1, \cdots < a_k = b$ を $[a, b]$ の分割,$E_j = \{x \in E; a_{j-1} < f(x) \leqq a_j\}$, $j = 1, 2, \cdots, k$ とおく.$E = \bigcup E_j$, E_j は互いに素であるから,
$$\int_E f dm = \sum_{j=1}^{k} \int_{E_j} f dm$$
である.一方,E_j の定義から

$$\sum_{j=1}^{k} a_{j-1} m(E_j) \leqq \sum_{j=1}^{k} \int_{E_j} f dm \leqq \sum_{j=1}^{k} a_j m(E_j).$$

ここで，$m(E_j) = \lambda(a_{j-1}) - \lambda(a_j) = -\Delta_j \lambda$ であることに注目すれば，上式の右辺および左辺は，分割を細分してゆくとき，Riemann-Stieltjes 積分 $-\int_a^b s d\lambda(s)$ に収束する． ∎

定理 3.29 f を集合 E 上の実数値可測関数とする．$f \in L^1(E)$ であるための必要十分条件は

$$\lim_{a \to -\infty, b \to \infty} \int_a^b s d\lambda_{f,E}(s)$$

が存在して有限であることである．そのとき

$$\int_E f dm = -\int_{-\infty}^{\infty} s d\lambda_{f,E}(s).$$

[証明] $b > 0$ に対して $E^b = \{x \in E; 0 \leqq f(x) < b\}$ とおくと，補題 3.10 から

$$\int f \chi_{E^b} dm = \int_{E^b} f dm = -\int_0^b s d\lambda_{f,E^b}(s) = -\int_0^b s d\lambda_{f,E}(s).$$

$b \to \infty$ とする．単調増加関数列に対する収束定理を用いると，

(3.31) $$\int_E f_+ dm = -\int_0^{\infty} s d\lambda_{f,E}(s).$$

f_- に対し同様な議論をすると，

(3.32) $$\int_E f_- dm = -\int_{-\infty}^0 s d\lambda_{f,E}(s).$$

が得られる．

$f \in L^1(E)$ であるための必要十分条件は，$f_+, f_- \in L^1(E)$ であるから，定理は (3.31) と (3.32) から直ちに従う． ∎

定理 3.29 を次のように一般化することができる．証明は定理 3.29 の場合と同じようにしてできるから，各自試みていただきたい．

定理 3.30 φ は実軸上の単調増加連続関数，f は実数値で $\varphi(f) \in L^1(E)$

とする．そのとき
$$\int_E \varphi(f)dm = -\lim_{a\to-\infty, b\to\infty}\int_a^b \varphi(s)d\lambda_{f,E}(s).$$
とくに $\varphi(s)=|s|^p,\ p>0,$ とすれば，$|f|^p \in L^1(E)$ のとき
$$\int_E |f|^p dm = -\int_0^\infty s^p d\lambda_{f,E}(s)$$
$$= p\int_0^\infty s^{p-1}\lambda_{f,E}(s)ds.$$

□

最後の等式は部分積分によって得られる．実際，
$$-\int_0^\infty s^p d\lambda_{f,E}(s) = \left[-s^p \lambda_{f,E}(s)\right]_0^\infty + p\int_0^\infty s^{p-1}\lambda_{f,E}(s)ds$$
である．Čebyšev の不等式によって
$$s^p \lambda_{f,E}(s) \leqq \int_{\{x\,;\,|f(x)|>s\}} |f(x)|^p dm \to 0 \quad (s\to\infty)$$
である．$f_s(x) = 2s\,(|f(x)|>2s),\ =f(x)\,(|f(x)|\leqq 2s)$ とおくと，$|f_s(x)|\leqq |f(x)|,\ f_s(x)\to 0\,(s\to 0)$．ゆえに Lebesgue の収束定理によって
$$s^p \lambda_{f,E}(s) = s^p \lambda_{f_s,E}(s) \leqq \int |f_s(x)|^p dm \to 0 \quad (s\to 0).$$
ゆえに $[\cdots]_0^\infty = 0$ である．

■ 演習問題 ■

3.1 本文の系 3.1 (i), (ii), (iii) について，関数が複素数値の場合証明せよ．

3.2 $f_j \in C(E)$ が $f \in C(E)$ に各点で収束しても一様に収束するとは限らない．そのような例をあげよ．

3.3 $|f|$ が可測関数であっても f は必ずしも可測とは限らない．それを示せ．

3.4 $f_\iota(x)$ は下半連続関数とする．そのとき $\sup f_\iota(x)$ も下半連続であることを示せ．

3.5 $f \geqq 0$ とする．$\int f dm = 0$ ならば，$f = 0$ a.e. であることを示せ．

3.6 f_j, f は実数値可積分関数で $|f_j(x)| \leqq |f(x)|$ a.e. とする．そのとき
$$\int \limsup_{j\to\infty} f_j dm \geqq \limsup_{j\to\infty} \int f_j dm \geqq \liminf_{j\to\infty} \int f_j dm \geqq \int \liminf_{j\to\infty} f_j dm$$
であることを示せ

3.7 Fatou の補題は，$f_j \geqq 0$ を仮定しないときは必ずしも成り立たない．反例を与えよ．

3.8

（ⅰ） 集合列 $\{E_j\}$ に対し
$$\liminf_{j\to\infty} m(E_j) \geqq m(\liminf_{j\to\infty} E_j)$$

であることを示せ．

（ⅱ） 測度有限な集合 E が存在して，$E_j \subset E$, $j = 1, 2, \cdots$, ならば，
$$\limsup_{j\to\infty} m(E_j) \leqq m(\limsup_{j\to\infty} E_j)$$

であることを示せ．

（ⅲ） 一般の集合列に対しては，（ⅱ）は成り立たないことを示せ．

3.9 f を集合 E 上の可測関数とする．整数 k に対し $E_k = \{x \in E ; 2^k < |f(x)| \leqq 2^{k+1}\}$ とおく．$f \in L^1(E)$ であるための必要十分条件は
$$\sum_{k=-\infty}^{\infty} 2^k m(E_k) < \infty$$
であることを示せ．

3.10 $f \in L^1(\boldsymbol{R})$ とする．

（ⅰ） $\{E_j\}$ は可測集合列で $m(E_j) \to 0$ ならば
$$\lim_{j\to\infty} \int_{E_j} f dm = 0.$$

（ⅱ） $F(t) = \int_{-\infty}^{t} f dm$ は t の連続関数であって，$F(t) \to 0$ $(t \to -\infty)$ であることを示せ．

3.11 $f \in L^1(\boldsymbol{R})$ とするとき，
$$\lim_{y\to\infty} \int_{\boldsymbol{R}} |f(x+y) - f(x)| dm(x) = 2 \int_{\boldsymbol{R}} |f(x)| dm(x)$$

であることを示せ．

3.12 $f \in L^1(0,1)$ とする．このとき $n = 1, 2, \cdots$ に対し $x^n f(x)$ はまた可積分であって

$$\lim_{n \to \infty} \int_0^1 x^n f(x) dm = 0$$

であることを示せ．

3.13 $f \in L^1(\mathbf{R})$, φ は有界連続とする．そのとき

$$F(x) = \int_{-\infty}^{\infty} f(y) \varphi(x-y) dm(y)$$

とおくと，$F(x)$ は連続であることを示せ．

3.14 前問において，さらに φ' は有界連続と仮定する．そのとき $F(x)$ は微分可能であって

$$\frac{dF(x)}{dx} = \int_{-\infty}^{\infty} f(y) \varphi'(x-y) dm(y)$$

であることを示せ．

3.15 関数 f は条件 $f(x), xf(x) \in L^1(\mathbf{R})$ を満たすとする．そのとき左辺の積分は微分可能であって

$$\frac{d}{d\xi} \int_{-\infty}^{\infty} f(x) e^{-2\pi i \xi x} dm(x) = -2\pi i \int_{-\infty}^{\infty} x f(x) e^{-2\pi i \xi x} dm(x)$$

であることを示せ．

3.16 $0 < p$ とする．次の等式を示せ．

$$\int_0^1 \frac{x^p}{1-x} \log \frac{1}{x} dx = \sum_{n=1}^{\infty} \frac{1}{(p+n)^2}.$$

3.17 $u_n(x) = e^{-nx} - 2e^{-2nx}$ とする．そのとき

$$\sum_{n=1}^{\infty} \int_0^{\infty} u_n(x) dm \neq \int_0^{\infty} \sum_{n=1}^{\infty} u_n(x) dm$$

を示せ．

4

微 分 定 理

　Riemann 積分の理論では，関数の不定積分を微分すれば，導関数は被積分関数に一致する，逆に，導関数が連続ならば，その積分はもとの関数に一致する．すなわち，微分と積分は逆作用の関係にある．このような関係をLebesgue 積分の場合について考察しよう．微分の概念は，より一般な集合の上の測度に対しても拡張することができる．それは第 5 章で Radon-Nikodym 導関数として与えられる．

§4.1 微分の定義

f を点 $x \in \boldsymbol{R}$ の近傍で定義された実数値関数とする．
$$D^+f(x) = \limsup_{h \to +0} \frac{f(x+h)-f(x)}{h}, \quad D^-f(x) = \limsup_{h \to +0} \frac{f(x)-f(x-h)}{h},$$
$$D_+f(x) = \liminf_{h \to +0} \frac{f(x+h)-f(x)}{h}, \quad D_-f(x) = \liminf_{h \to +0} \frac{f(x)-f(x-h)}{h}$$
を f の点 x における **Dini の微係数**，詳しくはそれぞれ Dini の上右，上左，下右，下左微係数という．
$$D^+f(x) = D_+f(x)$$
であるとき，f は点 x で右微分可能であるといい，$D^-f(x) = D_-f(x)$ であるとき左微分可能という．4 つの微係数がすべて等しいとき，点 x で**微分可能**

であるといい，その値を

$$Df(x), \quad \frac{d}{dx}f(x), \quad f'(x)$$

などと書く．

　f が連続でも 4 つの微係数がすべて異なることがある．たとえば

$$f(x) = \begin{cases} x\sin\dfrac{1}{x} & (x > 0) \\ 0 & (x = 0) \\ 2x\sin\dfrac{1}{x} & (x < 0) \end{cases}$$

とおくと，容易にわかるように f は，連続であって

$$D^+f(0) = 1, \ D_+f(0) = -1, \ D^-f(0) = 2, \ D_-f(0) = -2$$

である（図 4.1）．

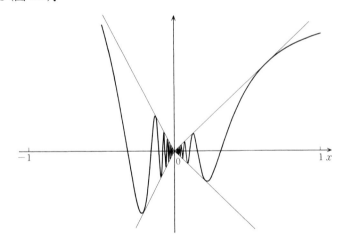

図 4.1　点 $x = 0$ では微分不可能

　さらに，連続であってもいたるところで微分不可能な関数が存在する．$b \geqq 2$ は整数とする．関数

$$f(x) = \sum_{n=1}^{\infty} a^{-n}\cos 2\pi b^n x$$

§4.1 微分の定義 —— 95

は $0<a<1$ のとき一様収束するから，f は連続，周期 1 をもつ関数である．f は Weierstrass[*1]の関数とよばれる関数であって，$ab \geqq 1$ のときいたるところ微分不可能であることが知られている．ここではその証明は与えない．次の例で，そのような例の存在を示そう．

$$f(x) = \sum_{n=0}^{\infty} \frac{\mathrm{dist}(2^n x, \mathbf{Z})}{2^n}$$

とおき，f を**高木関数**という．ここで $\mathrm{dist}(a, \mathbf{Z})$ は，点 a から整数の集合 $\mathbf{Z}$ までの最短距離である．関数 $\Delta(x) = \mathrm{dist}(x, \mathbf{Z})$ は，周期 1 をもつ連続関数で $0 \leqq \Delta(x) \leqq 1/2$ である．$f(x)$ の右辺は一様収束するから，連続，周期 $1/2$ を持つ関数である．グラフから明らかなように，$|D_{\pm}^{\pm}\Delta(x)| = 1$ であることを注意しておく．図 4.2 の右側の図は高木関数のグラフである．これは左側の図の三角形を次々につみ重ねることによって得られる．

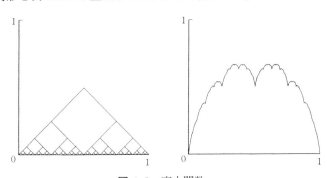

図 4.2 高木関数

点 $0 \leqq x < 1$ における微係数を考えよう．まず，x は 2 進法展開するとき有限小数で表わされるとする，すなわち，x を 2 進法展開して $x = 0.x_1 x_2 \cdots, (x_j = 0$ または $1)$ と表わすとき，N を十分大にとれば，$x_j = 0$ $(j \geqq N)$ とすることができるとする．

(4.1) $\qquad \dfrac{f(x+2^{-k}) - f(x)}{2^{-k}}$

---

*1　K. Weierstrass (ワイエルシュトラス), 1815–1897.

$$= \left(\sum_{n=1}^{N-1} + \sum_{n=N}^{k-1} + \sum_{n=k}^{\infty}\right) \frac{\Delta(2^n(x+2^{-k})) - \Delta(2^n x)}{2^{n-k}}$$

と書く．

$n \geqq k$ のとき，$\mathrm{dist}(2^n(x+2^{-k}), \boldsymbol{Z}) = \mathrm{dist}(2^n x, \boldsymbol{Z})$ であるから，(4.1) の第 3 項は 0 である．第 1 項は

$$\limsup_{k\to\infty} \left|\sum_{n=1}^{N-1} \frac{\Delta(2^n x + 2^{n-k}) - \Delta(2^n x)}{2^{n-k}}\right| \leqq \sum_{n=1}^{N-1} |D_\pm^\pm \Delta(2^n x)| \leqq N$$

$N \leqq n < k$ のとき，$\mathrm{dist}(2^n x + 2^{n-k}, \boldsymbol{Z}) = \mathrm{dist}(2^{n-k}, \boldsymbol{Z}) = 2^{n-k}$，$\mathrm{dist}(2^n x, \boldsymbol{Z}) = 0$．ゆえに (4.1) の第 2 項は

$$\sum_{n=N}^{k-1} 1 = k - N \to \infty \ (k \to \infty)$$

である．ゆえに，$D_+ f(x) = \infty$ である．$D_- f(x) = -\infty$ であることも同様にして示される．ゆえに f は点 x で微分可能ではない．

$x = 0.x_1 x_2 \cdots$ は 2 進有限小数で表わすことができない点とする．

$$\frac{f(x+2^{-k}) - f(x)}{2^{-k}} = \sum_{n=1}^{k-1} \frac{\Delta(2^n(x+2^{-k})) - \Delta(2^n x)}{2^{n-k}}$$

であった．$x_k = 0$ であるような k を一つ選ぶ．仮定からこのような k は無限に存在する．

$n < k$ とする．$x_{n+1} = 0$ なら，$2^n(x+2^{-k})$ の小数部分は $0.x_{n+1}\cdots x_{k-1} 1 x_{k+1} \cdots < 1/2$ であるから，

$$\frac{\Delta(2^n(x+2^{-k})) - \Delta(2^n \cdot x)}{2^n} = \frac{2^{n-k}}{2^n} = 2^{-k}.$$

$x_{n+1} = 1$ なら，$0.x_{n+1}\cdots x_{k-1} 1 x_{k+1} \cdots > 1/2$ であるから，

$$\frac{\Delta(2^n(x+2^{-k})) - \Delta(2^n \cdot x)}{2^n} = \frac{-2^{n-k}}{2^n} = -2^{-k}.$$

ゆえに

$$\frac{f(x+2^{-k}) - f(x)}{2^{-k}} = \sum_{n=1}^{k-1} \pm 1$$

と表わされる．右辺は収束しないから，$D_\pm f(x)$ は存在しない．

したがって, f は至る所で微分不可能である.

§4.2　Hardy-Littlewood の極大関数と微分定理

(a)　Hardy-Littlewood の極大定理

$\boldsymbol{R}^d$ 上の可積分関数 f に対し

$$Mf(x) = \sup_{r>0} \frac{1}{m(B(x,r))} \int_{B(x,r)} |f(y)| dy$$

を **Hardy-Littlewood の極大関数**という.

$r>0$ を固定するとき, $I_r(x) = \int \chi_{B(x,r)}(y)|f(y)|dy$ は x の連続関数である. 実際, Lebesgue の収束定理によって, $x \to x_0$ のとき $I_r(x) \to I_r(x_0)$ となるからである. ゆえに $Mf(x) = \sup I_r(x)/m(B(x,r))$ は下半連続(第3章演習問題 3.4 参照), したがって可測関数である.

定理 4.1 (Hardy-Littlewood[*2]の極大定理)

(ⅰ)　$f \in L^1(\boldsymbol{R}^d)$ ならば, 任意の $a>0$ に対し

$$m(\{x; Mf(x) > a\}) \leqq \frac{C}{a} \int_{\boldsymbol{R}^d} |f(y)|dy.$$

(ⅱ)　$1 < p < \infty$ とする. $f \in L^p(\boldsymbol{R}^d)$ ならば,

$$\int_{\boldsymbol{R}^d} |Mf|^p dx \leqq \frac{2Cp}{p-1} \int_{\boldsymbol{R}^d} |f|^p dx.$$

ここで C は f, a, p によらない定数である. □

$r>0$ に対し整数 k を $2^{-k-1} \leqq r < 2^{-k}$ と選ぶ. $x \in \boldsymbol{R}^d$ に対して

$$M^r f(x) = \sup \left\{ \frac{1}{m(R(x,r))} \int_Q |f(y)|dy; Q \in \mathcal{Q}_k,\ Q \cap B(x,r) \neq \emptyset \right\},$$

$$M^* f(x) = \sup_{r>0} M^r f(x)$$

とおく, ここで $\mathcal{Q}_k$ は辺長 2^{-k} の2進立方体の集合である (§1.4 参照).

[*2]　G. H. Hardy(ハーディ), 1877–1947, J. E. Littlewood(リットルウッド), 1885–1977.

$2^{-k-1} \leqq r < 2^{-k}$ であるとき，$Q \cap B(x,r) \neq \emptyset$ を満たす $Q \in \mathcal{Q}_k$ は高々 3^d 個であるから，

$$\frac{1}{m(B(x,r))} \int_{B(x,r)} |f| dy$$
$$\leqq \sum_Q \left\{ \frac{1}{m(B(x,r))} \int_Q |f| dy ; Q \in \mathcal{Q}_k, Q \cap B(x,r) \neq \emptyset \right\}$$
$$\leqq 3^d M^r f(x).$$

ゆえに

(4.2) $$Mf(x) \leqq 3^d M^* f(x)$$

である．

したがって，定理を証明するためには，Mf を M^*f で置き換えて示せばよい．

[定理の証明] $E = \{x; M^*f(x) > a\}$ とおく．任意の $x \in E$ に対して $r > 0$ と $Q \in \mathcal{Q}_k$ が存在して

$$\frac{1}{m(B(x,r))} \int_Q |f| dy > a, \quad 2^{-k-1} \leqq r < 2^{-k}, \quad Q \cap B(x,r) \neq \emptyset$$

である．

$x \in E$ を動かすとき，このようにして得られる Q 全体の集合を $\mathcal{A}$，$\mathcal{A}$ の極大元の全体を $\mathcal{B} = \{Q_j; j = 1, 2, \cdots\}$ と書く．$\widetilde{Q}$ は，Q を中心として辺長を 3 倍に拡張した立方体であるとする．

(a) Q_j は互いに重ならない．そして $E \subset \bigcup_j \widetilde{Q}_j$．

実際，任意の点 $x \in E$ に対し $x \in \widetilde{Q}$ となるような $Q \in \mathcal{A}$ が存在する，そして $Q \subset Q_j$ となる $Q_j \in \mathcal{B}$ が存在するからである．

(b) $\int_Q |f| dy > \Omega_d r^d a \geqq 2^{-d} \Omega_d m(Q) a$, ただし $\Omega_d = m(B(0,1))$.

(a) と (b) によって

$$m(E) \leqq \sum_{Q \in \mathcal{B}} m(\widetilde{Q}) = 3^d \sum_{Q \in \mathcal{B}} m(Q) \leqq \frac{6^d}{\Omega_d a} \sum_{Q \in \mathcal{B}} \int_Q |f| dy$$

$$\leqq \frac{6^d}{\Omega_d a} \int_{\boldsymbol{R}^d} |f| dy.$$

ゆえに (i) は定数 $C = 6^d/\Omega_d$ で成り立つ．

(ii) $a > 0$ に対し $f^a(x) = f(x)$ ($|f(x)| > a/2$), $= 0$ ($|f(x)| \leqq a/2$), $f_a = f - f^a$ とおく．$Mf(x) \leqq Mf^a(x) + Mf_a(x) \leqq Mf^a(x) + a/2$ であるから，
$$\{x : Mf(x) > a\} \subset \{x : Mf^a(x) > a/2\}.$$

ゆえに (i) によって
$$m(\{x : Mf(x) > a\}) \leqq m(\{x : Mf^a(x) > a/2\}) \leqq \frac{C}{a/2} \int |f^a(y)| dy.$$

したがって
$$\int (Mf)^p dx = p \int_0^\infty a^{p-1} m(\{x : Mf(x) > a\}) da$$
$$\leqq p \int_0^\infty a^{p-1} \frac{2C}{a} \left(\int |f^a(y)| dy \right) da.$$

積分の順序を交換し，$|f^a(y)| < a/2$ なら $f^a(y) = 0$, そして $|f^a(y)| \geqq a/2$ なら $f^a(y) = f(y)$ であることに注意すると，最後の式は
$$2Cp \int dy \int_0^{2|f(y)|} a^{p-2} da = \frac{2Cp}{p-1} \int |f(y)|^p dy.$$

ゆえに証明された． ∎

(b) Lebesgue の微分定理

Hardy-Littlewood の極大定理を利用して微分定理を導こう．

定理 4.2 (Lebesgue の微分定理)　$f \in L^1(\boldsymbol{R}^d)$ ならば，
$$\lim_{r \to 0} \frac{1}{m(B(x,r))} \int_{B(x,r)} f(y) dy = f(x) \text{ a.e.}$$

[証明]　$f \in L^1(\boldsymbol{R}^d)$ とする．$\varepsilon > 0$ に対し
$$E_\varepsilon = \left\{ x ; \limsup_{r \to 0} \left| \frac{1}{m(B(x,r))} \int_{B(x,r)} f(y) dy - f(x) \right| > \varepsilon \right\}$$

とおくとき，

$$(4.3) \qquad m(E_\varepsilon) < \varepsilon$$

であることを証明すればよい．

実際，$N = \bigcap_{k=1}^{\infty} \bigcup_{j=k}^{\infty} E_{2^{-j}}$ とおくと，N は零集合である．そして $x \notin N$ ならば，k が存在して，$x \notin E_{2^{-j}}$ $(j \geqq k)$，すなわち，

$$\limsup_{r \to 0} \left| \frac{1}{m(B(x,r))} \int_{B(x,r)} f(y) dy - f(x) \right| \leqq 2^{-j} \quad (j \geqq k)$$

である．

(4.3) を示すために単関数 $s = \sum_{j=1}^{n} a_j \chi_{I_j}$ を $\int |f-s| dx < \varepsilon^3$ であるように選ぶ．ここで I_j は区間としてよい．区間の特性関数に対して定理は成り立つから，

$$\lim_{r \to 0} \frac{1}{m(B(x,r))} \int_{B(x,r)} s(y) dy = s(x) \text{ a.e.}$$

である．したがって

$$\limsup_{r \to 0} \left| \frac{1}{m(B(x,r))} \int_{B(x,r)} f(y) dy - f(x) \right|$$
$$= \limsup_{r \to 0} \left| \frac{1}{m(B(x,r))} \int_{B(x,r)} [f(y)-s(y)] dy - [f(x)-s(x)] \right|$$
$$\leqq M(f-s)(x) + |f(x)-s(x)|$$

である．

Hardy-Littlewood の極大定理によって

$$m(\{x;\, M(f-s)(x) > \varepsilon/2\}) \leqq C 2\varepsilon^{-1} \int |f-s| dx < C\varepsilon^2.$$

また，Čebyšev の不等式によって

$$m(\{x;\, |f(x)-s(x)| > \varepsilon/2\}) \leqq 2\varepsilon^{-1} \int |f-s| dx < 2\varepsilon^2$$

であるから，

$$m\left(\left\{ x;\, \limsup_{r \to 0} \left| \frac{1}{m(B(x,r))} \int_{B(x,r)} f(y) dy - f(x) \right| > \varepsilon \right\}\right)$$

$$\leqq m(\{x;\, M(f-s)(x) > \varepsilon/2\}) + m(\{x;\, |f(x)-s(x)| > \varepsilon/2\})$$
$$\leqq C\varepsilon^2 + 2\varepsilon^2.$$

$(C+2)\varepsilon < 1$ であれば，最後の式は ε でおさえられる． ∎

Lebesgue の微分定理をもう少し強いかたちで述べよう．
$$\lim_{r\to 0} \frac{1}{m(B(x,r))} \int_{B(x,r)} |f(y)-f(x)|dy = 0$$
であるような点 x を f の **Lebesgue 点**という．

定理 4.3 $f \in L^1(\mathbf{R}^d)$ なら，ほとんどすべての点は Lebesgue 点である．

［証明］ f は実数値としてよい．N_s を
$$\lim_{r\to 0} \frac{1}{m(B(x,r))} \int_{B(x,r)} |f(y)-s|dy = |f(x)-s|$$
が成り立たないような点 x の集合とすると，定理 4.2 によって N_s は零集合である．ゆえに $N = \bigcup \{N_s;\, s \in \mathbf{Q}\}$ も零集合である．

任意の $r > 0$, $s \in Q$, $x \notin N$ に対し

$$\frac{1}{m(B(x,r))} \int_{B(x,r)} |f(y)-f(x)|dy$$
$$\leqq \frac{1}{m(B(x,r))} \int_{B(x,r)} |f(y)-s|dy + \frac{1}{m(B(x,r))} \int_{B(x,r)} |f(x)-s|dy$$
$$= \frac{1}{m(B(x,r))} \int_{B(x,r)} |f(y)-s|dy + |f(x)-s|.$$

ゆえに $x \notin N$ ならば，すべての $s \in \mathbf{Q}$ に対し
$$\limsup_{r\to 0} \frac{1}{m(B(x,r))} \int_{B(x,r)} |f(y)-f(x)|dy \leqq 2|f(x)-s|.$$

s を適当にとれば右辺はいくらでも小にすることができるから，右辺は 0 である． ∎

特に，1 変数の場合 $f \in L^1(\mathbf{R}^1)$ ならば，
$$\lim_{h\to 0} \frac{1}{h} \int_x^{x+h} f(y)dy = f(x) \text{ a.e.}$$

が成り立つ．

§4.3　Vitali の被覆定理と微分定理

　実軸上の単調関数は，一般には可積分関数の不定積分として表わすことはできない．しかしほとんどすべての点で微分可能である．この節では，Lebesgue の微分定理をより精密に述べ，このような場合を含むように一般化することを考えよう．

　定義 4.1　$\mathcal{V}$ は $\mathbf{R}^d$ の部分集合からなる集合族であるとする．$\mathcal{V}$ が集合 $E\subset \mathbf{R}^d$ を Vitali の意味で被覆するとは，任意の $x\in E$ と任意の $\varepsilon>0$ に対し $V\in\mathcal{V}$ が存在して
$$x\in V \text{ かつ } \mathrm{diam}(V)<\varepsilon$$
となることである．このとき $\mathcal{V}$ を E の **Vitali 被覆**という．ここで $\mathrm{diam}(V)=\sup_{x,y\in V}|x-y|$ は V の直径である．　□

　定理 4.4（Vitali の被覆定理）　$E\subset \mathbf{R}^d$, $m^*(E)<\infty$ とする．$\mathcal{V}$ は閉球からなる E の Vitali 被覆とする．そのとき，互いに交わらない $\mathcal{V}$ の可算列 $\{V_n\}_{n=0}^{\infty}$ が存在して
$$m^*(E-\bigcup_{n=1}^{\infty} V_n)=0.$$

　［証明］　$E\subset O$, $m(O)<\infty$ であるような開集合 O を一つ選んで
$$\mathcal{V}_0=\{V\in\mathcal{V}; V\subset O\}$$
とおく．$\mathcal{V}_0$ はまた E の Vitali 被覆である．$\mathcal{V}_0$ から $\{V_n\}$ を帰納法で選ぶ．

　第 1 段．$V_1\in\mathcal{V}_0$ を任意に 1 つとって固定する．$E\subset V_1$ なら証明は終わる．$E-V_1\neq\emptyset$ ならば，
$$O_1=O-V_1, \quad \mathcal{V}_1=\{V\in\mathcal{V}_0; V\subset O_1\}$$
とおく．O_1 は開集合で E の点を含むから，$\mathcal{V}_1\neq\emptyset$ であって，$\mathcal{V}_1$ の集合は V_1 と交わらない．$\delta_1=\sup\{\mathrm{diam}(V); V\in\mathcal{V}_1\}$ とおき，$V_2\in\mathcal{V}_1$ を

$$\mathrm{diam}(V_2) > \frac{1}{2}\delta_1$$

であるように選ぶ．

第2段．$V_1, \cdots, V_n \in \mathcal{V}_0$ は互いに交わらないように選ばれたとする．$E \subset \bigcup_{j=1}^{n} V_j$ であれば手続きは終了する．そうでないときは

$$O_n = O - (V_1 \cup \cdots \cup V_n), \quad \mathcal{V}_n = \{V \in \mathcal{V}_0; V \subset O_n\}$$

とおく．O_n は開集合で E の点を含むから $\mathcal{V}_n \neq \emptyset$ である．$\delta_n = \sup\{\mathrm{diam}(V); V \in \mathcal{V}_n\}$ とおき，$V_{n+1} \in \mathcal{V}_n$ を

$$\mathrm{diam}(V_{n+1}) > \frac{1}{2}\delta_n$$

であるように選ぶ．

第3段．このようにして $\{V_j\}$ を定義するとき，

（ⅰ） $V_1, V_2, \cdots$ は互いに交わらない有限または可算列である．

（ⅱ） $V_n \subset O$ であるから，$m(\bigcup V_j) = \sum m(V_j) \leqq m(O) < \infty$．ゆえに $\delta_n \to 0$．

（ⅲ） $5V$ を V と同心の半径5倍の球とする．そのとき

$$E - \bigcup_{j=1}^{\infty} V_j \subset \bigcup_{j=N}^{\infty} 5V_j \quad (N = 1, 2, \cdots)$$

である．

なぜならば，$x \in E - \bigcup_{j=1}^{\infty} V_j$ なら，任意の N に対し $x \in E - \bigcup_{j=1}^{N} V_j \subset O - \bigcup_{j=1}^{N} V_j = O_N$ である．ゆえに $x \in V \in \mathcal{V}_N$ であるような V がとれる．p を十分大にとれば，$\delta_p < \mathrm{diam}(V)$ であるから，δ_p の定義から $V \notin \mathcal{V}_p$．いま p を $V \notin \mathcal{V}_p$ であるような最小の整数とすると，

$$p > N, \quad V \notin \mathcal{V}_p, \quad V \in \mathcal{V}_{p-1}.$$

したがって

$$V \cap \bigcup_{j=1}^{p} V_j \neq \emptyset, \quad V \cap \bigcup_{j=1}^{p-1} V_j = \emptyset$$

である．ゆえに

$$V \cap V_p \neq \emptyset.$$

$V \in \mathcal{V}_{p-1}$ であるから．$\mathrm{diam}(V) \leqq \delta_{p-1}$．そして $\dfrac{1}{2}\delta_{p-1} < \mathrm{diam}(V_p)$．ゆえに $V \subset 5V_p$．$p > N$ であったから

$$V \subset \bigcup_{j=N}^{\infty} 5V_j$$

である．とくに $x \in \bigcup_{j=N}^{\infty} 5V_j$ である．ゆえに (iii) は示された．

第 4 段．(iii) と (ii) から

$$m^*(E - \bigcup_{j=1}^{\infty} V_j) \leqq \sum_{j=N}^{\infty} m(5V_j) = \sum_{j=N}^{\infty} 5^d m(V_j) \to 0 \ (N \to \infty)$$

を得る．ゆえに定理は証明された．■

注意 4.1 定理では，$\mathcal{V}$ は閉球から成るとしたが，証明から明らかなように，その内点をとることによって開球としてよい．また，閉立方体，開立方体としてもよい．

注意 4.2 上の定理において，任意に $\varepsilon > 0$ を与えるとき，N を十分大にとれば，

$$m^*(E - \bigcup_{j=1}^{N} V_j) < \varepsilon$$

となる．

Borel 集合族 $\mathcal{B}(\boldsymbol{R}^d)$ 上で定義された非負測度 μ が，任意のコンパクト集合 K に対し

$$\mu(K) < \infty$$

を満たすとき，Borel 測度であるという．

たとえば，f を $\boldsymbol{R}^d$ 上の非負**局所可積分関数**，すなわち，任意のコンパクト集合上で積分可能な関数であるとするとき

$$\mu_f(E) = \int_E f \, dm$$

とおけば，μ_f は非負 Borel 測度である．

§4.2 で述べた Lebesgue の微分定理は，次のように一般化することができ

る．

定理 4.5 (Lebesgue の微分定理)　μ を非負 Borel 測度とする．そのとき
$$\lim_{r \to 0} \frac{\mu(B(x,r))}{m(B(x,r))}$$
はほとんどすべての点 x で存在する．

［証明］　第 1 段．
$$\overline{D}\mu(x) = \limsup_{B \to x} \frac{\mu(B)}{m(B)}, \quad \underline{D}\mu(x) = \liminf_{B \to x} \frac{\mu(B)}{m(B)}$$
とおく，ここで B は x を含む開球である．
$$N = \{x \in \boldsymbol{R}^d ; \overline{D}\mu(x) > \underline{D}\mu(x)\}$$
とおくとき $m^*(N) = 0$ であることを示せばよい．

もし $m^*(N) > 0$ であるとすれば，$R > 0$ と $a > b$ が存在して，
$$M = M(R, a, b) = \{x \in \boldsymbol{R}^d ; \overline{D}\mu(x) > a > b > \underline{D}\mu(x), |x| < R\}$$
とおくとき，$m^*(M) > 0$ となる．なぜならば，すべての有理数の組 (a, b), $a > b$ と有理数 $R > 0$ に対して和をとると，$N = \bigcup_{a,b,R} M(R, a, b)$ であるから，少なくとも一つの集合 $M(R, a, b)$ は零集合ではない．

第 2 段．有界開集合 $M \subset O$ を一つとって固定する．
$$\mathcal{V} = \{B ; \text{開球}, B \subset O, bm(B) > \mu(B)\}$$
とおく．$\mathcal{V}$ は M を Vitali の意味で被覆する．ゆえに Vitali の定理によって，$\mathcal{V}$ の互いに素な列 $B_1, B_2, \cdots$ が存在して

(4.4) $$B_j \subset O, \quad m^*(M - \bigcup_j B_j) = 0$$

である．ゆえに
$$\mu(\bigcup_j B_j) - \sum_j \mu(R_j) \leq b \sum_j m(B_j) = bm(\bigcup_j B_j) \leqq bm(O).$$
O は M を含む任意の開集合であったから，$a > b$ より

(4.5) $$\mu(\bigcup B_j) \leqq bm^*(O) < am^*(M).$$

次に，$M' = M \cap \bigcup B_j$ とおく．$m^*(M') = m^*(M)$ である．なぜならば，

$M - M' = M - \bigcup B_j$ は零集合だからである．M' を含む開集合 O' を一つとって
$$\mathcal{V}' = \{B; \text{開球}, B \subset O', \mu(B) > am(B)\}$$
とおくと，$\mathcal{V}'$ は再び M' を Vitali の意味で被覆する．ゆえに Vitali の被覆定理によって，$\mathcal{V}'$ の互いに素な列 $\{B'_j\}$ が存在して $m^*(M' - \bigcup_j B'_j) = 0$ となる．ゆえに
$$m(\bigcup_j B'_j) \geqq m^*(M') = m^*(M).$$

一方，
$$\mu(O') \geqq \mu(\bigcup_j B'_j) = \sum_j \mu(B'_j) \geqq a \sum_j m(B'_j) = am(\bigcup_j B'_j)$$
であるから，
(4.6) $$\mu(O') \geqq am^*(M)$$
である．これは任意の開集合 $O' \supset M'$ について成り立つから，特に $O' = \bigcup_j B_j$ ととれば，(4.5) と (4.6) によって
$$\mu(\bigcup B_j) \geqq am^*(M) > \mu(\bigcup B_j).$$
これは不合理である． ∎

$f(x)$ を $\boldsymbol{R}$ 上の非減少有界関数とする．簡単にするため，不連続点では，$f(x) = f(x+0)$，すなわち右側連続としておく．右半開区間 $I = [a,b)$ に対し
$$\mu(I) = f(b) - f(a)$$
と定義する．μ は有限加法的集合族 $\mathcal{R}(\boldsymbol{R})$ 上の集合関数に拡張できることは Lebesgue 測度 m の場合と同様である．さらに，§5.1 例 5.3 で示すように，μ は Borel 集合族 $\mathcal{B}(\boldsymbol{R})$ 上の測度に拡張することができる．いま，このことを一時認めることにすれば，次の系が得られる．

系 4.1 非減少関数はほとんどすべての点で微分可能である． ∎

関数 f がほとんどすべての点で微分可能であっても，$f(x) = \int_{-\infty}^{x} f'(x) dm(t)$ と表わされるとは限らない．その例を Cantor の三分集合 C を用いて与えよう．

次のようにして定義される関数 $f(x)$ は **Cantor の特異関数**と呼ばれる．正方形 $[0,1]\times[0,1]$ の中に集合 G を定義しよう．G は x 軸の中央の $1/3$ の開区間 $(1/3, 2/3)$ では $y=1/2$ の水平な線分とする．次に 2 つ矩形 $[0,1/3]\times[0,1/2]$ と $[2/3,1]\times[1/2,1]$ において，x 軸の中央の $1/3$ の開区間の上で，それぞれ $y=1/2^2$, $y=1/2+1/2^2$ で定義される 2 つの線分を付け加える（図 4.3）．

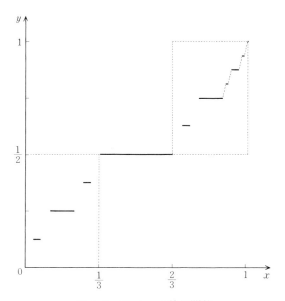

図 **4.3**　Cantor の特異関数

このようにして，次々に"中央の $1/3$ の開区間"の上に水平な線分を付け加えることによって集合 G を定義する．その閉包 $\overline{G}$ は非減少関数 $f(x)$ を定義する．

実際 $f(x)$ はあらかじめ"中央の $1/3$ の開区間"の上，つまり C の補集合の上では G によって定義される．$x \in C$ に対しては，x に収束する C^c の点列 $\{x_n\}$ をとるとき，$f(x) = \lim\limits_{n\to\infty} f(x_n)$ である．したがって f は $[0,1]$ 上の連続関数である．

$x \notin C$，すなわち x がある"中央の $1/3$ の開区間"に含まれるとき，f はそ

の区間で定数であるから $f'(x) = 0$. ところで $m(C) = 0$ であるから, $f'(x) = 0$ a.e. である. ゆえに

$$1 = f(1) - f(0) \neq \int_0^1 f' dm = 0.$$

■ 演習問題 ■

4.1 f は非可測とする. φ が連続でも $\varphi(f(x))$ は非可測とは限らないことを示せ.

4.2 f を Cantor の特異関数とする. 任意の集合 $A \subset [0,1]$ に対して $f^{-1}(A)$ は可測であることを示せ. したがって, 可測集合の連続関数による像は必ずしも可測とは限らない.

4.3 $\varphi(x) = 3x \, (0 \leqq x \leqq 1/3), \, = 0 \, (1/3 < x < 2/3), \, = 3x - 2 \, (2/3 \leqq x \leqq 1)$ とおく. $\varphi^0(x) = x, \, \varphi^n(x) = \varphi(\varphi^{n-1}(x)) \, (n \geqq 1)$ と定義するとき, Cantor の特異関数 f は

$$f(x) = \sum_{n=0}^{\infty} 2^{-n-1} \chi(\varphi^n(x))$$

で与えられることを示せ, ただし χ は $(1/3, 1]$ の特性関数である.

4.4 f を実軸上の連続関数とする. Dini の導関数 $D^+ f(x)$ は可測であることを示せ.

4.5 定数 $C > 0$ が存在して $|f(x) - f(y)| \leq C|x-y| \, (x, y \in \mathbf{R})$ であるとき, 関数 f は **Lipschitz 関数**であるという, ただし C は定数である. Lipschitz 関数は a.e. で微分可能である (Rademacher の定理).

5

一般の集合上の測度と積分

これまでは,原則として Euclid 空間の集合,およびその上の測度や積分について考察してきた.この章では,これらの概念を一般の集合に対し拡張する.

たとえば,サイコロの目 $\{1,2,3,4,5,6\}$ のすべての部分集合からなる集合族 $\mathcal{F}$ は有限加法的集合体であり,$\mu(\{a_1, a_2, \cdots, a_n\}) = \dfrac{n}{6}$ と定義すれば,これはサイコロを投げたとき a_1 または,$a_2, \cdots, a_n$ の目がでる確率であって,μ は測度の性質

$$\mu(E \cup F) = \mu(E) + \mu(F), \quad E \cap F = \emptyset$$

をもつ.

第2章では,Carathéodory の条件によって,有限加法的集合環 $\mathcal{R}(\boldsymbol{R}^d)$ 上の測度 m を σ 集合体 $\mathcal{M}(\boldsymbol{R}^d)$ 上の測度 $\tilde{m}$ に拡張して Lebesgue 測度を定義した.その方法はそのまま一般化される.また,第3章の Lebesgue 積分の定義の仕方も本質的に変えることなく一般化できるのである.

このように一般の集合の上で測度や積分を定義することによって,Kolmogorov[*1] は確率論の基礎を築いたのである.

---

*1 A. N. Kolmogorov(コルモゴロフ),1903–1987.

§5.1　一般の測度

集合 X を与えておく．§3.1 で述べた σ 集合体や測度について，まとめて復習しておこう．$\mathcal{P}(X)$ は X の部分集合全体を表わす．

$\mathcal{R} \subset \mathcal{P}(X)$ は，$E, F \in \mathcal{R}$ に対し
$$E - F \in \mathcal{R} \quad \text{かつ} \quad E \cup F \in \mathcal{R}$$
を満たすとき，**有限加法的集合環**であるという．有限加法的集合環 $\mathcal{R}$ の上で定義された $\mathbf{R} \cup \{\infty\}$ に値を持つ集合関数 μ は条件

（ⅰ）　$\mu(\emptyset) = 0$,

（ⅱ）　$E, F \in \mathcal{R}(X),\ E \cap F = \emptyset$ なら $\mu(E \cup F) = \mu(E) + \mu(F)$

を満たすとき，μ は**有限加法的集合関数**であるといわれる．さらに可算加法的，すなわち，

（ⅲ）　$E_j\ (j=1,2,\cdots),\ \bigcup_{j=1}^{\infty} E_j \in \mathcal{R}$ かつ $E_i \cap E_j = \emptyset\ (i \neq j)$ なら，
$$\mu\Big(\bigcup_{j=1}^{\infty} E_j\Big) = \sum_{j=1}^{\infty} \mu(E_j)$$

であるとき，μ は**測度**であるといわれる．

有限加法的集合関数がいつも測度であるとは限らない．

$E, E_j \in \mathcal{R}$ とする．$E_1 \subset E_2 \subset \cdots \to E$ なら，
$$\lim \mu(E_j) = \mu(E)$$
であるとき，μ は**下から連続**であるという．

$E_1 \supset E_2 \supset \cdots \to E$ かつある k に対し $\mu(E_k) < \infty$ であれば，
$$\lim \mu(E_j) = \mu(E)$$
であるとき，μ は**上から連続**であるという．

§2.4 で示したように，有限加法的集合環 $\mathcal{R}$ 上の測度 μ は上，下から連続である．

定理 5.1　μ を有限加法的集合環 $\mathcal{R}$ 上の有限加法的集合関数とする．もし μ は下から連続，または μ は有限値で $\emptyset$ で上から連続なら，μ は測度である．

[証明] E_j, $j=1,2,\cdots$, は $\mathcal{R}(X)$ の互いに交わらない集合列で $E=\bigcup E_j \in \mathcal{R}(X)$ とする.

μ は下から連続とする. $F_k = \bigcup_{j=1}^{k} E_j$ とおくと, $F_1 \subset F_2 \subset \cdots \to E$ であるから, 仮定から $\lim \mu(F_k) = \mu(E)$ である. 一方, $\mu(F_k) = \mu(E_1) + \cdots + \mu(E_k)$ であるから, $\lim_{k \to \infty} \sum_{j=1}^{k} \mu(E_j) = \mu(E)$. ゆえに μ は可算加法的である.

μ は有限値で $\emptyset$ で上から連続とする. $E-F_1 \supset E-F_2 \supset \cdots \to \emptyset$ であるから, 仮定によって
$$\lim \mu(E-F_k) = \mu(\emptyset) = 0.$$
ゆえに $\lim[\mu(E)-\mu(F_k)] = 0$ である. ゆえに, $\mu(E) = \lim \mu(F_k)$ となって (i) と同様に μ は可算加法的である. ∎

例 5.1 $\mathcal{R}$ を集合 X の可算部分集合全体とすると $\mathcal{R}$ は有限加法族である. $\mu(E) = \text{card } E$, すなわち E の元の個数, とおくと μ は測度である. □

例 5.2 $\boldsymbol{R}^d$ 上の Lebesgue 測度. $\boldsymbol{R}^d$ の右半開区間の有限和全体を $\mathcal{R}(\boldsymbol{R}^d)$ と書く. $\mathcal{R}(\boldsymbol{R}^d)$ は有限加法的集合環である. 半開区間 $I=[a_1,b_1)\times\cdots\times[a_d,b_d)$ に対し $m(I) = \prod_{j=1}^{d}(b_j-a_j)$, さらに, 互いに交わらない右半開区間の有限和 $E=I_1\cup\cdots\cup I_k$ に対し, $m(E)=m(I_1)+\cdots+m(I_k)$ とおけば, m は $\mathcal{R}(\boldsymbol{R}^d)$ 上で有限加法的である (§2.1 参照). また, $\emptyset$ で上から連続であるから, 測度である (補題 2.3). □

例 5.3 μ を $\boldsymbol{R}$ 上の有界, 右側連続, 非減少関数とする.
$$\mu([a,b)) = \mu(b) - \mu(a)$$
とおく. $E \in \mathcal{R}(\boldsymbol{R})$ に対しては, 互いに交わらない右半開区間の和 $E = I_1 \cup \cdots \cup I_k$ として表わし, $\mu(E) = \mu(I_1) + \cdots + \mu(I_k)$ と定義する. μ は $\mathcal{R}(\boldsymbol{R})$ 上で有限加法的である. □

$\emptyset$ で上から連続であることは, 補題 2.3 の証明において m を μ でおきかえても成り立つことからわかる. ゆえに μ は測度である.

§5.2 測度の拡張

有限加法的集合環 $\mathcal{F} \subset \mathcal{P}(X)$ が可算和で閉じているとき，すなわち，$E_j \in \mathcal{F}$ $(j=1,2,\cdots)$ ならば $\bigcup_{j=1}^{\infty} E_j \in \mathcal{F}$, であるとき，$\mathcal{F}$ は σ 集合環であるといい，さらに $X \in \mathcal{F}$ であるとき σ 集合体ということはすでに述べた．

第2章では，$\mathcal{R}(\boldsymbol{R}^d)$ 上の測度 m を可測集合全体からなる σ 集合体 $\mathcal{M}(\boldsymbol{R}^d)$ 上の測度に拡張した．それと同様にして，この節では，μ を有限加法的集合環 $\mathcal{R} \subset \mathcal{P}(X)$ 上の測度とするとき，μ は $\mathcal{R}$ を含むある σ 集合体 $\mathcal{M}_\mu$ 上の測度に拡張できることを示そう．それは §2.2 および §2.3 の方法を逐一たどればできるのである．

以下本節では，特に断わらない限り測度というときは非負測度をさすものとする．

$\mathcal{R} \subset \mathcal{P}(X)$ を有限加法族，μ をその上の測度とする．$A \in \mathcal{P}(X)$, すなわち X の部分集合 A に対し

$$\mu^*(A) = \inf\{\sum_{j=1}^{\infty} \mu(E_j);\ A \subset \bigcup_{j=1}^{\infty} E_j,\ E_j \in \mathcal{R}\}$$

と定義する．A が $\mathcal{R}(X)$ の元の可算被覆を持たないときは，$\mu^*(A) = \infty$ と定義する．

定義から明らかなように，$E \in \mathcal{R}$ に対しては

$$\mu^*(E) = \mu(E)$$

である．

定理 5.2 μ^* は $\mathcal{P}(X)$ 上の外測度である．

［証明］ 外測度の定義は，§2.2 にある．定理の証明は定理 2.2 において，m^* を μ^* でおきかえればよい． ∎

$\mathcal{M}_\mu$ を Carathéodory の条件を満たす X の部分集合全体とする，すなわち，すべての $A \in \mathcal{P}(X)$ に対して

(C) $\qquad\qquad \mu^*(A) = \mu^*(A \cap E) + \mu^*(A - E)$

を満たす集合 E の族とする．

さらに，
$$\tilde{\mu} = \mu^*|_{\mathcal{M}_\mu}$$
とおく．

定理 5.3
（ i ） $\mathcal{M}_\mu$ は σ 集合体である．
（ii） $\tilde{\mu}$ は $\mathcal{M}_\mu$ 上の測度である．

［証明］ 定理 2.4 の証明において，m^* を μ^* でおきかえればよい． ∎

定義 5.1 $\mu^*(N)=0$ であるような集合 N を **μ-零集合**，または単に零集合という．

命題 $\mathbf{P}(x)$ がある μ-零集合を除いたところで成り立つとき $\mathbf{P}(x)\,\mu\text{-a.e.}$ または単に $\mathbf{P}(x)\,\text{a.e.}$ と書く． ∎

$N \in \mathcal{M}_\mu$ であることは Carathéodory の条件から明らかである．

$$X \subset \bigcup_{j=1}^{\infty} E_j \text{ かつ } \mu(E_j) < \infty \ (j=1,2,\cdots)$$

であるような $E_j \in \mathcal{R}$ が存在するとき，μ は **σ 有限**であるという．

定理 5.4 μ を有限加法族 $\mathcal{R}$ 上の σ 有限測度とする．そのとき，$\mathcal{M}_\mu$ はすべての零集合と $\mathcal{R}$ を含む最小の σ 集合体である．

［証明］ 証明は §2.5 の定理 2.7 の証明と同様にしてなされる．

$\mathcal{M}_\mu$ は σ 集合体であって，すべての零集合と $\mathcal{R}$ を含むことはすでに述べた．最小であることを示そう．

$\mathcal{R}$ を含む最小の σ 集合体を $\sigma(\mathcal{R})$ と書く．$E \in \mathcal{M}_\mu$ とするとき，$G \in \sigma(\mathcal{R})$ と零集合 N が存在して，$E = G - N$ と書けることを示せばよい．

まず，$\tilde{\mu}(E) < \infty$ と仮定する．$k=1,2,\cdots$ に対し $E_j^k \in \mathcal{R}$ が存在して

(5.1) $$E \subset \bigcup_{j=1}^{\infty} E_j^k, \quad \sum_{j=1}^{\infty} \mu(E_j^k) < \tilde{\mu}(E) + \frac{1}{2^k}$$

を満たす．$G = \bigcap_{k=1}^{\infty} \bigcup_{j=1}^{\infty} E_j^k$ とおくと，$G \in \sigma(\mathcal{R})$ かつ $E \subset G$．したがって $\tilde{\mu}(E) \leqq \mu^*(G) = \tilde{\mu}(G)$ である．一方 (5.1) から，$\mu^*(G) \leqq \tilde{\mu}(E) + 1/2^k, \ k=1,2,\cdots$．

ゆえに $\mu^*(G) \leqq \tilde{\mu}(E)$. ゆえに $\tilde{\mu}(G) = \tilde{\mu}(E)$ である. したがって, $N = G - E$ とおけば, $\tilde{\mu}(N) = \tilde{\mu}(G) - \tilde{\mu}(E) = 0$ である. ゆえに証明された.

一般には, $X = \bigcup_{n=1}^{\infty} X_n, X_n \in \mathcal{R}, \mu(X_n) < \infty$ と書くことができるから, 各 n について, $G_n \in \sigma(\mathcal{R})$ が存在して, $X_n \cap E \subset G_n$ そして $N_n = G_n - (X_n \cap E)$ は零集合である. ゆえに $G = \bigcup G_n$ とおくとき, $G \in \sigma(\mathcal{R})$, $N = G - E \subset \bigcup N_n$ は零集合である.

$$E = G - N$$

と表わされるから, 証明は完了した. ∎

$\mathcal{M} \subset \mathcal{P}(X)$ を σ 集合体, μ をその上の非負測度とする. $\mu(X) < \infty$ のとき μ は**有限測度**であるといい, $(X, \mathcal{M}, \mu)$ を**有限測度空間**という. 特に, $\mu(X) = 1$ のとき $(X, \mathcal{M}, \mu)$ を**確率測度空間**という. μ が σ 有限のとき, $(X, \mathcal{M}, \mu)$ を **σ 有限測度空間**という.

定義 5.2 すべての μ-零集合を $\mathcal{M}$ が含むとき, $(X, \mathcal{M}, \mu)$ は**完備**であるという. □

μ を有限加法的集合環 $\mathcal{R}$ 上の σ 有限測度とする. $\overline{\mu} = \mu^*|_{\sigma(\mathcal{R})}$ とおくとき $(X, \sigma(\mathcal{R}), \overline{\mu})$ は μ の $\mathcal{R}$ の生成する σ 集合体への拡張であり, $(X, \mathcal{M}_\mu, \tilde{\mu})$ はその完備化である. すなわち, 定理 5.3 および定理 5.4 は有限加法族上に σ 有限測度が与えられれば, それは σ 集合体上の σ 有限完備測度に拡張できることを示している.

以下, $\overline{\mu}, \tilde{\mu}$ を改めて μ と書くことにする. また, σ 有限測度空間というときは, それは完備な測度空間をさすものとする.

μ が有限加法的集合環 $\mathcal{R}$ 上で定義され, 単に有限加法的測度である場合, μ が σ 集合体の上の(可算加法的)測度に拡張されるとは限らない. 拡張されるか否かを判定する定理として Hopf-Kolmogorov の定理 5.5 がある.

定理 5.5 μ を有限加法的集合環 $\mathcal{R}$ 上の有限加法的測度とする. μ が $\sigma(\mathcal{R})$ 上の(可算加法的)測度に拡張されるための必要十分条件は, μ が $\mathcal{R}$ 上で可算加法的であることである.

$(X, \mathcal{R}, \mu)$ が σ 有限ならば, 拡張は一意である.

［証明］　必要性は明らかである．十分性は既に示してある．一意性を示そう．
　$\mu=\mu^*|_{\sigma(\mathcal{R})}$ とし，ν を μ の任意の拡張とする．外測度 μ^* の定義から
(5.2) $$\nu(E) \leqq \mu(E), \quad E \in \sigma(\mathcal{R}),$$
である．実際，$E \subset \bigcup E_i, E_i \in \mathcal{R}(X)$ ならば，
$$\nu(E) \leqq \nu(\bigcup_i E_i) \leqq \sum_i \nu(E_i) = \sum_i \mu(E_i)$$
である．$\{E_i\}$ について inf をとれば，μ^* の定義から(5.2)が得られる．

　(5.2)の逆向きの不等式を示すため，$\nu(E) < \mu(E)$ であるような $E \in \sigma(\mathcal{R})$ が存在したと仮定して矛盾を導く．

　仮定から，$X = \bigcup_{n=1}^{\infty} X_n$，ただし X_n は互いに交わらない $\mathcal{R}$ の元で $\mu(X_n) < \infty$，と書くことができる．X_n は互いに交わらないから，
$$\nu(E) = \sum \nu(E \cap X_n), \quad \mu(E) = \sum \mu(E \cap X_n)$$
である．各 $E \cap X_n$ は(5.2)を満たすから，少なくとも一つの n に対し
(5.3) $$\nu(E \cap X_n) < \mu(E \cap X_n)$$
が成り立つ．一方，
(5.4) $$\mu(X_n) = \mu(X_n \cap E) + \mu(X_n - E),$$
(5.5) $$\nu(X_n) = \nu(X_n \cap E) + \nu(X_n - E)$$
である．$X_n \in \mathcal{R}$ であるから，$\nu(X_n) = \mu(X_n)$．ゆえに(5.3),(5.4),(5.5)より $\mu(X_n - E) < \nu(X_n - E)$．これは(5.2)に矛盾する． ∎

§5.3　測度空間上の積分

　$(X, \mathcal{M}, \mu)$ を完備な σ 有限測度空間とする．X 上の実数値関数 f が**可測**であるとは，すべての $a \in \boldsymbol{R}$ に対し
$$\{x \in X\,;\, f(x) > a\} \in \mathcal{M}$$
であることである．

　可測関数 f に対し積分 $\int f d\mu$ は第3章のようにして定義される．

単関数 $s(x) = \sum_{j=1}^{k} a_j \chi_{E_j}(x),\ a_j > 0,\ E_j \in \mathcal{M}$, に対して
$$\int_X s d\mu = \sum_{j=1}^{k} a_j \mu(E_j)$$
と定義する．

可測関数 $f \geqq 0$ に対しては，
(5.6) $\qquad\qquad 0 \leqq s_1(x) \leqq s_2(x) \leqq \cdots \to f(x)$
であるような単関数列 $\{s_j\}$ を一つ選び，
$$\int_X f d\mu = \lim_{j \to \infty} \int_X s_j d\mu$$
と定義する．たとえば s_j を次のように定義すればよい．

$(X, \mathcal{M}, \mu)$ は σ 有限であるから，$X_1 \subset X_2 \subset \cdots \to X$ であるような $X_j \in \mathcal{M},\ \mu(X_j) < \infty,\ j = 1, 2, \cdots$, が存在する．

$$s_j(x) = \begin{cases} 2^j(k-1) & (x \in X_j \text{ かつ } 2^{-j}(k-1) \leqq f(x) < 2^{-j}k), \\ & \qquad\qquad k = 1, 2, \cdots, 2^j \cdot j \\ j & (x \in X_j \text{ かつ } f(x) \geqq j) \\ 0 & (x \notin X_j). \end{cases}$$

このとき，s_j が (5.6) を満たす単関数であることは容易にわかる．

この定義が単関数の表現の仕方，単調増加単関数列の選び方によらないことは，第3章と同様にして証明される．複素数値可測関数の定義，積分の定義も第3章と同様に実部，虚部に分解して定義すればよい．

L^1 空間の定義も同様である．$\int_X |f| d\mu < \infty$ であるような可測関数 f の全体を $\mathcal{L}$ で表わす．$\mathcal{L}$ の関数は，同値関係
$$f \sim g \quad \Leftrightarrow \quad f = g \text{ a.e.}$$
によって類別することができる．類の全体 $\mathcal{L}/\sim$ を L^1 と書く．特に，定義域，測度などを明らかにするときは，$L^1(X, \mathcal{M}, \mu),\ L^1(X),\ L^1(\mu)$ などと書く．

$\dot{f}$ を L^1 の類とするとき，$f', f'' \in \dot{f}$ ならば，

$$f' = f'' \text{ a.e.}$$

であるから,

$$\int_X f' d\mu = \int_X f'' d\mu$$

である.したがって $\dot{f} \in L^1$ に対し,$f' \in \dot{f}$ を一つ選んで

$$\int_X \dot{f} d\mu = \int_X f' d\mu$$

と定義する.

$\mathcal{L}$ の元と L^1 の元は,特に混乱する恐れがない限り区別しないことにする.

B. Levi 定理,Fatou の補題,Lebesgue の収束定理が σ 有限完備測度空間 $(X, \mathcal{M}, \mu)$ においても成り立つ.第3章で述べたことは,それらの証明の中で $(\boldsymbol{R}^d, \mathcal{M}(\boldsymbol{R}^d), m)$ を $(X, \mathcal{M}, \mu)$ で置き換えれば,§3.5 の Lusin の定理 3.16 を除いてすべて成り立つからである.

§5.4 積測度

$(X, \mathcal{X}, \mu), (Y, \mathcal{Y}, \nu)$ を二つの完備な σ 有限完備測度空間とする.$\mathcal{X}, \mathcal{Y}$ は σ 集合体,μ, ν は非負測度である.

積集合 $E \times F$ ($E \in \mathcal{X}, F \in \mathcal{Y}$) の有限和で表わされる集合全体を $\mathcal{R}(X \times Y)$ と書く.

補題 5.1 $\mathcal{R}(X \times Y)$ は有限加法的集合体である.

[証明] $X \in \mathcal{X}, Y \in \mathcal{Y}$ であるから,$X \times Y \in \mathcal{R}(X \times Y)$ であることを注意しておく.

$A \in \mathcal{R}(X \times Y)$ なら $A^c \in \mathcal{R}(X \times Y)$ である.実際,$A = E \times F$, $E \in \mathcal{X}$, $F \in \mathcal{Y}$, とすると,

(5.7) $\quad A^c = (E \times F)^c = (E^c \times Y) \cup (X \times F^c) \in \mathcal{R}(X \times Y)$

である.次に,$A_j = E_j \times F_j \in \mathcal{R}(X \times Y)$, $j = 1, 2$, ならば,$A_1 \cup A_2 \in \mathcal{R}(X \times Y)$ である.実際,

$$(A_1 \cup A_2)^c$$

$$= [(E_1 \times F_1) \cup (E_2 \times F_2)]^c$$
$$= [(E_1^c \times Y) \cup (X \times F_1^c)] \cap [(E_2^c \times Y) \cup (X \times F_2^c)]$$
$$= [(E_1^c \times Y) \cap (E_2^c \times Y)] \cup [(X \times F_1^c) \cap (E_2^c \times Y)]$$
$$\quad \cup [(E_1^c \times Y) \cap (X \times F_2^c)] \cup [(X \times F_1^c) \cap (X \times F_2^c)]$$
$$= (E_1^c \cap E_2^c \times Y) \cup (E_2^c \times F_1^c) \cup (E_1^c \times F_2^c) \cup (X \times F_1^c \cap F_2^c).$$

最後の式は $\mathcal{R}(X \times Y)$ に属する．ゆえに (5.7) によって，$A_1 \cup A_2 \in \mathcal{R}(X \times Y)$ である．

$A_1 - A_2 = (A_1^c \cup A_2)^c \in \mathcal{R}(X \times Y)$ より，$\mathcal{R}(X \times Y)$ は有限加法的であることがわかった．

ゆえに補題は証明された．

$E \in \mathcal{X}$, $F \in \mathcal{Y}$ に対し λ を
$$\lambda(E \times F) = \mu(E)\nu(F)$$
によって定義する．そのとき λ は $\mathcal{R}(X \times Y)$ 上の測度に拡張できることを段階を追って示そう．

第1段．$\mathcal{R}(X \times Y)$ の元は互いに素な積集合の和として表わされる．それを二つの積集合の和の場合に示そう．$E_j \in \mathcal{X}$, $F_j \in \mathcal{Y}\,(j=1,2)$ に対し
$$[E_1 \times F_1] \cup [E_2 \times F_2]$$
$$= \{[(E_1 - E_2) \times F_1] \cup [(E_1 \cap E_2) \times F_1]\} \cup [E_2 \times F_2]$$
$$= [(E_1 - E_2) \times F_1] \cup \{[(E_1 \cap E_2) \times (F_1 \cap F_2)]$$
$$\quad \cup [(E_1 \cap E_2) \times (F_1 - F_2)]\} \cup [E_2 \times F_2]$$
$$= [(E_1 - E_2) \times F_1] \cup [(E_1 \cap E_2) \times (F_1 - F_2)] \cup [E_2 \times F_2].$$
右辺の各項は互いに交わらない．

第2段．互いに素な積集合の有限和 $A = \bigcup_{j=1}^{k} (E_j \times F_j)$ に対し
$$(5.8) \qquad \lambda(A) = \sum_{j=1}^{k} \mu(E_j)\nu(F_j)$$
と定義する．

そのとき，(5.8) の右辺は集合 A の表現の仕方によらない．以下でそれを示そう．実際，

$$A = \bigcup_{j=1}^{k} (E_j \times F_j) = \bigcup_{p=1}^{q} (G_p \times H_p)$$

を互いに交わらない積集合の有限和による二つの表現とする．$E_j \times F_j = \bigcup_{p=1}^{q} [(E_j \cap G_p) \times (F_j \cap H_p)]$ であるから，$\{(E_j \cap G_p) \times (F_j \cap H_p)\}$ は $E_j \times F_j$ の分割である．ゆえに

$$\chi_{E_j \times F_j}(x,y) = \sum_{p=1}^{q} \chi_{(E_j \cap G_p) \times (F_j \cap H_p)}(x,y)$$
$$= \sum_{p=1}^{q} \chi_{E_j \cap G_p}(x) \chi_{F_j \cap H_p}(y).$$

両辺をまず x について積分し，次に y について積分すると

$$\mu(E_j)\nu(F_j) = \sum_{p=1}^{q} \mu(E_j \cap G_p)\nu(F_j \cap H_p)$$

が得られる．同様にして，$\mu(G_p)\nu(H_p) = \sum_{j=1}^{k} \mu(E_j \cap G_p)\nu(F_j \cap H_p)$ である．ゆえに

$$\sum_{j=1}^{k} \mu(E_j)\nu(F_j) = \sum_{j=1}^{k} \sum_{p=1}^{q} \mu(E_j \cap G_p)\nu(F_j \cap H_q)$$
$$= \sum_{p=1}^{q} \sum_{j=1}^{k} \mu(E_j \cap G_p)\nu(F_j \cap H_q)$$
$$= \sum_{p=1}^{q} \mu(G_p)\nu(H_q).$$

ゆえに (5.8) の右辺の値は集合 $\bigcup_{i=1}^{k} E_i \times F_i$ の表わし方によらないで決まる．

第 3 段．$A \in \mathcal{R}(X \times Y)$ は互いに素な $\mathcal{R}(X \times Y)$ の可算個の元 $A_1, A_2, \cdots$ の和として表わされているとすれば，

(5.9) $$\lambda(A) = \sum_{j=1}^{\infty} \lambda(A_j).$$

まず，A を互いに交わらない集合の和 $A = B_1 \cup \cdots \cup B_N$ と表わす．(5.9) を証明するためには，

(5.10) $\quad \lambda(B_i) = \sum_{j=1}^{\infty} \lambda(A_j \cap B_i), \quad i = 1, 2, \cdots, N,$

を示せばよい.

なぜならば，(5.10) が成り立てば，$\lambda(A) = \sum_{i=1}^{N} \lambda(B_i) = \sum_{i=1}^{N} \sum_{j=1}^{\infty} \lambda(A_j \cap B_i)$ である．そして $\sum_{i=1}^{N} \lambda(A_j \cap B_i) = \lambda(A_j)$ であるから，(5.9) が得られる．

ゆえに始めから A は積集合 $A = E \times F$ であるとしてよい．A_j も互いに交わらない積集合の和に表わすことによって $A_j = E_j \times F_j$ としてよい．そのときは，$E \times F = \bigcup_{j=1}^{\infty} E_j \times F_j$ である．そして

(5.11) $\quad \chi_E(x)\chi_F(y) = \sum_{j=1}^{\infty} \chi_{E_j}(x)\chi_{F_j}(y).$

(5.11) の両辺を x について積分し，次に y について積分すると

$$\lambda(A) = \mu(E)\nu(F) = \sum_{j=1}^{\infty} \mu(E_j)\nu(F_j) = \sum_{j=1}^{\infty} \lambda(A_j).$$

ゆえに (5.9) は証明された．

したがって，λ は $\mathcal{R}(X \times Y)$ 上の測度に拡張できることがわかった．

ゆえに Hopf-Kolmogorov の定理によって λ は $\mathcal{R}(X \times Y)$ を含む最小の λ-完備 σ 集合体の上の測度に拡張される．そのような σ 集合体を $\mathcal{X} \otimes \mathcal{Y}$ または $\mathcal{X} \times \mathcal{Y}$ と書く．拡張した λ を $\mu \otimes \nu$ または $\mu \times \nu$ と書く．$(X \times Y, \mathcal{X} \otimes \mathcal{Y}, \mu \otimes \nu)$ を $(X, \mathcal{X}, \mu)$ と $(Y, \mathcal{Y}, \nu)$ の **積測度** といい，$(X, \mathcal{X}, \mu) \times (Y, \mathcal{Y}, \nu)$ などと書く．

μ, ν は σ 有限であったから，積測度空間も σ 有限であることに注目しよう．積測度空間上の積分は測度 λ に関する積分として定義できる．

§5.5　積測度上の積分

$(X, \mathcal{X}, \mu), (Y, \mathcal{Y}, \nu)$ を σ 有限測度空間，$(X \times Y, \mathcal{X} \otimes \mathcal{Y}, \mu \otimes \nu)$ をその積測度空間とする．

定理 5.6 (Fubini の定理)　$f(x, y) \in L^1(X \times Y, \mathcal{X} \otimes \mathcal{Y}, \mu \otimes \nu)$ とする．

（ i ）　ほとんどすべての y に対し $f(\cdot, y) \in L^1(X, \mathcal{X}, \mu)$,

ほとんどすべての x に対し $f(x,\cdot) \in L^1(Y, \mathcal{Y}, \nu)$.

(ii)
$$\int_{X \times Y} f(x,y) d(\mu \otimes \nu)(x,y) = \int_X \left\{ \int_Y f(x,y) d\nu(y) \right\} d\mu(x)$$
$$= \int_Y \left\{ \int_X f(x,y) d\mu(x) \right\} d\nu(y).$$
□

(i) の前半は a.e. y に対し $f(x,y)$ は x の可測関数であって x について可積分であることを主張している．

［証明］ $f \geqq 0$ としてよい．

第 1 段．定理が f と g に対して成り立てば，$f \pm g$ に対し成り立つ．
$0 \leqq f_1 \leqq f_2 \leqq \cdots$, そして定理が f_j, $j=1, 2, \cdots$, に対して成り立てば，$f = \lim f_j$ に対し成り立つ．

最初の部分は明らかである．第 2 の部分を示すために，まず仮定から a.e. y に対し $f_j(x,y)$ は x の可測関数であるから，$\lim_{j \to \infty} f_j(x,y)$ は a.e. y に対し x の可測関数であることに着目しよう．

測度 $\mu \otimes \nu$ に関する B. Levi の定理と仮定によって

$$\int_{X \times Y} f(x,y) d(\mu \otimes \nu)(x,y) = \lim_{j \to \infty} \int_{X \times Y} f_j(x,y) d(\mu \otimes \nu)(x,y)$$
$$= \lim_{j \to \infty} \int_Y \left\{ \int_X f_j(x,y) d\mu(x) \right\} d\nu(y)$$

再び B. Levi の定理を用いると，最後の式は

$$\int_Y \lim_{j \to \infty} \left\{ \int_X f_j(x,y) d\mu(x) \right\} d\nu(y) = \int_Y \left\{ \int_X \lim_{j \to \infty} f_j(x,y) d\mu(x) \right\} d\nu(y)$$
$$= \int_Y \left\{ \int_X f(x,y) d\mu(r) \right\} d\nu(y)$$
$$< \infty.$$

ゆえに，(i) の前半および (ii) の第 2 式が f に対し得られた．他も同様である．

第 2 段．定理は $\mathcal{R}(X \times Y)$ の集合の可算和，すなわち，積集合の可算和の

特性関数に対して成り立つ．

実際，関数 $\chi_{E_j}(x)\chi_{F_j}(y)$ に対して定理が成り立つことは明らか．第 1 段の前半によってそれらの有限和に対しても定理は成り立つ．積集合の可算和の特性関数は，互いに交わらない積集合の有限和の特性関数の単調増加関数列 $f_k(x,y) = \sum_{j=1}^{k} \chi_{E_j}(x)\chi_{F_j}(y)$ の極限として表わされるから，第 1 段の後半によって第 2 段は成り立つ．

第 3 段．$\mathcal{R}(X \times Y)$ の集合の可算和として表わされる集合 G_j が存在して，$A = \bigcap_{j=1}^{\infty} G_j$ であるとき集合を G_δ-集合ということにする．

測度が有限な G_δ-集合 A の特性関数に対し定理は成り立つ．

G_j を $\mathcal{R}(X \times Y)$ の元の可算和として表わされる集合とすると，$\bigcap_{j=1}^{k} G_j$ も $\mathcal{R}(X \times Y)$ の元の可算和として書くことができる．A の測度は有限であるから，$(\mu \times \nu)(G_1) < \infty$ としてよい．第 2 段と第 1 段によって関数 $f_k = \chi_{G_1} - \chi_{\bigcap_{j=1}^{k} G_j}$ に対して定理が成り立つ．ゆえに再び第 1 段を用いると，$\lim_{k \to \infty} f_k = \chi_{G_1} - \chi_A$ に対して，したがって χ_A に対して定理が成り立つ．

第 4 段．定理は $X \times Y$ の零集合 N に対して成り立つ．

$\mu \times \nu$-零集合の定義から，$N \subset G$, $(\mu \times \nu)(G) = 0$ を満たす G_δ-集合 G をとることができる．

$$0 = \int_{X \times Y} \chi_N d(\mu \times \nu)(x,y) = \int_X \left\{ \int_Y \chi_G(x,y) d\nu(y) \right\} d\mu(x)$$

であるから，a.e. x に対し

$$\int_Y \chi_G(x,y) d\nu(y) = 0$$

である．ゆえに a.e. x に対し $\chi_G(x,y) = 0$ a.e. y．すなわち，a.e. x に対し $\chi_N(x,y)$ は y の可測関数であって，

$$\int_X \left\{ \int_Y \chi_N(x,y) d\nu(y) \right\} d\mu(x) = 0.$$

ゆえに χ_N に対して定理は成り立つ．

第 5 段．定理は測度有限な可測集合 $A \in \mathcal{X} \times \mathcal{Y}$ の特性関数に対して成り立

つ．

実際，G_δ-集合 G が存在して
$$A \subset G, \quad G - A = N \text{ は零集合},$$
と書くことができる．したがって $\chi_A = \chi_G - \chi_N$ に対し定理は成り立つ．

第 6 段．$f \in L^1(X \times Y), f \geqq 0$，とする．そのとき f に対して定理は成り立つ．

実際，f は非負単関数増加列の極限として表わされる．ゆえに第 5 段と第 1 段を適用すればよい．

ゆえに，定理は一般の f に対して成り立つ． ∎

注意 5.1 Fubini の定理で $f \in L^1(X \times Y)$ という仮定は省くことができない．

実際，$[0,1] \times [0,1]$ 上の関数 f で，
$$\int_0^1 \left\{ \int_0^1 f(x,y) dm(x) \right\} dm(y)$$
および
$$\int_0^1 \left\{ \int_0^1 f(x,y) dm(y) \right\} dm(x)$$
は存在するが，値が等しくないような関数が存在する．

$j = 1, 2, \cdots$，に対し $g_j(x) = j(j+1)$ $(1/(j+1) \leqq x < 1/j)$, $= 0$ (その他の x)，とおく．そのときは $\int_0^1 g_j dm = 1$ である．
$$f(x,y) = \sum_{j=1}^{\infty} [g_{j+1}(x) - g_j(x)] g_j(y)$$
とおく．$1/(k+1) \leqq y < 1/k$ とする．$g_j(y) = 0, j \neq k$ であるから，
$$\int_0^1 f(x,y) dm(x) = g_k(y) \int_0^1 [g_{k+1}(x) - g_k(x)] dm(x) = 0$$
である．ゆえに任意の $y \in (0,1)$ に対し $\int_0^1 f(x,y) dm(x) = 0$．ゆえに
$$(5.12) \qquad \int_0^1 \left\{ \int_0^1 f(x,y) dm(x) \right\} dm(y) = 0.$$

一方，$1/2 \leqq x < 1$ なら，$j > 1$ で $g_j(x) = 0$ となるから，$f(x,y) = -g_1(x) g_1(y)$ である．ゆえに，
$$\int_0^1 f(x,y) dm(y) = -g_1(x) \int_0^1 g_1(y) dm(y) = -g_1(x) \quad (1/2 \leqq x < 1).$$

また，$1/(k+1) \leqq x < 1/k$, $k \geqq 2$ なら，$j > k$ または $j < k$ のとき $g_j(x) = 0$ であるから，$f(x, y) = -g_k(x)g_k(y) + g_k(x)g_{k-1}(y)$ である．ゆえに

$$\int_0^1 f(x, y) dm(y) = -g_k(x) \int_0^1 g_k(y) dm(y) + g_k(x) \int_0^1 g_{k-1}(y) dm(y)$$
$$= 0 \quad (1/(k+1) \leqq x < 1/k).$$

ゆえに

(5.13) $\quad \int_0^1 \left\{ \int_0^1 f(x, y) dm(y) \right\} dm(x) = -\int_{1/2}^1 g_1(x) dm(x) = -1.$

ゆえに，

$$\int_0^1 \left\{ \int_0^1 f(x, y) dm(x) \right\} dm(y) \neq \int_0^1 \left\{ \int_0^1 f(x, y) dm(y) \right\} dm(x).$$

実際に，上で定義した関数 f は $L^1([0, 1] \times [0, 1])$ に属しないことが直接計算によってわかる．計算は読者に任せることにする．

Fubini の定理から次の定理が導かれる．

定理 5.7 (Tonelli の定理)　f は $\mathcal{X} \otimes \mathcal{Y}$-可測，$f \geqq 0$ とする．もし，

$$\int f d(\mu \otimes \nu), \quad \int \left\{ \int f d\mu \right\} d\nu, \quad \int \left\{ \int f d\nu \right\} d\mu$$

のいずれか一つが存在すれば，$f \in L^1(X \times Y)$ であって，積分値はすべて等しい．

[証明]　測度空間は σ 有限と仮定しているから，$\mathcal{X} \otimes \mathcal{Y}$ の列

$$Z_1 \subset Z_2 \subset \cdots \to X \times Y, \quad (\mu \times \nu)(Z_n) < \infty$$

をとることができる．

$$f_n(x, y) = \begin{cases} f(x, y) & (x, y) \in Z_n \text{ かつ } f(x, y) \leqq n, \\ 0 & \text{その他の } (x, y) \end{cases}$$

とおく．$f_n \in L^1(X \times Y)$ であるから，f_n に対して Fubini の定理(ii)が適用できるから，

$$\int f_n d\mu \otimes \nu = \int \left\{ \int f_n d\mu \right\} d\nu.$$

$0 \leq f_1 \leq f_2 \leq \cdots \to f$ であるから，B. Levi の定理をくり返し用いると，
$$\int \lim f_n d\mu \otimes \nu = \lim \int f_n d\mu \otimes \nu = \lim \int \left\{ \int f_n d\mu \right\} d\nu$$
$$= \int \left\{ \int \lim f_n d\mu \right\} \nu.$$

残りの部分も同様にして示される． ∎

§5.6 Jordan と Hahn の分解定理

μ を実数値測度とすると，非負測度 μ_+ と μ_- が存在して，
$$\mu = \mu_+ - \mu_-$$
と書くことができる．このような分解を Jordan 分解という．まず，例題でそれを確かめてみよう．

例 5.4 $(X, \mathcal{M}, \mu)$ を非負測度空間，$f \in L^1(X, \mathcal{M}, \mu)$，$f$ は実数値とする．そのとき
$$\mu_f(E) = \int_E f d\mu$$
とおけば，既に述べたように，μ_f は実数値測度である．
$$\mu_{f_+}(E) = \int_E f_+ d\mu, \quad \mu_{f_-}(E) = \int_E f_- d\mu$$
とおけば，μ_{f_+}, μ_{f_-} は非負測度であって，
$$\mu_f = \mu_{f_+} - \mu_{f_-}$$
である． □

例 5.5 f を実軸上の右側連続実数値有界変分関数とする．§3.8 で示したように f は正変分，負変分の差
$$f(x) = f(c) + P_f([c, x]) - N_f([c, x])$$
として表わされる．$P_f(x) = \lim_{c \to -\infty} P_f([c, x])$，$N_f(x) = \lim_{c \to -\infty} N_f([c, x])$ とおく．P_f, N_f は単調増加右側連続関数である．それらの定義する測度をそれぞれ μ_+, μ_- とし，$\mu = \mu_+ - \mu_-$ とおくと，μ は実数値測度であって，

$$\mu([a,b)) = [P_f(b+0) - P_f(a)] - [N_f(b+0) - N_f(a)]$$
$$= f(b) - f(a)$$

である．

このことは，実数値有界変分関数は測度を定義し，それは正変分，負変分の定義する正測度の差として表わされることを意味している． □

以下，$(X, \mathcal{M}, \mu)$ は実数値測度空間であるとする．したがってすべての $E \in \mathcal{M}$ に対し $\mu(E) \in \boldsymbol{R}$ であって μ の値として ∞ を許していないことに注目しよう．複素数値の場合は実部と虚部に分解することができるから，実数値として一般性は失われない．

集合 $P \in \mathcal{M}$ は，すべての可測集合 $E \subset P$ に対して
$$\mu(E) \geqq 0$$
であるとき，**正集合**であるという．**負集合**も同様にして定義される．

例 5.4 において，$P = \{x;\ f(x) \geqq 0\}$, $N = \{x;\ f(x) < 0\}$ とおけば，P, N はそれぞれ，正，負集合である．

定理 5.8 (Hahn の分解定理) μ を $\mathcal{M}$ 上の実数値測度とする．そのとき，X は正集合 P と負集合 N に分解される．すなわち，
$$X = P \cup N, \quad P \cap N = \emptyset.$$ □

補題 5.2 任意の $E \in \mathcal{M}$ に対し，$\mu(P) \geqq \mu(E)$ を満たす正集合 P が存在する．

［証明］ E が正集合なら，$P = E$ ととればよい．E は正集合でないとする．
$$\delta_1 = -\inf\{\mu(F);\ F \in \mathcal{M},\ F \subset E\}$$
とおく．$\delta_1 \geqq 1$ なら改めて $\delta_1 = 1$ とおく．したがって $0 < \delta_1 \leqq 1$ である．$F_1 \subset E$ を $\mu(F_1) < -\delta_1/2$ であるように選ぶ．$E - F_1$ が正集合であれば証明は終わる．そうでなければ，
$$\delta_2 = \min(1, -\inf\{\mu(F);\ F \in \mathcal{M},\ F \subset E - F_1\})$$
とおく．$F_2 \subset E$ が存在して，$\mu(F_2) < -\delta_2/2$ である．もし，このような操作が無限につづけば，
$$\delta_j = \min(1, -\inf\{\mu(F);\ F \in \mathcal{M},\ F \subset E - F_1 - \cdots - F_{j-1}\})$$

とおくとき，$\{F_j\}$ が存在して
$$F_j \subset E - F_1 - \cdots - F_{j-1}, \quad \mu(F_j) < -\delta_j/2$$
である．

F_j は互いに素であるから，

(5.14) $\mu(E) = \mu(E - \bigcup_{j=1}^{\infty} F_j) + \mu(\bigcup_{j=1}^{\infty} F_j) = \mu(E - \bigcup_{j=1}^{\infty} F_j) + \sum_{j=1}^{\infty} \mu(F_j)$
$$< \mu(E - \bigcup_{j=1}^{\infty} F_j) - \frac{1}{2} \sum_{j=1}^{\infty} \delta_j.$$

左辺および最後の式の第1項は有限値であるから，$\sum \delta_j < \infty$，したがって $\delta_j \to 0$ である．

いま
$$P = E - \bigcup_{j=1}^{\infty} F_j$$
とおく．(5.14)によって $\mu(P) \geqq \mu(E)$ である．もし $F \subset P$ が存在して，$\mu(F) < 0$ であれば，$-\delta_k > \mu(F)$ となる δ_k が存在する．一方，$F \subset E - F_1 - \cdots - F_{k-1}$ であるから，δ_k の定義に反する．ゆえに P は正集合である．∎

［定理5.8の証明］ $a = \sup\{\mu(E); E \in \mathcal{M}\}$ とおく．補題によって，任意の E に対し $a \geqq \mu(P) \geqq \mu(E)$ を満たす正集合 P が存在する．ゆえに $\mu(P_n) \to a$ であるような正集合列 P_n が存在する．$P = \bigcup_{n=1}^{\infty} P_n$ とおくと P は正集合である．

$a \geqq \mu(P) \geqq \mu(P_n) \to a$ であるから，$\mu(P) = a$ である．$N = X - P$ が負集合であることを示そう．

$F \subset N$ とすると，a の定義から $a \geqq \mu(P \cup F) = \mu(P) + \mu(F) = a + \mu(F)$．ゆえに $\mu(F) \leqq 0$．ゆえに N は負集合である．∎

定義5.3 μ を σ 集合体 $\mathcal{M}$ 上の実数値測度とする．$E \in \mathcal{M}$ に対し
$$\mu_+(E) = \sup\{\mu(F); F \subset E, F \in \mathcal{M}\},$$
$$\mu_-(E) = -\inf\{\mu(F); F \subset E, F \in \mathcal{M}\}$$
と定義し，μ_+, μ_- をそれぞれ**正**，**負変分**または上，下変分という．

$$|\mu| = \mu_+ + \mu_-$$

を**全変分**という．　□

定理 5.9（Jordan の分解定理）　μ を $\mathcal{M}$ 上の実数値測度，$X = P \cup N$ を Jordan 分解とする．そのとき，$\mu_+, \mu_-, |\mu|$ は $\mathcal{M}$ 上の有界測度であって

(5.15)　　　$\mu_+(E) = \mu(E \cap P), \ \mu_-(E) = -\mu(E \cap P^c), \ (E \in \mathcal{M})$

である．したがって

(5.16)　　　　　　　　　　$\mu = \mu_+ - \mu_-.$　□

(5.16) を μ の **Jordan 分解**という．

(5.15) から μ_+, μ_- が正測度の条件を満たすことがわかる．ゆえに $|\mu|$ も正測度である．

［証明］　$E \in \mathcal{M}$ とする．定義から

(5.17)　　　　　　　　$\mu_+(E) \geqq \mu(E \cap P)$

である．$F \subset E$ とする．

$$\mu(F) = \mu(F \cap P) + \mu(F - P)$$

である．P は正集合であるから，右辺の第 1 項は $\leqq \mu(E \cap P)$．P^c は負集合であるから，第 2 項は $\leqq 0$．ゆえに $\mu(F) \leqq \mu(E \cap P)$．これは任意の $F \subset E$ に対して成り立つから，μ_+ の定義によって

$$\mu_+(E) \leqq \mu(E \cap P).$$

ゆえに (5.17) と合わせると

$$\mu_+(E) = \mu(E \cap P)$$

が得られる．同様にして負集合 $N = X - P$ に対して，

$$\mu_-(E) = -\mu(E \cap N)$$

となる．ゆえに μ_+, μ_- は非負測度であって，

$$\mu = \mu_+ - \mu_-.$$　■

定理 5.10　μ を $\mathcal{M}$ 上の実数値測度とする．任意の $E \in \mathcal{M}$ に対し，

(5.18)　$|\mu|(E) = \sup \{ \sum_{j=1}^{k} |\mu(E_j)|\,;\ E = \bigcup_{j=1}^{k} E_j,\ \{E_j\}\text{ は互いに素}\}.$

［証明］　全変分の定義と定理 5.9 によって，正集合 P をとると

$$|\mu|(E) = \mu^+(E) + \mu^-(E) = |\mu(E \cap P)| + |\mu(E - P)|$$

である．ゆえに式 (5.18) の左辺 $\leqq$ 右辺．

一方，互いに素な集合の和 $E = \bigcup_{j=1}^{k} E_j$ に対し
$$|\mu|(E) = \sum |\mu|(E_j) \geqq \sum |\mu(E_j)|.$$

ゆえに式 (5.18) の左辺 $\geqq$ 右辺．ゆえに (5.18) の等号が成り立つ． ∎

複素数値測度 μ に対し
$$\|\mu\| = \sup\left\{\sum_{j=1}^{k} |\mu(E_j)|;\ \{E_j\} \text{ は互いに素},\ X = \bigcup E_j\right\}$$

を μ の**ノルム**という．

§5.7 絶対連続測度と特異測度

$\mathcal{M}$ は X の部分集合からなる σ 集合体であるとする．

定義 5.4 μ, ν は $\mathcal{M}$ 上の実数値測度とする．

(i) ν が μ に関して**絶対連続**であるとは，任意の $|\mu|$-零集合は，$|\nu|$-零集合であることである．このとき $\nu \ll \mu$ と書く．

(ii) ν が μ に関して**特異**であるとは，N が存在して，N は $|\mu|$-零集合であり，かつ $X-N$ は $|\nu|$-零集合であることである．このとき $\mu \perp \nu$ と書く．

(iii) ν が**離散的**であるとは，$\nu \neq 0$ そして可算集合 D が存在して，
$$\nu(E) = \nu(E \cap D) \quad (E \in \mathcal{M})$$

を満たすことである．

(iv) ν が**連続**であるとは，任意の点 $x \in X$ に対し
$$\nu(\{x\}) = 0$$

を満たすことである． ∎

注意 5.2 μ, ν は $\mathcal{M}$ 上の実数値測度とする．

(i) $\nu \ll \mu$ であるための必要十分条件は，任意の $\varepsilon > 0$ に対し $\delta > 0$ が存在して
$$|\mu|(E) < \delta \ \Rightarrow \ |\nu|(E) < \varepsilon$$

が成り立つことである．

(ii) $\nu\perp\mu$ であるための必要十分条件は，任意の $\varepsilon>0$ に対し $E\in\mathcal{M}$ が存在して
$$|\mu|(E)<\varepsilon \quad\text{かつ}\quad |\nu|(E^c)<\varepsilon$$
が成り立つことである．

 (iii) $\nu\perp\mu$ なら $\mu\perp\nu$ である．

(i) の十分性は明らかである．$\nu\ll\mu$ としよう．もし不等式が成り立たないとすれば，$\varepsilon>0$ が存在して，任意の $j=1,2,\cdots$ に対し
$$|\mu|(E_j)<2^{-j} \quad\text{かつ}\quad |\nu|(E_j)>\varepsilon$$
であるような E_j をとることができる．$E=\limsup E_j$ とおくと，$|\mu|(E)=0$．そして $|\nu|(E)\geqq \limsup |\nu|(E_j)\geqq \varepsilon$（演習問題 2.2 参照）．これは仮定に反する．

(ii) 必要性は明らかであるから，十分性を示そう．もし $j=1,2,\cdots$ に対し E_j が存在して
$$|\mu|(E_j)<2^{-j} \quad\text{かつ}\quad |\nu|(E_j^c)<2^{-j}$$
となる．そのとき，$E=\limsup E_j$ とおくと，$|\mu|(E)=0$ である．Fatou の補題によって
$$|\nu|(E^c)=|\nu|(\liminf E_j^c)\leqq \liminf |\nu|(E_j^c)=0$$
であるから，ν は μ に関して特異である．

例 5.6 $f\in L^1(X,\mathcal{M},\mu)$ とする．$\mu_f(E)=\int_E f(x)d\mu$ とおくと，μ_f は複素数値測度である．$\mu(E)=0$ のとき $\mu_f(E)=0$ であるから，$\mu_f\ll\mu$ である．□

例 5.7 f を $[0,1]$ 上の Cantor 集合 C に関する Cantor の特異関数とする．単調関数 f の定義する測度を μ とする．μ は
$$\mu([a,b))=f(b)-f(a), \quad [a,b)\subset [0,1],$$
によって定義される．したがって $\mu([1/3,2/3))=0$．同様に，すべての "中央の 3 分の 1 の区間" I に対して $\mu(I)=0$．ゆえに $\mu([0,1]-C)=0$ である．一方，$m(C)=0$．ゆえに
$$m\perp\mu.$$
□

例 5.8 $a\in\boldsymbol{R}^d$ に対し

$$\delta_a(E) = \begin{cases} 1 & (a \in E) \\ 0 & (a \notin E) \end{cases}$$

で定義される測度 δ_a を点 a に台をもつ **Dirac 測度**という．δ_a は離散測度である．連続関数 f に対し

$$\int_{\boldsymbol{R}^d} f d\delta_a = f(a)$$

である． □

例 5.9

$$Y(t) = \begin{cases} 1 & (t \geqq 0) \\ 0 & (t < 0) \end{cases}$$

で定義される $\boldsymbol{R}$ 上の関数を **Heaviside 関数**という． □

数列 $\{a_j\}$, $\sum |a_j| < \infty$, と単調増加列 $\{t_j\}$ をとり

$$\varphi(t) = \sum a_j Y(t - t_j)$$

とおく．φ は有界変分関数である．φ の定義する測度を μ とすると，

$$\mu(E) = \mu(E \cap \{t_j\}) = \sum_{t_j \in E} a_j$$

である．μ は離散測度である．

定理 5.11 (Lebesgue の分解定理)　$\mathcal{M} \subset \mathcal{P}(X)$ は σ 集合体，μ はその上の σ 有限正測度，ν は複素数値測度とする．そのとき

(5.19) $$\nu = \nu_a + \nu_s$$

と表わすことができる，ここで $\nu_a \ll \mu$, $\nu_s \perp \mu$ である．しかもこの分解は一意である．

さらに，$f \in L^1(d\mu)$ が一意に存在して

(5.20) $$\nu_a(E) = \int_E f d\mu \quad (E \in \mathcal{M}).$$

□

補題 5.3　μ, ν を σ 集合体 $\mathcal{M}$ 上の有限正測度とする．$\varepsilon > 0$ を与えるとき次のような X の分解が存在する．

(ⅰ) $X = H \cup \bigcup_{k=1}^{\infty} E_k$, ただし $H, E_k\,(k=1,2,\cdots)$ は互いに素な $\mathcal{M}$ の元である．

(ⅱ) $\mu(H) = 0$．そして
$$\varepsilon(k-1)\mu(F) \leqq \nu(F) \leqq \varepsilon k \mu(F), \quad F \subset E_k,\, F \in \mathcal{M}.$$

［補題の証明］ 実数値測度 $\varepsilon j\mu - \nu$ に Hahn の分解定理を適用すると，この測度に対する正集合 P_j と負集合 $N_j = X - P_j$ が存在する．

(5.21) $\quad \varepsilon j\mu(F) - \nu(F) \geqq 0, \quad F \subset P_j,\, F \in \mathcal{M},$

(5.22) $\quad \varepsilon j\mu(G) - \nu(G) \leqq 0, \quad G \subset N_j,\, G \in \mathcal{M}$

である．いま
$$H = \limsup_{j \to \infty} N_j$$

とおくと，
$$H = \bigcap_{k=1}^{\infty} \bigcup_{j=k}^{\infty} N_j \subset \bigcup_{j=k}^{\infty} N_j$$
$$= N_k \cup (N_{k+1} - N_k) \cup (N_{k+2} - N_{k+1} - N_k) \cup \cdots, \quad (k=1,2,\cdots).$$

ゆえに
$$\mu(H) \leqq \mu(N_k) + \mu(N_{k+1} - N_k) + \mu(N_{k+2} - N_{k+1} - N_k) + \cdots.$$

(5.22) によって $A \subset N_j\,(j \geqq k)$ ならば，$\mu(A) \leqq \dfrac{1}{\varepsilon j}\nu(A) \leqq \dfrac{1}{\varepsilon k}\nu(A)$ であるから

$$\mu(H) \leqq \frac{1}{\varepsilon k}\left\{\nu(N_k) + \nu(N_{k+1} - N_k) + \nu(N_{k+2} - N_{k+1} - N_k) + \cdots\right\}$$
$$= \frac{1}{\varepsilon k}\nu\bigl(\bigcup_{j=k}^{\infty} N_j\bigr) \leqq \frac{1}{\varepsilon k}\nu(X) \to \infty \ (k \to \infty).$$

ゆえに $\mu(H) = 0$．

$\{E_j\}$ を次のようにして定義する．
$$X - H = \left(\bigcap_{k=1}^{\infty} \bigcup_{j=k}^{\infty} N_j\right)^c = \bigcup_{k=1}^{\infty} \bigcap_{j=k}^{\infty} P_j = \bigcup_{k=1}^{\infty} E_k,$$

ただし

$$E_1 = \bigcap_{j=1}^{\infty} P_j, \quad E_k = \bigcap_{j=k}^{\infty} P_j - \bigcap_{j=k-1}^{\infty} P_j \quad (k \geqq 2)$$

である.$X = H \cup \bigcup_{k=1}^{\infty} E_k$,そして右辺は互いに素な和である.

$k \geqq 2$ のとき

$$E_k = \bigcap_{j=k}^{\infty} P_j - \left[\bigcap_{j=k}^{\infty} P_j \cap P_{k-1}\right] = \bigcap_{j=k}^{\infty} P_j \cap P_{k-1}^c = \bigcap_{j=k}^{\infty} P_j \cap N_{k-1}$$

であるから,$A \subset E_k$ なら,$A \subset N_{k-1}$ である.ゆえに (5.21) によって

$$\varepsilon(k-1)\mu(A) - \nu(A) \leqq 0.$$

一方,$A \subset \bigcap_{j=k}^{\infty} P_j \subset P_k$ であるから,

$$\varepsilon k \mu(A) - \nu(A) \geqq 0.$$

である.ゆえに (ii) が示された. ∎

[定理 5.11 の証明] ν は実部と虚部に分解することによって,実数値測度としてよい.さらに,Jordan 分解によって $\nu \geqq 0$ としてよい.最初に μ は有限測度と仮定する.

第 1 段.特異測度 ν_s の定義.補題によって,$p = 1, 2, \cdots$ に対し,次のような分解ができる:

(a) $X = H^p \cup \bigcup_{k=1}^{\infty} E_k^p$,ただし $H^p, E_k^p \, (k=1,2,\cdots)$ は互いに素な $\mathcal{M}$ の元である,

(b) $\mu(H^p) = 0$,そして
$$2^{-p}(k-1)\mu(F) \leqq \nu(F) \leqq 2^{-p}k\mu(F), \quad F \subset E_k^p, \, F \in \mathcal{M}.$$

このとき次の不等式が成り立つ.

(c) $i > 2j+1$ または $i < 2j-2$ ならば,
$$\mu(E_i^{p+1} \cap E_j^p) = 0.$$

(c) を示そう.(b) を E_j^p に,次に E_i^{p+1} に対して用いると

(5.23) $\quad 2^{-p}(j-1)\mu(E_i^{p+1} \cap E_j^p) \leqq \nu(E_i^{p+1} \cap E_j^p)$
$$\leqq 2^{-p-1} i \mu(E_i^{p+1} \cap E_j^p).$$

$i < 2j-2$ ならば,$2^{-p-1}i < 2^{-p}(j-1)$ である.これを (5.23) に代入して

$\mu(E_i^{p+1}\cap E_j^p)=0$ を得る.同様に (ii) を E_i^{p+1} に,次に E_j^p に対して用いると

$$(5.24) \quad 2^{-p-1}(i-1)\mu(E_i^{p+1}\cap E_j^p) \leqq \nu(E_i^{p+1}\cap E_j^p)$$
$$\leqq 2^{-p}j\mu(E_i^{p+1}\cap E_j^p).$$

$i>2j+1$ ならば,$2^{-p}j<2^{-p-1}(i-1)$ である.これを (5.24) に代入すれば $\mu(E_i^{p+1}\cap E_j^p)=0$ が得られる.ゆえに (c) は示された.

$N_j^p = \bigcup\limits_{\{i\,;\,i>2j+1\ \text{or}\ i<2j-2\}} E_i^{p+1}\cap E_j^p$ とおくと,(c) によって $\mu(N_j^p)=0$ である.

(d) $N = \bigcup\limits_{p=1}^{\infty} H^p \cup \bigcup\limits_{j,p=1}^{\infty} N_j^p$ とおく.(c) から $\mu(N)=0$ である.

(e) $X = N \cup \bigcup\limits_{j=1}^{\infty}(E_j^p - N)$ $(p=0, \pm 1, \pm 2, \cdots)$.右辺の各項は互いに素である.

第2段.$\nu_s(E) = \nu(E\cap N)$ と定義するとき,$\nu_s \perp \mu$ である.$f \in L^1(X, d\mu)$ が存在して

$$(5.25) \quad \nu(E) = \nu_s(E) + \int_E f d\mu \quad (E \in \mathcal{M})$$

であることを示そう.

p を固定して

$$f_p(x) = \begin{cases} 2^{-p}(j-1) & (x \in E_j^p - N) \\ 0 & (x \in N) \end{cases}$$

とおく.$f_p \geqq 0$,f_p は可測,そして

$$(5.26) \quad |f_{p+1}(x) - f_p(x)| \leqq 2^{-p}$$

である.実際,$x \in N$ のときは $f_p(x) = f_{p+1}(x) = 0$ である.$x \in E_j^p - N$ ならば,N の定義によって $x \in E_{2j-2}^{p+1} \cup E_{2j-1}^{p+1} \cup E_{2j}^{p+1} \cup E_{2j+1}^{p+1}$ である.ゆえに $f_{p+1}(x)$ の値は $2^{-p-1}(2j-3)$ または,$2^{-p-1}(2j-2), 2^{-p-1}\cdot(2j-1), 2^{-p-1}2j$ のいずれかである.したがって (5.26) は成り立つ.(5.26) によって $\{f_p(x)\}$ は Cauchy 列である.その極限 $f(x) = \lim f_p(x)$ が求める関数である.

まず，$E \in \mathcal{M}$ に対し

$$\nu(E) = \nu(E \cap N) + \sum_{j=1}^{\infty} \nu(E \cap (E_j^p - N))$$

$$\geqq \nu_s(E) + \sum_{j=1}^{\infty} 2^{-p}(j-1)\mu(E \cap (E_j^p - N))$$

$$= \nu_s(E) + \int_E f_p d\mu$$

である．$p \to \infty$ として

(5.27) $$\nu(E) \geqq \nu_s(E) + \int_E f d\mu$$

を得る．一方

$$\nu(E) \leqq \nu_s(E) + \sum_{j=1}^{\infty} 2^{-p} j \mu(E \cap (E_j^p - N))$$

$$= \nu_s(E) + \int_E f_p d\mu + 2^{-p}\mu(E)$$

であるから，再び $p \to \infty$ として

(5.28) $$\nu(E) \leqq \nu_s(E) + \int_E f d\mu.$$

ゆえに (5.27) と (5.28) から (5.25) が導びかれる．

第 3 段．μ が σ 有限の場合．$X = \bigcup_{n=1}^{\infty} X_n$，ただし X_n は互いに素であって，$\mu(X_n) < \infty$ と書くことができる．$\mu^n(E) = \mu(E \cap X_n)$, $\nu^n(E) = \nu(E \cap X_n)$ とおくと，μ^n, ν^n は有限測度であるから，第 2 段によって，$\nu^n = \nu_a^n + \nu_s^n$ と分解される．そのとき，$\nu_a = \sum_{n=1}^{\infty} \nu_a^n$, $\nu_s = \sum_{n=1}^{\infty} \nu_s^n$ とおけば，ν_a, ν_s はそれぞれ絶対連続，特異測度である．

一方，再び仮定から $f_n \in L^1(X_n, d\mu^n)$ が存在して

$$\nu_a^n(E) = \int_E f_n d\mu^n \quad (E \subset X_n, E \in \mathcal{M})$$

である．したがって全変分は

$$|\nu_a|(X_n) = |\nu_a^n|(X_n) = \int_{X_n} |f_n| d\mu^n$$

である．ゆえに $f = \sum_{n=1}^{\infty} f_n \cdot \chi_{X_n}$ とおくと

$$\int_X |f| d\mu = \int_X \sum_{n=1}^{\infty} |f_n| \cdot \chi_{X_n} d\mu = \sum_{n=1}^{\infty} \int_X |f_n| \cdot \chi_{X_n} d\mu$$

$$= \sum_{n=1}^{\infty} |\nu_a|(X_n) = |\nu_a|(X) < \infty.$$

ゆえに $f \in L^1(X, d\mu)$ そして

$$\nu_a(E) = \int_E f d\mu.$$

第4段．f は一意に決まる．それを示すためには，次の補題を証明すればよい．

補題 5.4 $f, g \in L^1(X, d\mu)$ とする．もし

$$\int_E f d\mu = \int_E g d\mu \quad (E \in \mathcal{M})$$

ならば，

$$f = g \quad \mu-\text{a.e.}$$

［補題 5.4 の証明］ $h = f - g$ とおくと，$h \in L^1$ そして $\int_E h d\mu = 0 \ (E \in \mathcal{M})$．$h$ は実数値関数としてよい．

$E = \{x; h(x) \geqq 0\}$ とおくと，$\int_E h d\mu = \int h_+ d\mu = 0$．ゆえに $h_+ = 0$（第3章演習問題 3.4 参照）．同様にして $h_- = 0$ である．

第5段．分解 (5.19) は一意である．実際

$$\nu = \nu_a + \nu_s = \nu_a' + \nu_s'$$

とすると，$\nu_a - \nu_a' = \nu_s' - \nu_s$．右辺は特異であるから μ-零集合上で値をとる．ところが左辺は μ-零集合上では値は 0 である．ゆえに恒等的に 0 である．

定理 5.11 から直ちにわかるように

定理 5.12 (Radon-Nikodym の定理) μ を σ 有限，ν を有限測度とする．$\nu \ll \mu$ とすると，$f \in L^1(X, d\mu)$ が一意に存在して

$$\nu(E) = \int_E f d\mu, \quad E \in \mathcal{M}.$$

定義 5.5　Radon-Nikodym の定理において，f を

$$\frac{d\nu}{d\mu} = f$$

と書き，**Radon-Nikodym 導関数**という．

系 5.1　μ を $\boldsymbol{R}^d$ 上の有界 Borel 測度とすると，

$$\mu = \mu_a + \mu_s + \mu_d$$

と表わされる，ここで $\mu_a \ll m$, $\mu_s \perp m$ かつ μ_s は連続，μ_d は離散測度である．この分解の仕方は一意である．

［証明］ $D = \{x\,;\,\mu(\{x\}) \neq 0\}$ とおく．D は可算集合であって，$\mu_d(E) = \mu(E \cap D)$ は離散測度である．実際，$n = 1, 2, \cdots$ に対し $D_n = \{x\,;\,|\mu(\{x\})| > 1/n\}$ とおくと任意の有限集合 $\{x_1, x_2, \cdots, x_k\} \subset D_n$ に対して

$$\infty > |\mu_d|(D_n) \geqq |\mu_d|(\{x_1, x_2, \cdots, x_k\}) \geqq \sum_{j=1}^{k} |\mu(\{x_j\})| > \frac{k}{n}$$

であるから，D_n は有限集合，したがって $D = \bigcup_{n=1}^{\infty} D_n$ は可算集合である．

測度 $\mu - \mu_d$ は連続であり，これに Lebesgue の分解定理を適用すればよい． ∎

例 5.10　f を $\boldsymbol{R}$ 上の有界単調増加右側連続関数とする．$\mu([a, b)) = f(b) - f(a)$ によって定義される測度を考えよう．定理 5.11 と系 5.1 によって

(5.29) $$\mu(E) = \int_E g dx + \mu_s(E) + \mu_d(E)$$

と書くことができる．ここで $g \in L^1(\boldsymbol{R}), \mu_s$ は連続特異測度である．

第 4 章で述べた Lebesgue の微分定理によって，通常の微分 f' は a.e. で存在する．f は単調増加としたから $f' \geqq 0$ a.e. である．Fatou の補題によって

$$\int_a^b f'(t) dt = \int_a^b \liminf_{h \to 0} \frac{f(t+h) - f(t)}{h} dt$$
$$\leqq \liminf_{h \to 0} \frac{1}{h} \int_a^b [f(t+h) - f(t)] dt$$

$$= \liminf_{h \to 0} \frac{1}{h} \left(\int_b^{b+h} f(t)dt - \int_a^{a+h} f(t)dt \right).$$

f は単調増加であるから，$\int_b^{b+h} f(t)dt \leqq hf(b+h)$ である．同様にして $\int_a^{a+h} f(t)dt \geqq hf(a)$ である．ゆえに右側連続性によって

(5.30) $$\int_a^b f'(t)dt \leqq f(b) - f(a) = \mu([a,b))$$

である．ここで $a \to -\infty, b \to \infty$ とすれば，$f' \in L^1(\mathbf{R})$ が得られる．

(5.31) $$g = f'$$

であることを示そう．それには $\nu(E) = \mu(E) - \int_E f' dt$ とおくとき，ν が特異測度であることを示せばよい．そのときは，分解の一意性によって，$g = f'$ であることがわかるからである．

いま，Lebesgue の分解定理によって，$\nu(E) = \int_E \varphi dt + \nu_s(E)$．ここで ν_s は特異測度，φ は可積分関数，と表わす．(5.30) から $\nu([a,b)) \geqq 0$ であるから，$\varphi \geqq 0$ a.e., $\nu_s \geqq 0$ である．したがって

$$\lim_{h \to +0} \frac{\nu([t, t+h))}{h} \geqq \varphi(t) \geqq 0 \text{ a.e.}$$

一方，

$$\lim_{h \to +0} \frac{\nu([x, x+h))}{h} = \lim_{h \to +0} \frac{\mu([x, x+h))}{h} - \frac{d}{dx} \int_{-\infty}^x f' dt = 0 \text{ a.e.}$$

ゆえに $\varphi = 0$ a.e. である．ゆえに $g = f'$ である．

最後に，f の不連続点を $D = \{a_n\}$ とすると，

$$\mu_s(E) = \nu_s(E - D), \quad \mu_d(E) = \mu(E \cap D) = \nu_s(E \cap D)$$

とおくと，$\nu = \mu_s + \mu_d$ であって，μ_s は連続特異，μ_d は離散測度である．

$$\mu_d((-\infty, x)) = \mu(\{a_n\,;\, a_n < x\}) = \sum_{a_n < x} [f(a_n) - f(a_n - 0)]$$

であることに注意しよう．

§5.8 距離空間上の測度

測度は一般に集合の幾何学的要素を反映しているとはいえない．たとえば，平面上の測度では滑らかな曲線は零集合である．次のような操作を繰り返して得られる von Koch 曲線と呼ばれる図形を例にとると，曲線の 2 次元 Lebesgue 測度は 0 であるけれども，曲線の長さは，各段階ごとに

$$4, \quad \frac{1}{3} \cdot 4^2, \quad \left(\frac{1}{3}\right)^2 \cdot 4^3, \cdots\cdots, \left(\frac{1}{3}\right)^n \cdot 4^{n+1} = 4 \cdot \left(\frac{4}{3}\right)^n, \cdots$$

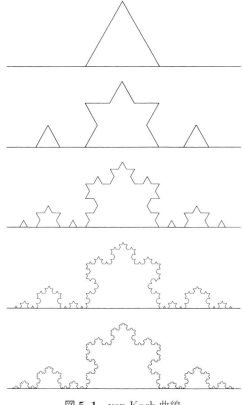

図 5.1　von Koch 曲線

であって無限大に増大する (図 5.1).

このような図形を計量化することには，2 次元 Lebesgue 測度は無効である．このような複雑な図形に対して，それぞれ次元に対応する概念を導入し測度を定義することを考えよう．

X を距離 ρ を持つ距離空間とする．二つの集合 A, B の距離は
$$\rho(A, B) = \inf\{\rho(a, b)\,;\, a \in A,\, b \in B\}$$
で定義される．

μ^* は $\mathcal{P}(X)$ 上の外測度であって条件
$$\rho(A, B) > 0 \quad \text{ならば} \quad \mu^*(A \cup B) = \mu^*(A) + \mu^*(B)$$
を満たすとき，**距離外測度**という．

補題 5.5 μ^* を (X, ρ) 上の距離外測度とする．O を X の開集合とする．O の部分集合 E に対し $E_n = \{x \in E\,;\, \rho(x, O^c) \geqq 1/n\}\ (n = 1, 2, \cdots)$ とおく．そのとき
$$\lim_{n \to \infty} \mu^*(E_n) = \mu^*(E).$$

[証明] $D_n = E_{n+1} - E_n\ (n = 1, 2, \cdots),\ D_0 = E_1$ とおく (図 5.2). $D_{n+1} \neq \emptyset$, $E_n \neq \emptyset$ ならば, $\rho(D_{n+1}, E_n) \geqq 1/n(n+1) > 0$ である. 実際, $a \in E_n, b \in D_{n+1}$ とすると, 任意の $x \in O^c$ に対し $\rho(a, b) \geqq \rho(a, x) - \rho(b, x)$ である. 右辺の第 1 項 $\geqq 1/n$ である. また, $b \in E, \notin E_{n+1}$ であるから, $\inf\{\rho(b, x)\,;\, x \in O^c\} \leqq 1/(n+1)$ である. ゆえに $\rho(a, b) \geqq 1/n - 1/(n+1) = 1/n(n+1)$.

ゆえに $\rho(D_{n+1}, D_{n-1}) \geqq \rho(D_{n+1}, E_n) > 0$ である. $E_{2n+1} \supset D_2 \cup D_4 \cup \cdots \cup D_{2n}$ であるから，距離外測度の性質によって
$$\mu^*(E_{2n+1}) \geqq \sum_{j=1}^{n} \mu^*(D_{2j}).$$

同様にして
$$\mu^*(E_{2n}) \geqq \sum_{j=1}^{n} \mu^*(D_{2j-1})$$

である．

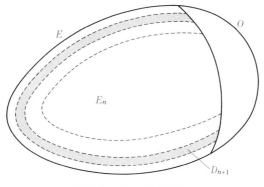

図 5.2 集合 E の分割

もし $\sum_{j=1}^{\infty} \mu^*(D_{2j}) = \infty$ または $\sum_{j=1}^{\infty} \mu^*(D_{2j-1}) = \infty$ ならば，補題は明らかである．共に収束する場合は $E = E_{2n} \cup \bigcup_{j=n}^{\infty} D_{2j} \cup \bigcup_{j=n}^{\infty} D_{2j+1}$ であるから，
$$\mu^*(E) \leqq \mu^*(E_{2n}) + \sum_{j=n}^{\infty} \mu^*(D_{2j}) + \sum_{j=n}^{\infty} \mu^*(D_{2j+1})$$
である．ゆえに $\mu^*(E) \leqq \liminf \mu^*(E_{2n})$．

一方，$E_n \subset E$ であるから $\limsup \mu^*(E_n) \leqq \mu(E)$．ゆえに補題は証明された． ∎

X のすべての開部分集合を含む最小の σ 集合体を $\mathcal{B}_0(X)$ と書く．

定理 5.13 μ^* を (X, ρ) 上の距離測度とすると，任意の開集合は μ^*-可測である．したがって $\mathcal{B}_0(X) \subset \mathcal{M}_{\mu^*}$．

［証明］ 開集合 O に対し $O \in \mathcal{M}_{\mu^*}$ であることを示す．A を X の任意の部分集合とする．$E = A \cap O$ に対し補題 5.5 の記号を用いる．

$A \supset E_n$, $\rho(E_n, A \cap O^c) \geqq 1/n > 0$ であるから，距離測度の性質によって
$$\mu^*(A) \geqq \mu^*(E_n \cup (A \cap O^c)) = \mu^*(E_n) + \mu^*(A \cap O^c).$$
補題 5.5 によって，右辺は $n \to \infty$ のとき $\mu^*(A \cap O) + \mu^*(A - O)$ に収束する．

したがって O は Carathéodory の条件を満たす．ゆえに $O \in \mathcal{M}_{\mu^*}$ である． ∎

注意 5.3 定理 5.13 は逆が成り立つ．μ^* を X 上の外測度とする．$\mathcal{B}_0(X) \subset$

$\mathcal{M}_{\mu^*}$ ならば，μ^* は距離外測度である．

実際，$\rho(E,F) = \delta > 0$ とする．$U = \{x \in E\,;\,\rho(x,E) < \delta/2\}$ は E を含む開集合で $F \cap U = \emptyset$ である．仮定から $U \in \mathcal{M}_{\mu^*}$ である．$A = E \cup F$ に対して Carathéodory の条件を書くと
$$\mu^*(E \cup F) = \mu^*(A \cap U) + \mu^*(A - U) = \mu^*(E) + \mu^*(F).$$
ゆえに μ^* は距離外測度の条件を満たす．

X の部分集合 A に対して
$$\mathrm{diam}(A) = \sup\{\rho(x,y)\,;\,x,y \in A\}$$
と書く．$A = \emptyset$ のときは $\mathrm{diam}(A) = 0$ とする．可算集合族 $\{U_j\}$ が A の **δ-被覆**であるとは
$$A \subset \bigcup_{j=1}^{\infty} U_j, \quad \mathrm{diam}(U_j) \leqq \delta$$
を満たすことである．

いま，$s > 0$ とする．$\delta > 0$ に対し
$$\mathcal{H}^s_\delta(A) = \inf\left\{\sum_{j=1}^{\infty}[\mathrm{diam}(U_j)]^s\,;\,\{U_j\} \text{ は } A \text{ の } \delta\text{-被覆}\right\}$$
とおく．δ が減少すればとり得る F の被覆も減るから $\mathcal{H}^s_\delta(A)$ は $\delta \to 0$ のとき単調に増加する．
$$\mathcal{H}^s(A) = \lim_{\delta \to 0} \mathcal{H}^s_\delta(A)$$
とおく．

定理 5.14 $s > 0$ とする．
(ⅰ) $\mathcal{H}^s$ は距離外測度である．
(ⅱ) $\mathcal{H}^s$ は次の意味で正則である：任意の部分集合 E に対して，E を含む開集合列 $\{O_n\}$ が存在して
$$\mathcal{H}^s(E) = \mathcal{H}^s\left(\bigcap_{n=1}^{\infty} O_n\right).$$

［証明］ (ⅰ) $A_n \subset X,\,n = 1,2,\cdots,$ とする．$\varepsilon > 0$ を任意に与える．各 n に

対し A_n の δ-被覆 $\{U_n^j\,;\,j=1,2,\cdots\}$ を

$$\sum_{j=1}^{\infty}[\mathrm{diam}(U_n^j)]^s < \mathcal{H}_\delta^s(A_n) + \frac{\varepsilon}{2^n}$$

を満たすようにとる．$\{U_n^j\,;\,n,j=1,2,\cdots\}$ は $\bigcup_{n=1}^{\infty} A_n$ の δ-被覆であるから，

$$\mathcal{H}_\delta^s(\bigcup_{n=1}^{\infty} A_n) \leqq \sum_{j=1}^{\infty}[\mathrm{diam}(U_n^j)]^s = \sum_{n=1}^{\infty}\sum_{j=1}^{\infty}[\mathrm{diam}(U_n^j)]^s$$
$$< \sum_{n=1}^{\infty} \mathcal{H}_\delta^s(A_n) + \sum_{n=1}^{\infty} \frac{\varepsilon}{2^n}.$$

これは，任意の $\varepsilon > 0$ に対して成り立つから，$\mathcal{H}_\delta^s(\bigcup_{n=1}^{\infty} A_n) \leqq \sum_{n=1}^{\infty} \mathcal{H}_\delta^s(A_n)$ である．$\delta \to 0$ として $\mathcal{H}^s(\bigcup_{n=1}^{\infty} A_n) \leqq \sum_{n=1}^{\infty} \mathcal{H}^s(A_n)$ が得られる．外測度の他の二つの条件は明らかに成り立つ．

次に，$\mathcal{H}^s$ は距離外測度であることを示す．集合 E,F は $\rho(E,F) > \delta > 0$ を満たすと仮定する．$\{W_j\}$ を $E \cup F$ の $\delta/3$-被覆とすると，

$$\mathcal{U} = \{W_j\,;\,E \cap W_j \neq \emptyset\},\quad \mathcal{V} = \{W_j\,;\,F \cap W_j \neq \emptyset\}$$

とおく．$\mathcal{U}, \mathcal{V}$ はそれぞれ E,F の $\delta/3$-被覆であって，$\mathcal{U} \cap \mathcal{V} = \emptyset$ であるから，

$$\sum_j[\mathrm{diam}(W_j)]^s = \sum_{W_k \in \mathcal{U}}[\mathrm{diam}(W_k)]^s + \sum_{W_l \in \mathcal{V}}[\mathrm{diam}(W_l)]^s$$
$$\geqq \mathcal{H}_{\delta/3}^s(E) + \mathcal{H}_{\delta/3}^s(F).$$

$\delta/3$-被覆について $\inf$ をとれば左辺は $\mathcal{H}_{\delta/3}^s(E \cup F)$ となる．ゆえに $\delta \to 0$ とすれば，$\mathcal{H}^s$ は距離外測度であることがわかる．

(ii) を証明するには $\mathcal{H}^s(E) < \infty$ と仮定してよい．$\mathcal{H}_{1/n}^s(E) < \infty,\,n=1,2,\cdots,$ であるから，E の $1/n$-被覆 $\{U_j^n\,;\,j=1,2,\cdots\}$ が存在して

$$\sum_{j=1}^{\infty}[\mathrm{diam}(U_j^n)]^s < \mathcal{H}_{1/n}^s(E) + \frac{1}{n}.$$

$O_j^n = \{x\,;\,\rho(x, U_j^n) < (1/n)\mathrm{diam}(U_j^n)\}$ とおくと，O_j^n は開集合であって，

$$E \subset \bigcup_{j=1}^{\infty} O_j^n,\ \mathrm{diam}(O_j^n) < \Big(1 + \frac{2}{n}\Big)\mathrm{diam}(U_j^n) < \Big(1 + \frac{2}{n}\Big)\frac{1}{n},$$

$$n = 1, 2, \cdots,$$

である．$O_n = \bigcup_{j=1}^{\infty} O_j^n$ が求める集合である．

実際，

$$\mathcal{H}^s_{(1+2/n)/n}\bigl(\bigcap_{k=1}^{\infty} O_k\bigr) \leq \mathcal{H}^s_{(1+2/n)/n}(O_n)$$

$$\leq \sum_{j=1}^{\infty}[\operatorname{diam}(O_j^n)]^s \leq \sum_{j=1}^{\infty}\left(1+\frac{2}{n}\right)^s[\operatorname{diam}(U_j^n)]^s$$

$$\leq \left(1+\frac{2}{n}\right)^s\left(\mathcal{H}^s_{1/n}(E)+\frac{1}{n}\right) \leq \left(1+\frac{2}{n}\right)^s\left(\mathcal{H}^s(E)+\frac{1}{n}\right)$$

である．$n \to \infty$ として求める式を得る．　∎

定義 5.6　$\mathcal{H}^s(A)$ を A の s-次元 **Hausdorff** 測度という．　□
$\mathcal{H}^s(E) < \infty$ であるとき，$t > s$ ならば $\mathcal{H}^t(E) = 0$，
$\mathcal{H}^s(E) > 0$ であるとき，$s > u$ ならば $\mathcal{H}^u(E) = \infty$
であることに注意しよう．

実際，$\mathcal{H}^s(E) < \infty, t > s$ ならば，$\delta > 0$ に対して

$$\mathcal{H}^t_\delta(E) = \inf\{\sum_{j=1}^{\infty}[\operatorname{diam}(U_j)]^t ; \{U_j\} \text{ は } E \text{ の } \delta\text{-被覆}\}$$

$$\leq \inf\{\sum_{j=1}^{\infty}[\operatorname{diam}(U_j)]^s \cdot \delta^{t-s} ; \{U_j\} \text{ は } E \text{ の } \delta\text{-被覆}\}$$

$$= \mathcal{H}^s_\delta(E)\delta^{t-s}.$$

$\mathcal{H}^s_\delta(E) \leq \mathcal{H}^s(E) < \infty$ であるから，$\delta \to 0$ とすると $\mathcal{H}^t_\delta(E) \to 0$ である．

$s > u$ のときは，$[\operatorname{diam}(U_j)]^u \geq [\operatorname{diam}(U_j)]^s \delta^{u-s}$ であることに注意すればよい．

定義 5.7
$$\dim_H(E) = \inf\{s ; \mathcal{H}^s(E) = 0\} = \sup\{s ; \mathcal{H}^s(E) = \infty\}$$

を E の **Hausdorff 次元**という．　□

例 5.11　$\mathbf{R}^d$ の空でない有界開集合 O に対して，
$$\dim_H(O) = d, \quad \mathcal{H}^d(O) = cm(O),$$
ここで $c > 0$ は定数である．

実際，Q を辺長 1 の立方体とする．Q を辺長 2^{-k} の 2^{dk} 個の立方体で覆うならば，$\delta=\sqrt{d}\,2^{-k}$ に対して
$$\mathcal{H}^d_\delta(Q)\leq (\sqrt{d}\,2^{-k})^d\times 2^{dk}=\sqrt{d}^{\,d}.$$
一方，U_j を Q の任意の δ-被覆とする．そのとき，一辺の長さが $2\operatorname{diam}(U_j)$ の立方体 Q_j が存在して，$U_j\subset Q_j$．したがって $Q\subset\bigcup_j Q_j$ である．ゆえに
$$2^d\sum_j \operatorname{diam}(U_j)^d=\sum_j m(Q_j)\geq m(Q)=1.$$
ゆえに $1\leq \mathcal{H}^d(Q)\leq \sqrt{d}^{\,d}$，そして Q の Hausdorff 次元は d である．

$\mathcal{H}^d(Q)=c$ とおく．開集合 O は互いに交わらない 2 進立方体の可算和 $\bigcup_j Q_j$ として表わすことができるから，$\mathcal{H}^d(O)=\sum_j \mathcal{H}^d(Q_j)=c\sum_j m(Q_j)=cm(O)$ である． □

例 5.12 Cantor の三分集合 C の Hausdorff 次元 $\dim_H(C)$ は $s=\log 2/\log 3=0.6309\cdots$ であり，Hausdorff 測度は $\mathcal{H}^s(C)=1$ である．

$C=\bigcap\limits_{n=1}^\infty C_n$ と表わされる，ここで C_n は長さ 3^{-n} の 2^n 個の閉区間から成る．3^{-n}-被覆をとることによって，$\mathcal{H}^s_{3^{-n}}(C)\leq \mathcal{H}^s_{3^{-n}}(C_n)\leq 2^n 3^{-sn}=1$．ゆえに，$n\to\infty$ として $\mathcal{H}^s(C)\leq 1$ が得られる．

逆向きの不等号を示すために，$\{U_j\}$ を C の δ-被覆とする．U_j は区間であるとしてよい．これらの区間を $1+\varepsilon$ 倍して得られる開集合を V_j とすると，C はコンパクトであるから有限個の $V_j, j=1,2,\cdots,k$，で覆われる．C の各点はある V_j の内点であるから，n を十分大にとると，C_n を構成する任意の長さ 3^{-n} の小区間はある V_j に含まれるようにできる．もし各 V_j が小区間を高々 1 つしか含まなければ，
$$\sum_{j=1}^\infty [\operatorname{diam}(U_j)]^s = (1+\varepsilon)^{-s}\sum_{j=1}^\infty [\operatorname{diam}(V_j)]^s$$
$$\geq (1+\varepsilon)^{-s}2^n 3^{-ns}=(1+\varepsilon)^{-s}.$$
ゆえに $\mathcal{H}^s_\delta(C)\geq (1+\varepsilon)^{-s}$．$\delta\to 0$ とすれば，$\varepsilon>0$ は任意であるから，$\mathcal{H}^s(C)\geq 1$ が得られる．

V_j は長さ 3^{-n} の小区間を 2 つ以上含むとする．これらの小区間にはさまれ

た Cantor 集合を構成するときに第 n 段階までに取り除いた "長さ三分の一の空間" のうち最大の区間を K とする．V_j を K を中にはさんだ 3 つの区間に分解する．それを $V_j = J \cup K \cup L$ と書く．Cantor 集合のつくり方から，
$$\mathrm{diam}(J), \mathrm{diam}(L) \leqq \mathrm{diam}(K)$$
である．関数 t^s は上に凸であることを利用すれば，
$$\begin{aligned}[\mathrm{diam}(V_j)]^s &= [\mathrm{diam}(J) + \mathrm{diam}(K) + \mathrm{diam}(L)]^s \\ &\geqq \left[\frac{3}{2}(\mathrm{diam}(J) + \mathrm{diam}(L))\right]^s \\ &\geqq 3^s \frac{1}{2}([\mathrm{diam}(J)]^s + [\mathrm{diam}(L)]^s) \\ &= [\mathrm{diam}(J)]^s + [\mathrm{diam}(L)]^s.\end{aligned}$$

さらに，J, L に対してこのような分解を続けてゆくことによって，はじめから V_j は長さ 3^{-n} の小区間を唯 1 つ含むとしてよいことがわかった．　　□

von Koch 曲線の Hausdorff 次元は $\log 4 / \log 3$ である．詳しくは巻末の参考文献 [13] を参照されたい．

■ 演習問題 ■

5.1 集合 X とその部分集合からなる σ 集合体 $\mathcal{X}$ の組 $(X, \mathcal{X})$ を可測空間という．$(X, \mathcal{X}), (Y, \mathcal{Y})$ を可測空間とするとき，$T: X \to Y$ が可測変換であるとは，すべての $B \in \mathcal{Y}$ に対し $T^{-1}(B) = \{x \in X; T(x) \in B\} \in \mathcal{X}$ を満たすことである．

$g: Y \to \boldsymbol{R}$ を Y 上の可測関数とすると，$g(T(x))$ は X 上の可測関数であることを示せ．

5.2 $(X, \mathcal{X}), (Y, \mathcal{Y})$ を可測空間とする．$\varphi: X \to Y$ とする．
 (ⅰ) $\varphi^{-1}(\mathcal{Y}) \equiv \{\varphi^{-1}(B); B \in \mathcal{Y}\}$ は X の σ 集合体である．
 (ⅱ) $\{B \subset Y; \varphi^{-1}(B) \in \mathcal{X}\}$ は Y の σ 集合体である．
 (ⅲ) $\varphi(\mathcal{X})$ は Y の σ 集合体といえるか？

5.3 $(X, \mathcal{X}, \mu)$ を測度空間とする．$\nu(E) = \mu(E \cap A)$ はまた $(X, \mathcal{M})$ の上の測度であることを示せ．

5.4 集合 E, F に対して
$$E \triangle F = (E-F) \cup (F-E)$$
を対称差という．

$(X, \mathcal{X}, \mu)$ を有界な正測度空間とする．$E, F, G \in \mathcal{X}$ に対して $\rho(E, F) = \mu(E \triangle F)$ とおく．

(i) $\rho(E, F) = 0 \Leftrightarrow E-F$ および $F-E$ は零集合，

(ii) $\rho(E, F) = \rho(F, E)$,

(iii) $\rho(E, F) \leqq \rho(E, G) + \rho(G, F)$

であることを示せ．

5.5 ν を自然数の部分集合 E に対し，$\nu(E) = \mathrm{card}(E)$ とおくと，ν は σ 集合体 $\mathcal{P}(\boldsymbol{N})$ 上の測度である．$f \in L^1(\boldsymbol{N})$ ならば
$$\int_{\boldsymbol{N}} f(n) d\nu(n) = \sum_{n=1}^{\infty} f(n)$$
であることを示せ．

5.6 整数 $k \geqq 0$ を固定する．$\mathcal{F}_k$ は区間 $I_j = [2^{-k}j, 2^{-k}(j+1))$, $j = 0, 1, \cdots, 2^k - 1$, を含む最小の σ 集合体とする．$f \in L^1([0, 1); m)$ とするとき，
$$m_f(E) = \int_E f_k dm \quad (E \in \mathcal{F}_k)$$
を満たす $\mathcal{F}_k$-可測関数 f_k を求めよ．

5.7 μ を $(X, \mathcal{M})$ 上の σ 有限測度とすると，$\mu = \mu_c + \mu_d$ と表わされる，ここで μ_c は連続測度，μ_d は離散測度である．このような表現は一意であることを示せ．

5.8 μ_1, μ_2, μ_3 を σ 集合体上の σ 有限な測度とする．$\mu_1 \ll \mu_2$, $\mu_2 \ll \mu_3$ ならば $\mu_1 \ll \mu_3$ であって，
$$\frac{d\mu_1}{d\mu_3} = \frac{d\mu_1}{d\mu_2} \frac{d\mu_2}{d\mu_3} \quad \mu_3\text{-a.e.}$$
であることを示せ．

5.9 $D \subset \boldsymbol{R}^n$, $0 < \alpha \leqq 1$ とする．写像 $f: D \mapsto \boldsymbol{R}^m$ は Lipschitz α 条件
$$|f(x) - f(y)| \leqq C|x-y|^\alpha \quad (x, y \in D)$$
を満たすとする，ここで C は定数である．そのとき $\dim_H f(D) \leqq (1/\alpha) \dim_H D$ であることを示せ．

5.10 3次元空間 $\boldsymbol{R}^3$ において，円盤 $D = \{(x_1, x_2, 0); x_1^2 + x_2^2 < 1\}$ の Hausdorff 次元 $\dim_H(D)$ は 2 であることを示せ.

6
可積分関数の空間と連続関数の空間

 これまでに展開してきた積分の理論を踏まえて関数空間を導入しよう．
 第1節でまず関数解析の基礎的な概念について解説する．
 本章で述べる主な二つの関数空間 L^p と C_0 は，関数空間のなかでも最も基本的なもので，いろいろな解析に重要な役割を果たすばかりでなく，それ自身興味のある性質をもっている．
 第2節では，可積分関数の空間である Lebesgue 空間 $L^p, 1 \leqq p < \infty$, について述べる．この空間では不等式は特別な役割をもっている．
 さて，有限次元ベクトル空間上の線形汎関数は，簡単な計算によって，ベクトルが対応しその内積で表わされることがわかる．このようなことは L^p, $1 \leqq p < \infty$, の上の有界線形汎関数についてもいえる．有界線形汎関数には F. Riesz の定理によって，$L^{p'}$ の関数が対応し，汎関数は積分で表現されるのである．$p=2$ のとき，L^2 は Hilbert 空間の最も典型的な例であって，特別な性質をもつ．
 $p = \infty$ の場合は汎関数の簡単な表現はないけれども，L^∞ を連続関数からなる空間 C_0 におきかえると興味ある表現定理が得られる．C_0 上の線形汎関数は複素数値 Borel 測度に関する積分として表現され，また複素数値 Borel 測度は C_0 上の線形汎関数を定義するのである．これらは第 3, 6, 7 節で示される．
 Euclid 空間上の L^p 空間には，ある種の積 "たたみ込み" が定義され，そ

れは，以下で述べる Fourier 解析で重要な応用をもっている．それは第 5 節で扱われる．

§6.1 関数解析の基礎

可積分関数の全体がベクトル空間をなすことは既に述べた通りである．関数空間は，一般に有限次元ではない．本節では，無限次元ベクトル空間に適合した位相を導入しよう．

(a) Banach 空間

定義 6.1 $K = C$ または R とする．V を体 K 上のベクトル空間とする．各 $f \in V$ に対し実数 $\|f\|$ が対応し

(i) $0 \leq \|f\| < \infty$,

(ii) $\|af\| = |a| \|f\|$ $(f \in V, a \in K)$

(iii) $\|f+g\| \leq \|f\| + \|g\|$ $(f, g \in V)$

を満たすとき，$\|\cdot\|$ を**セミノルム**という．さらに条件

(iv) $\|f\| = 0 \rightleftharpoons f = 0$

が成り立つとき，$\|\cdot\|$ は**ノルム**であるという． □

ノルムが定義されたベクトル空間 $(V, \|\ \|)$ を**ノルム空間**という．このとき
$$\rho(f, g) = \|f - g\| \quad (f, g \in V)$$
とおけば，$\rho(\cdot, \cdot)$ は距離の条件を満たすから，ノルム空間は距離空間である．ノルム空間の位相はこの距離で定義する．

定義 6.2 完備ノルム空間を **Banach**[*1]**空間**という． □

$(V, \|\ \|_V), (W, \|\ \|_W)$ を Banach 空間とする．写像 $T : V \mapsto W$ が線形であるとは
$$T(af + bg) = aTf + bTg \quad (f, g \in V,\ a, b \in K)$$
を満たすことである．

[*1] S. Banach(バナッハ)，1892–1945．ポーランドの数学者．

§6.1 関数解析の基礎 —— 151

命題 6.1 線形写像 $T: V \mapsto W$ について次の命題は同値である.
 (ⅰ) T は連続である.
 (ⅱ) T は 0 で連続である.
 (ⅲ) 定数 $C>0$ が存在して
$$\|Tf\|_W \leqq C\|f\|_V \quad (f \in V).$$

[証明] (ⅰ) ⇒ (ⅱ) は明らかである. T は 0 で連続であるとすると,$\delta>0$ が存在して $\|Tf\|_W < 1 \ (\|f\|_V \leqq \delta)$. ゆえに,任意の $g \neq 0$ に対し
$$\|Tg\|_W = \left\| \frac{\|g\|_V}{\delta} T\left(\frac{\delta}{\|g\|_V} g\right) \right\|_W \leqq \frac{1}{\delta} \|g\|_V.$$
ゆえに (ⅲ) は $C=1/\delta$ で成り立つ. $f_0 \in V$ とする. (ⅲ) が成り立てば,$\|T(f-f_0)\|_W \leqq C\|(f-f_0)\|_V$ であるから,Tf は連続である. ∎

(ⅲ) が成り立つとき,T は**有界**であるという. 命題 6.1 によって,T が有界であることと連続であることは同値である. V から W への有界線形作用素の全体を $B(V,W)$ と書く. $T \in B(V,W)$ に対し
$$\|T\| = \sup\left\{ \frac{\|Tf\|_W}{\|f\|_V} ; f \neq 0 \right\} = \sup_{\|f\|_V=1} \|Tf\|_W$$
を T のノルムという.

$S, T \in B(V,W), \ a, b \in \boldsymbol{K}$ ならば $aS+bT$ を
$$(aS+bT)f = aSf+bTf \quad (f \in V)$$
で定義することによって,$B(V,W)$ はベクトル空間となる.

$\|T\|$ が実際に $B(V,W)$ 上でノルムの条件を満たすことは,容易に確かめることができる.

定理 6.1 $B(V,W)$ は Banach 空間である.

[証明] 完備性を示せばよい. $\|T_m - T_n\| \to 0$ とする. 任意の $f \in V$ に対し

(6.1) $$\|T_m f - T_n f\|_W \leqq \|T_m - T_n\| \|f\|_V \to 0$$
であるから,$T_n f$ は収束する. その極限を Tf と書く. $\|T\| = \lim \|T_n\|$ であるから,T は有界である. T_n は線形であるから,T も線形であることは容易にわかる. したがって,$T \in B(V,W)$ である.

最後に，(6.1)から，任意の $f \in V$ に対し $\|Tf - T_n f\| \leq (\lim_{m \to \infty} \|T_m - T_n\|)\|f\|$．
ゆえに，$\|T - T_n\| \leq \lim_{m \to \infty} \|T_m - T_n\|$．仮定から，最後の極限は $n \to \infty$ のとき 0 に収束する．ゆえに $B(V,W)$ は完備であることがわかった． ∎

特に，$W = \boldsymbol{K}$ であるとき，$B(V, \boldsymbol{K}) = V'$ と書き，その作用素を**線形汎関数**という．

$f_n \in V$ が V のノルムで f に収束するとき，
$$f_n \to f \text{ in } V \text{ または } f_n \to f \text{ (強)}$$
などと書き f_n は f に**強収束**するという．

任意の $T \in V'$ に対し，$Tf_n \to Tf$ であるとき，f_n は f に弱位相で収束する，または**弱収束**するといい
$$f_n \to f \text{ (弱)}$$
と書く．

V' はまた Banach 空間であるから，V' の線形汎関数全体 $V'' = B(V', \boldsymbol{K})$ が考えられる．

$T_n, T \in V'$ とする．$T_n \to T$(弱)であるとは，任意の $F \in V''$ に対して $F(T_n) \to F(T)$ であることである．

一方，$f \in V$ とすると，写像 $V' \ni T \mapsto Tf \in \boldsymbol{K}$ は線形であって，ノルム $\leq \|f\|_V$ である．ゆえに $f \in V''$ とみなすことができる．

任意の $f \in V$ に対し $T_n f \to Tf$ であるとき，T_n は T に**汎弱位相**で収束するといい
$$T_n \to T \text{ (汎弱)}$$
と書く．

(b) 位相ベクトル空間

$\boldsymbol{K}$ 上のベクトル空間 V に位相が定義されており，写像
(i) $V \times V \ni (f, g) \mapsto f + g \in V$,

および
(ii) $V \times \boldsymbol{K} \ni (f, a) \mapsto af \in V$

が連続であるとき，V は**位相ベクトル空間**であるという．$\mathcal{V}(0)$ を 0 の近傍

基底とすると，$\{f+U; U\in\mathcal{V}(0)\}$ は写像 $(f,g)\mapsto f+g$ の連続性から f の近傍基底となる．したがって，位相は 0 の近傍系によって決まる．

集合 U は，$f,g\in U$, $0<t<1$ ならば $tf+(1-t)g\in U$ であるとき，凸であるという．$0\in V$ が凸集合からなる近傍基底をもつとき，V は**局所凸位相ベクトル空間**という．

ベクトル空間 V 上にセミノルムの族 $\{p_\alpha\}$ が与えられているとする．任意の有限個の $\alpha_1,\cdots,\alpha_n$ と $\varepsilon_1,\cdots,\varepsilon_n>0$ に対し
$$U(0;\alpha_1,\cdots,\alpha_n;\varepsilon_1,\cdots,\varepsilon_n)=\{f; p_{\alpha_j}(f)<\varepsilon_j, j=1,2,\cdots,n\}$$
とおくとき，$U(0;\alpha_1,\cdots,\alpha_n;\varepsilon_1,\cdots,\varepsilon_n)$ は凸集合であって，基本近傍系をなすから，これによって V は局所凸位相ベクトル空間となる．

B を Banach 空間とする．B' において
$$p_F(T)=|F(T)|\quad (F\in B''),$$
$$p_f(T)=|T(f)|\quad (f\in B)$$
はいずれもセミノルムである．

$F_1,\cdots,F_n\in B''$ と $f_1,\cdots,f_n\in B$ を任意有限個とるとき，集合族
$$U(0;F_1,\cdots,F_n;\varepsilon_1,\cdots,\varepsilon_n)=\{T; |F(T)|<\varepsilon_j, j=1,2,\cdots,n\}$$
$$U(0;f_1,\cdots,f_n;\varepsilon_1,\cdots,\varepsilon_n)=\{T; |T(f)|<\varepsilon_j, j=1,2,\cdots,n\}$$
は，それぞれ 0 の近傍系を定義する．前者が定義する位相を弱位相または $\sigma(B',B'')$-位相といい，後者が定義する位相を汎弱位相または $\sigma(B',B)$-位相という．

以下，単にベクトル空間というときは，複素数体上のベクトル空間をいうことにする．

(c) Banach 環

定義 6.3 集合 B は次の条件を満たすとき，**Banach 環**であるという．

（ⅰ） B は複素数体上の Banach 空間である，

（ⅱ） B は複素数体上の環である，すなわち，B の元 u,v の間には次のような条件を満たす積 uv が定義されている：

$u(vw)=(uv)w$ （結合律），

$$(u+v)w = uw+vw, \quad w(u+v) = wu+wv \quad (\text{分配律}),$$
$$1u = u$$
$$(au)v = u(av) = a(uv), \quad u,v,w \in B, \ a \in \boldsymbol{C}.$$

(iii) 積 uv のノルムは次の条件を満たす：
$$\|uv\| \leqq \|u\|\|v\|.$$

特に，すべての $u,v \in B$ に対し
$$uv = vu \quad (u,v \in B)$$
であるとき，B は**可換 Banach 環**であるという。 □

例 6.1 $C[0,1]$ はノルムを $\|u\|_\infty = \sup_{x \in [0,1]} |u(x)|$, 積を $(uv)(x) = u(x)v(x)$ で定義するとき可換 Banach 環となる．
$$\|uv\|_\infty \leqq \|u\|_\infty \|v\|_\infty$$
であることは容易にわかる．
$$C_0(\boldsymbol{R}^d) = \{f\,;\,\boldsymbol{R}^d \text{上連続}, \lim_{|x| \to \infty} f(x) = 0\}$$
と書く．$C_0(\boldsymbol{R}^d)$ も同様に ∞ -ノルムと，関数の積で可換 Banach 環となる． □

例 6.2 V を Banach 空間とする．$B(V,V)$ は Banach 環である．実際 $S,T \in B(V,V)$ に対し，積は $(ST)f = S(Tf)$ で定義される．また $\|S(T(f))\| \leqq \|S\|\|Tf\| \leqq \|S\|\|T\|\|f\|$ であるから，$\|f\|=1$ について sup をとれば，$\|ST\| \leqq \|S\|\|T\|$ である． □

(d) Hilbert 空間

H を複素数体上のベクトル空間とする．$f,g \in H$ に対して複素数 (f,g) が対応し

(ⅰ) $(f,f) \geqq 0, \ (f,f) = 0 \Leftrightarrow f = 0,$
(ⅱ) $(f,g) = \overline{(g,f)},$
(ⅲ) $(af+bg, h) = a(f,h) + b(g,h) \quad (a,b \in \boldsymbol{C}, \ f,g \in H)$

を満たすとき，写像 $(\cdot,\cdot):H \times H \mapsto \boldsymbol{C}$ を**内積**といい，内積が定義されている

空間を**内積空間**または前 Hilbert 空間であるという．

内積 $(\cdot,\cdot)$ に対して
$$\|f\| = \sqrt{(f,f)}$$
と定義すると，補題 6.1 で示すように $\|f\|$ はノルムの条件を満たす．

定義 6.4 ノルム $\|f\| = \sqrt{(f,f)}$ について完備な内積空間を **Hilbert 空間**[*2]という． □

補題 6.1 $(\cdot,\cdot)$ を C 上のベクトル空間 H 上の内積とすると，
$$\|f\| = \sqrt{(f,f)}$$
はノルムの条件を満たす．

[証明] $f \in H$ に対し $\|f\| = \sqrt{(f,f)} = 0 \Leftrightarrow f = 0$ である．$a \in C$ ならば，
$$\|af\|^2 = (af, af) = a\bar{a}(f,f) = |a|^2\|f\|^2.$$
ゆえに $\|af\| = |a|\|f\|$ である．

次に，$f, g \in H$, $(f,g) \neq 0$ とする．したがって $(f,f) \neq 0$ である．z を複素数，t を任意の実数とするとき，

(6.2) $(tf+zg, tf+zg) = t^2(f,f) + t\bar{z}(f,g) + tz(g,f) + z\bar{z}(g,g)$

である．$z = (f,g)/|(f,g)|$ とおくと，上式は
$$t^2(f,f) + 2t|(f,g)| + (g,g)$$
となる．(6.2) の左辺はすべての t に対し非負であるから，二次式の判別式は非負，したがって，$|(f,g)|^2 \leq (f,f)(g,g)$ である．ゆえに

(6.3) $\qquad |(f,g)| \leq \|f\|\|g\| \quad (f, g \in H)$

が得られる．(6.2) と (6.3) によって
$$\|f+g\|^2 = (f+g, f+g) = (f,f) + (f,g) + (g,f) + (g,g)$$
$$\leq \|f\|^2 + \|f\|\|g\| + \|g\|\|f\| + \|g\|^2$$
$$\leq (\|f\| + \|g\|)^2.$$

ゆえに $\|f+g\| \leq \|f\| + \|g\|$ が得られた．したがって $\|f\| = \sqrt{(f,f)}$ はノルムの三つの条件を満たすことが示された． ■

---

*2 D. Hilbert(ヒルベルト), 1862–1943. ドイツの数学者.

補題 6.2 $f, g \in H$ ならば，
$$\|f+g\|^2 + \|f-g\|^2 = 2\|f\|^2 + 2\|g\|^2 \quad （平行四辺形法則）$$

[証明] $\|f \pm g\|^2 = (f,f) \pm (f,g) \pm (g,f) + (g,g)$ であるから，これら二つの式の両辺を加えれば平行四辺形法則が得られる．∎

以下，本節では H は Hilbert 空間であるとする．

H の元 f, g が $(f,g) = 0$ であるとき，f と g は**直交**するといい，$f \perp g$ と書く．集合 $M \subset H$ に対し
$$M^\perp = \{f; \text{すべての } g \in M \text{ に対して } (f,g) = 0\}$$
を M の直交補空間という．

直交補空間は閉部分空間である．実際，$f, g \in M^\perp$ ならば，すべての $h \in M$ に対し $(af+bg, h) = a(f,h) + b(g,h) = 0$ であるから $af+bg \in M$ である．

$f_n \in M^\perp$ そして $\|f_n - f\| \to 0$ ならば，任意の $h \in M$ に対して，$|(f,h)| = |(f,h) - (f_n,h)| \leqq \|f - f_n\|\|h\| \to 0$ であるから，$(f,h) = 0$．ゆえに $f \in M^\perp$ である．

定理 6.2 M を H の閉部分空間とするとき，$H = M \oplus M^\perp$，すなわち，任意の $f \in H$ は

(6.4) $\qquad f = Pf + Qf, \quad Pf \in M, \ Qf \in M^\perp$

と一意に表わされる．

このとき，P は H から M の上への線形写像である．

[証明] まず一意性を示そう．$f = f_1 + f_2 = f_1' + f_2', \ f_1, f_1' \in M, \ f_2, f_2' \in M^\perp$ とする．$(f_1 - f_1') \perp (f_2 - f_2')$ であるから，$(f_1 - f_1', f_1 - f_1') = -(f_1 - f_1', f_2 - f_2') = 0$．ゆえに $f_1 - f_1' = 0$ である．

$f \in H$ とする．$\delta = \inf\{\|f - g\|; g \in M\}$ とおく．$\|f - g_n\| \to \delta$ となるような $g_n \in M$ を選べば $\{g_n\}$ は Cauchy 列である．実際，平行四辺形法則によって
$$2(\|g_n - f\|^2 + \|g_m - f\|^2) = \|g_n - g_m\|^2 + \|g_n + g_m - 2f\|^2.$$
$(g_n + g_m)/2 \in M$ であるから，最後の項 $= 4\|(g_n + g_m)/2 - f\|^2 \geqq 4\delta^2$ である．ところで，右辺は $4\delta^2$ に収束するから，$\|g_n - g_m\|^2 \to 0$ でなければならない．

$\lim g_n = Pf, \ f - Pf = Qf$ とおく．M は閉であるから，$Pf \in M$．そして

$\delta=\|f-Pf\|=\inf\{\|f-g\|\,;\,g\in M\}$ である．

$Qf\in M^\perp$ であることを示せばよい．$h\in M$ とする．$\varphi(t)=\|Qf-th\|^2=\|f-Pf-th\|^2$ とおく．$\varphi(t)$ は 2 次式で $t=0$ のとき最小値をとるから，t の 1 次係数は 0 である．すなわち，$(Qf,h)+(h,Qf)=2\Re(Qf,h)=0$．$h$ の代わりに ih とおいて同様な議論をすれば，$\Im(Qf,h)=0$．ゆえに $(Qf,h)=0$ である．したがって $Qf\in M^\perp$ である．

$f\in M$ ならば，分解の一意性から $Pf=f$ である．したがって P は全射である．線形であることを示すために，f,g および $af+bg$ に対して (6.4) を適用すると
$$af+bg = P(af+bg)+Q(af+bg)$$
$$= (aPf+aQf)+(bPg+bQg).$$
したがって，$P(af+bg)-(aPf+bPg)=Q(af+bg)-(bPg+bQg)$．左辺および右辺はそれぞれ $M,M^\perp$ に属するから，0 である．

P は H から M への直交射影といわれる．

定理 6.3 (F. Riesz[*3]の表現定理)　$T\in H'$ とする．$g\in H$ が存在して
$$Tf=(f,g),\quad f\in H.$$
このような g は一意に決まり，$\|T\|=\|g\|$ である．

［証明］　一意性を示すため，$(f,g)=(f,g')$ $(f\in H)$ であるとする．$(f,g-g')=0$ において $f=g-g'$ とおけば，$g-g'=0$ が従う．

$M=\{f\,;\,Tf=0\}$ とおく．M は閉部分空間であるから，定理 6.2 によって，$T\neq 0$ ならば，$M^\perp\neq\{0\}$．$h\in M^\perp, \|h\|=1$ とする．任意の $f\in H$ に対し $T[(Tf)h-(Th)f]=0$ より，$0=([(Tf)h-(Th)f],h)=Tf\|h\|^2-(Th)(f,h)$．ゆえに，$Tf=(f,g), g=\overline{Th}h$ である．

$T\in B(H,H)$ とする．$H\ni f\mapsto (Tf,g)\in \boldsymbol{C}$ は有界線形汎関数であるから，F. Riesz の表現定理によって $(Tf,g)=(f,h)$ と表わされる．$h=T^*g$ と書くと，T^* もまた H から H への線形作用素であることは容易にわかる．

$(Tf,g)=(f,T^*g)$ であるから，$\|f\|=\|g\|=1$ について sup をとることに

[*3]　F. Riesz(リース)，1880–1956．

よって，$\|T\|=\|T^*\|$ が得られる．T^* を T の共役作用素という．

T に逆作用素 T^{-1} が存在して $T^{-1}=T^*$ であるとき，T はユニタリ作用素であるという．

§6.2　Lebesgue 空間

(a)　Lebesgue 空間の定義

$(X,\mathcal{M},\mu)$ を非負測度空間とする．$0<p<\infty$ に対し $\mathcal{L}^p(X)=\mathcal{L}^p(X,\mathcal{M},\mu)$ は
$$\|f\|_p = \left(\int_X |f|^p d\mu\right)^{1/p} < \infty$$
であるような X 上の $\mathcal{M}$-可測関数 f の全体からなる空間とする．

$p=\infty$ のとき，$\mathcal{L}^\infty(X)$ は
$$\|f\|_\infty = \inf\{a;\mu(\{|f(x)|>a\})=0\} < \infty$$
を満たす関数全体とする．$\|f\|_\infty$ は f の**本質的上界**といい $\mathrm{ess\,sup}f$ とも書く．

$\mathcal{L}^1(\boldsymbol{R}^d)$ 空間の場合と同様にして，$\mathcal{L}^p(X)$ 空間 $(0<p\leqq\infty)$ に同値関係を
$$f \sim g \iff f=g \quad \mu\text{-a.e.}$$
によって導入する．f',f'' が同じ同値類に属する $\mathcal{L}^p(X)$ の関数なら，$\|f'\|_p=\|f''\|_p$ であるから，$\dot{f}\in L^p(X)$ に対し
$$\|\dot{f}\|_p = \|f'\|_p, \ f'\in\dot{f}$$
と定義する．$\|\dot{f}\|_p$ を $\dot{f}$ の L^p ノルムという．

実際，次の節で述べるように $1\leqq p\leqq\infty$ のときは，$\|\dot{f}\|_p$ はノルムの条件を満たす．一方 $0<p<1$ のとき $\|\dot{f}\|_p$ は必ずしもノルムの条件を満たさないが，この場合も便宜上 L^p ノルムということにする．

特に混乱する恐れがないときは，$\dot{f}$ と f を区別しないことにする．

以下本章では，断わりのないときは，$(X,\mathcal{M},\mu)$ は σ-有限非負測度空間であるとする．

(b) L^p ノルム

実軸上の実数値関数 φ が凸であるとは，

(6.5) $\quad \varphi(\theta x+(1-\theta)y) \leqq \theta\varphi(x)+(1-\theta)\varphi(y) \quad (0<\theta<1,\ x,y\in \boldsymbol{R})$

を満たすことである．

補題 6.3 φ を実軸上の凸関数とすると，$s<a<t$ に対し

$$\frac{\varphi(a)-\varphi(s)}{a-s} \leqq \frac{\varphi(t)-\varphi(a)}{t-a}.$$

［証明］ $a=\theta s+(1-\theta)t\ (0<\theta<1)$ と書くことができるから，条件 (6.5) によって，

$$\varphi(a) \leqq \theta\varphi(s)+(1-\theta)\varphi(t).$$

これに θ の値を求めて代入すればよい． ∎

定理 6.4 φ を実軸上の非負凸関数，ν は正測度で $\int_X d\nu =1$ とする．u は X 上の実数値関数で $\int_X u d\nu$ が存在すれば，

$$\varphi\left(\int u d\nu\right) \leqq \int \varphi(u) d\nu. \quad \text{(Jensen の不等式)}$$

［証明］ a を固定して

$$M = \sup_{s<a} \frac{\varphi(a)-\varphi(s)}{a-s}$$

とおくと，すべての t に対し

(6.6) $\qquad\qquad\qquad \varphi(t) \geqq \varphi(a)-M(t-a)$

である．この不等式は，$t<a$ のときは M の定義から明らかである．$t>a$ のときは，補題 6.3 からわかる．$t=a$ のときは等号が成り立つ．

(6.6) で $t=u(x),\ a=\int u d\nu$ とおけば，

$$\varphi(u(x)) \geqq \varphi\left(\int u d\nu\right) + M\left[u(x) - \int u d\nu\right]$$

である．両辺を $d\nu$ について積分すると求める式が得られる． ∎

定理 6.5 $1\leqq p \leqq \infty,\ 1/p+1/p'=1$ とする．$f\in L^p(X,\mu),\ g\in L^{p'}(X,\mu)$ に

対し

$$\left|\int_X fg\,d\mu\right| \leq \|f\|_p \|g\|_{p'}. \quad \text{(Hölder の不等式)}$$

[証明] $p=1$ のとき. $f\in L^1, g\in L^\infty$ である. $|g(x)|\leq \|g\|_\infty$ a.e. だから,

$$\left|\int_X f(x)g(x)d\mu\right| \leq \int_X |f(x)|\|g\|_\infty d\mu = \|f\|_1 \|g\|_\infty.$$

$p=\infty$ のときは, f と g の役割を交換すればよい.

$1<p<\infty$ のとき. $\|g\|_{p'}=0$ ならば, $g=0$ a.e. ゆえに $|f(x)g(x)|=0$ a.e. ゆえに $\int fg\,d\mu=0$ であって不等式は成り立つ. $\|g\|_{p'}\neq 0$ のとき, $a>0$ を $a\|g\|_{p'}=1$ であるように選ぶ. $\varphi(t)=|t|^p$, $d\nu(x)=|ag(x)|^{p'}d\mu(x)$, そして

$$u(x) = \begin{cases} |f(x)||ag(x)|^{-p'/p} & (g(x)\neq 0) \\ 0 & (g(x)=0), \end{cases}$$

とおいて Jensen の不等式を用いる. $|f|^p\leq |g|^{p'}$ なら $|fg|\leq |g|^{p'/p}|g|=|g|^{p'}$. $|f|^p\geq |g|^{p'}$ なら同様にして $|fg|\leq |f|^p$ である. ゆえに $|fg|=|f|^p+|g|^{p'}\in L^1$ である. $u\,d\nu=a|fg|d\mu$, $\varphi(u)d\nu\leq |f|^p d\mu$ であるから,

$$\left(a\int_X |fg|d\mu\right)^p \leq \int_X |f|^p d\mu$$

である. ゆえに

$$\int_X |fg|d\mu \leq \frac{1}{a}\left(\int_X |f|^p d\mu\right)^{1/p} = \|f\|_p \|g\|_{p'}.$$

定理 6.6

(i) $1\leq p\leq \infty$ とする. $f,g\in L^p(X)$ なら $f+g\in L^p(X)$, そして
$$\|f+g\|_p \leq \|f\|_p + \|g\|_p. \quad \text{(Minkowski の不等式)}$$

(ii) $0<p<1$ とする. $f,g\in L^p(X)$ なら $f+g\in L^p(X)$ そして
$$\|f+g\|_p^p \leq \|f\|_p^p + \|g\|_p^p.$$

[証明] (i) $p=\infty$ のとき. $f,g\in L^\infty(X)$ なら,
$$|f(x)+g(x)| \leq |f(x)|+|g(x)| \leq \|f\|_\infty + \|f\|_\infty \text{ a.e.}$$

ゆえに，$f+g \in L^\infty$ であって，$\|f+g\|_\infty \leqq \|f\|_\infty + \|f\|_\infty$.

$1 \leqq p < \infty$ のとき．$f, g \in L^p(X)$ なら，
$$|f(x)+g(x)|^p \leqq 2^p(|f(x)|^p + |g(x)|^p) \in L^1(X)$$
であるから，$f+g \in L^p(X)$ である．$p-1 = p/p'$ に着目して Hölder の不等式を用いると，

$$\|f+g\|_p^p = \int |f+g|^p d\mu \leqq \int_X |f+g|^{p-1}(|f|+|g|)d\mu$$
$$= \int_X |f+g|^{p/p'}|f|d\mu + \int_X |f+g|^{p/p'}|g|d\mu$$
$$\leqq \|f+g\|_p^{p-1}(\|f\|_p + \|g\|_p).$$

$\|f+g\|_p \neq 0$ のときは，上の不等式の両辺を $\|f+g\|_p^{p-1}$ で割れば求める式が得られる．$\|f+g\|_p = 0$ のとき (i) は明らかである．

(ii) $0 < p < 1$ のとき．$a, b \geqq 0$ に対して，
$$(a+b)^p \leqq a^p + b^p$$
であることに注目する．$a = |f(x)|, b = |g(x)|$ とおいて両辺を積分すれば (ii) が得られる． ∎

定理 6.7 $1 \leqq p \leqq \infty$ とする．可測関数 f に対し

(6.7)
$$\sup_{\|g\|_{p'}=1} \int |fg|d\mu = \|f\|_p.$$

［証明］ $1 \leqq p \leqq \infty$ とする．Hölder の不等式によって，$\|g\|_{p'} = 1$ ならば，

(6.8)
$$\int_X |fg|d\mu \leqq \|f\|_p$$

である．(6.7) は $\|f\|_p = 0$ のときは明らかである．$0 < \|f\|_p < \infty$ とする．
$$g(x) = \overline{\mathrm{sign} f(x)} |f(x)|^{p-1} \|f\|_p^{-p/p'}$$
とおくと，簡単な計算によって $\|g\|_{p'} = 1$，そして $\int_X fg d\mu = \|f\|_p$ である．ゆえに $\sup \left\{ \int_X |fg|d\mu; \|g\|_{p'} = 1 \right\} \geqq \|f\|_p$．これと (6.8) を合わせると求める式が得られる．

$\|f\|_p = \infty$ のとき．$X = \bigcup_{n=1}^\infty X_n$ と書くことができる，ただし X_n は単調増

加，$\mu(X_n)<\infty$ である．f の代わりに
$$f_n(x) = \begin{cases} f(x) & (x \in X_n \text{ かつ } |f(x)| < n) \\ 0 & (\text{その他の } x), \end{cases}$$
とおいて g を上のように定義すると，
$$\sup_{\|g\|_{p'}=1} \int_X |fg|d\mu \geq \sup_{\|g\|_{p'}=1} \int_X |f_n g|d\mu = \|f_n\|_p.$$
$n \to \infty$ とすると，右辺 $\to \infty$ となる．

$L^p(X)$ はベクトル空間であり，$1 \leqq p \leqq \infty$ のときノルムの条件(iii)は Minkowski の不等式に他ならない．したがって $L^p(X)$ はノルム $\|\cdot\|_p$ をもつノルム空間である．

$0<p<1$ のときは，$\|\cdot\|_p$ はノルムの条件を満たさない．しかし，
$$\rho(f,g) = \|f-g\|_p^p \quad (f,g \in V)$$
は距離となるから，$L^p(X)$ $(0<p<1)$ もまた距離空間である．

(c) L^p 空間の完備性

定理 6.8

（ⅰ） $1 \leqq p \leqq \infty$ のとき，L^p は Banach 空間である．

（ⅱ） $0<p<1$ のとき，L^p は完備距離空間である．

［証明］ (i) $1 \leqq p \leqq \infty$ とする．L^p がノルム空間であることは既に示してあるから，完備であることを証明すればよい．

$\{f_n\}$ を L^p の Cauchy 列，すなわち，$\|f_m - f_n\|_p \to 0$ $(m,n \to \infty)$ とする．任意の k に対し $\{n_k\}$ が存在して
$$\|f_{n_k} - f_n\|_p < 2^{-k} \quad (n \geqq n_k)$$
となる．$n_1 < n_2 < \cdots$ としてよい．

(6.9) $$g(x) = |f_{n_1}(x)| + \sum_{k=1}^{\infty} |f_{n_{k+1}}(x) - f_{n_k}(x)|$$

とおく．右辺の級数はほとんどすべての点で収束し $g \in L^p$ である．実際 Minkowski の不等式によって

$$\|g\|_p \leqq \|f_{n_1}\|_p + \sum_{k=1}^{\infty} \|f_{n_{k+1}} - f_{n_k}\|_p < \infty$$

であるから，$g \in L^p$ である．ゆえに $g(x)$ はほとんどすべての点で有限値をとる．したがって，(6.9) の右辺の級数はほとんどすべての点で絶対収束する．ゆえに

$$f(x) = f_{n_1}(x) + \sum_{k=1}^{\infty} [f_{n_{k+1}}(x) - f_{n_k}(x)]$$

とおけば，右辺はほとんどすべての点で収束して，$f \in L^p$ である．

$f_n \to f$ in L^p であることを示す．$f(x) = f_{n_j}(x) + \sum_{k=j}^{\infty} [f_{n_{k+1}}(x) - f_{n_k}(x)]$ であることに注目すると，

$$\|f - f_{n_j}\|_p \leqq \sum_{k=j}^{\infty} \|f_{n_{k+1}} - f_{n_k}\|_p \leqq \sum_{k=j}^{\infty} \frac{1}{2^k} = 2^{-j+1}.$$

したがって

$$\|f - f_n\|_p \leqq \|f - f_{n_j}\|_p + \|f_{n_j} - f_n\|_p$$
$$\leqq 2^{-j+1} + 2^{-j} \quad (n \geqq n_j).$$

ゆえに，$\|f - f_n\|_p \to 0 \ (n \to \infty)$ であることが示された．

(ii) $0 < p < 1$ のとき．上の証明で $\|\cdot\|_p$ を $\|\cdot\|_p^p$ でおきかえればよい．詳しい証明は読者に任せることにする． ∎

特に，$p = 2$ の場合を考察しよう．

$f, g \in L^2(X)$ に対して

$$(f, g) = \int_X f \bar{g} d\mu$$

とおく．Schwarz の不等式によって，$f \cdot \bar{g} \in L^1$ であるから，(f, g) は定義される．そして $(\cdot, \cdot)$ は内積の条件を満たし $(f, f) = \|f\|_2^2$ である．ゆえに $L^2(X)$ は Hilbert 空間である．

§6.3　L^p 空間上の線形汎関数

定理 6.9 (F. Riesz の表現定理)　$(X, \mathcal{M}, \mu)$ は σ-有限測度空間とする．$1 \leqq p < \infty$, $1/p + 1/p' = 1$ とする．

（ⅰ）　$T \in (L^p(X))'$ ならば，$f = f_T \in L^{p'}(X)$ が存在して

(6.10) $$Tu = \int_X fu\,d\mu, \quad u \in L^p(X).$$

このような f は一意に決まる．

（ⅱ）　逆に $f \in L^{p'}(X)$ ならば，

$$T_f u = \int_X fu\,d\mu, \quad u \in L^p(X),$$

は $L^p(X)$ 上の有界線形汎関数を定義し

(6.11) $$\|T_f\| = \|f\|_{L^{p'}}.$$

したがって，写像

$$(L^p(X))' \ni T \mapsto f_T \in L^{p'}(X)$$

は等距離的全単射である． $\square$

$p = 2$ のときは L^2 は Hilbert 空間であるから，この定理は定理 6.3 に他ならない．

［証明］　第1段．(ii)の証明から始めよう．$f \in L^{p'}(X)$ とすると，Hölder の不等式によって

$$\left| \int_X fu\,d\mu \right| \leqq \|f\|_{p'} \|u\|_p \quad (u \in L^p(X)).$$

ゆえに $Tu = \int_X fu\,d\mu$ は有界線形写像であって，$\|T\| \leqq \|f\|_{p'}$ である．一方，定理 6.7 によって $\sup_{\|u\|_p = 1} \left| \int_X fu\,d\mu \right| = \|f\|_{p'}$ であるから，$\|T\| = \|f\|_{p'}$ が得られた．

第2段．(i)における f の一意性の証明．$T = T_f = T_g$, $f, g \in L^{p'}$, であれば $T_f - T_g = T_{(f-g)} = 0$．(6.11)によって，$\|f - g\|_{p'} = 0$ であるから $f = g$ である．

第3段．(i)の証明．$\mu(X) < \infty$ と仮定する．
$$\nu(E) = T(\chi_E) \quad (E \in \mathcal{M})$$
とおく．まず，ν は有限複素数値測度であることを示そう．
$$|\nu(E)| \leqq \|T\| \|\chi_E\|_p < \infty$$
である．いま，$\{E_j\}$ を互いに交わらない集合列とすると，
$$|\nu(\bigcup_{j=1}^{\infty} E_j) - \nu(\bigcup_{j=1}^{k} E_j)| = |T(\chi_{\bigcup_{j=1}^{\infty} E_j}) - T(\chi_{\bigcup_{j=1}^{k} E_j})|$$
$$= |T(\chi_{\bigcup_{j=k+1}^{\infty} E_j})|$$
$$\leqq \|T\| \left(\mu(\bigcup_{j=k+1}^{\infty} E_j) \right)^{1/p} \to 0 \quad (k \to \infty).$$

一方，T の線形性から $\nu(\bigcup_{j=1}^{k} E_j) = T(\chi_{\bigcup_{j=1}^{k} E_j}) = \sum_{j=1}^{k} T(\chi_{E_j}) = \sum_{j=1}^{k} \nu(E_j)$．ゆえに
$$\nu(\bigcup_{j=1}^{\infty} E_j) = \sum_{j=1}^{\infty} \nu(E_j).$$

ゆえに ν は複素数値測度である．

$\mu(N) = 0$ とすると，$|\nu(N)| \leqq \|T\| (\mu(N))^{1/p} = 0$ であるから，$\nu \ll \mu$ である．ゆえに Radon-Nikodym の定理によって，$f \in L^1(X)$ が存在して
$$T(\chi_E) = \nu(E) = \int_E f d\mu = \int \chi_E f d\mu \quad (E \in \mathcal{M}).$$
ゆえに単関数 $s = \sum a_j \chi_{E_j}$ に対し
$$Ts = \sum a_j T(\chi_{E_j}) = \sum a_j \int \chi_{E_j} f d\mu = \int f s d\mu.$$

次に，単関数 s は一般の関数 $u \in L^p(X)$ で置き換えてもよいことを示そう．実際，$k > 0$ に対し $u_k(x) = u(x) (|u(x)| \leqq k), = 0 (|u(x)| > k)$ とおく．u_k は $|s_j(x)| \leqq |u_k(x)| \leqq k$ を満たす単関数列 $\{s_j\}$ の極限として表わされる．ゆえに Lebesgue の収束定理によって $\|u_k - s_j\|_p \to 0 \, (j \to \infty)$．ゆえに

$$T(u_k) = \lim_{j\to\infty} T(s_j).$$

一方，$|fs_j| \leqq k|f| \in L^1(X)$ であるから，再び Lebesgue の収束定理によって

$$\lim_{j\to\infty} \int_X fs_j d\mu = \int_X fu_k d\mu.$$

ゆえに

(6.12) $$\int_X fu_k d\mu = T(u_k).$$

特に，u の代わりに $|u|\overline{\mathrm{sign}f}$ を代入すれば，

$$\int_{\{x\,;\,|u|\leqq k\}} |fu| d\mu = \int_X f|u_k|\overline{\mathrm{sign}f} d\mu \leqq \|T\| \| |u_k|\overline{\mathrm{sign}f}\|_p \leqq \|T\|\|u\|_p.$$

ここで $k \to \infty$ とすれば，

(6.13) $$\int_X |fu| d\mu \leqq \|T\|\|u\|_p.$$

$\|u\|_p = 1$ であるような u について sup をとれば，$f \in L^{p'}(X)$ そして $\|f\|_{p'} \leqq \|T\|$ が得られる．

$$|T(u_k) - (Tu)| \leqq \|T\|\|u - u_k\|_p \to 0.$$

また

$$\left|\int fu_k d\mu - \int fu d\mu\right| \leqq \|f\|_{p'}\|u - u_k\|_p \to 0$$

であるから，(6.12)式と合わせると，(6.10)式が得られる．

第4段．$(X, \mathcal{M}, \mu)$ は σ-有限であるとする．$X = \bigcup_{n=1}^{\infty} X_n$ と書くことができる．ここで $\{X_n\}$ は単調増加であって $\mu(X_n) < \infty$ である．

第3段によって，$f_n \in L^{p'}(X_n)$ が存在して，

$$T(u\chi_{X_n}) = \int_{X_n} f_n u d\mu = \int_X f_n u\chi_{X_n} d\mu \quad (u \in L^p(X))$$

と書くことができる．

f_n の一意性から，$j \leqq n$ のとき $f_j(x) = f_n(x)$ a.e. $x \in X_j$ である．したがっ

て $f(x)=f_n(x)\,(x\in X_n)$ とおくとき，f はほとんどすべての X の点で定義される．$f\in L^{p'}(X)$ そして (6.10) が成り立つことを示せばよい．

$u\in L^p(X)$ に対して $u_n(x)=u(x)\chi_{X_n}(x)$ とおくと

(6.14) $\quad T(u_n)=T(u\chi_{X_n})=\int_X f_n u\chi_{X_n}d\mu=\int_X fu_n d\mu=\int_{X_n}fu d\mu$

である．第 3 段と同様に u の代わりに $|u|\overline{\mathrm{sign}f}$ とおけば，

$$\int_{X_n}|fu|d\mu=T(|u|\overline{\mathrm{sign}f}\chi_{X_n})\leqq \|T\|\|u_n\|_p\leqq \|T\|\|u\|_p$$

が得られる．$n\to\infty$ としてこの場合も不等式 (6.13) が得られた．したがって第 3 段と同様にして $f\in L^{p'}(X)$ がわかる．(6.14) から $n\to\infty$ として (6.10) が導かれる． ■

§6.4　たたみ込み

本節と次節では，$\boldsymbol{R}^d$ 上の関数空間に限って考察しよう．

f,g を $\boldsymbol{R}^d$ 上の可測関数とするとき，f と g の**たたみ込み** $f*g$ は

$$f*g(x)=\int_{\boldsymbol{R}^d}f(x-y)g(y)dm(y)$$

で定義される．ここで，積分が存在することは仮定しておく．

定理 6.10　$f,g\in L^1(\boldsymbol{R}^d)$ ならば，たたみ込み $f*g(x)$ は a.e. x に対して存在して，$f*g\in L^1(\boldsymbol{R}^d)$．さらに

$$\|f*g\|_1\leqq\|f\|_1\|g\|_1. \qquad \square$$

補題 6.4　f を $\boldsymbol{R}^d$ 上の可測関数とすると，$F(x,y)=f(x-y)$ は $\boldsymbol{R}^d\times\boldsymbol{R}^d=\boldsymbol{R}^{2d}$ 上の可測関数である．

［補題の証明］ f を実部，虚部，さらに正，負の部分と分解することによって，$f\geqq 0$ と仮定してよい．f が $\boldsymbol{R}^d$ の開集合 O の特性関数 $f=\chi_O$ であるときは，$\{(x,y)\in\boldsymbol{R}^d\times\boldsymbol{R}^d\,;\,F(x,y)>a\}$ は $\boldsymbol{R}^{2d}$ の開集合であるから，F は可測である．ゆえに開集合の可算共通部である G_δ-集合の特性関数のときも補題は成り立つ．

次に，N を $\boldsymbol{R}^d$ の零集合とする．$N \subset G$, $m(G)=0$ であるような G_δ-集合 G をとるとき，Fubini の定理によって

$$\int_{\boldsymbol{R}^{2d}} \chi_G(x-y) dm(x,y) = \int_{\boldsymbol{R}^d} \left\{ \int_{\boldsymbol{R}^d} \chi_G(x-y) dm(x) \right\} dm(y)$$
$$= \int_{\boldsymbol{R}^d} m(G) dm(y) = 0.$$

ゆえに $\chi_G(x-y) = 0$ a.e. $(x,y) \in \boldsymbol{R}^{2d}$. ゆえに $\chi_N(x-y) = 0$ a.e. (x,y). ゆえに $\chi_N(x-y)$ は (x,y) の可測関数である．

E を $\boldsymbol{R}^d$ の可測集合とすると，$E = G - N$, $G \supset N$ と書くことができる，ここで G は G_δ-集合，N は零集合である．ゆえに $\chi_E(x-y) = \chi_G(x-y) - \chi_N(x-y)$ は (x,y) の可測関数である．ゆえに補題は任意の可測単関数に対し成り立つ．そして f はそれらの単調増加列の極限として表わされるから，f に対し補題は成り立つ．∎

[定理 6.10 の証明] たたみ込みの定義から，

$$\int_{\boldsymbol{R}^d} |f*g(x)| dm(x) \leqq \int_{\boldsymbol{R}^d} \left\{ \int_{\boldsymbol{R}^d} |f(x-y)g(y)| dm(y) \right\} dm(x).$$

Tonelli の定理によって右辺は

$$\int_{\boldsymbol{R}^d} \left\{ \int_{\boldsymbol{R}^d} |f(x-y)| dm(x) \right\} |g(y)| dm(y)$$
$$= \int_{\boldsymbol{R}^d} |f(x)| dm(x) \left\{ \int_{\boldsymbol{R}^d} |g(y)| dm(y) \right\} < \infty.$$

ゆえに $f*g(x)$ は可積分である．そして a.e. x で存在する．∎

定理 6.11 $L^1(\boldsymbol{R}^d)$ は，たたみ込みを積として定義するとき，可換 Banach 環である．

[証明] $L^1(\boldsymbol{R}^d)$ が Banach 空間であることは既に示した．環であることを示す．$u, v, w \in L^1$ とする．

$$(u*v)*w(x) = \int (u*v)(x-y) w(y) dm(y)$$

$$= \int \left(\int u(x-y-z)v(z)dm(z) \right) w(y)dm(y).$$

括弧内の積分変数 z を $z-y$ で置き換え，次に積分順序を交換すれば，上式は

$$\int \left(\int v(z-y)w(y)dm(y) \right) u(x-z)dm(z) = u*(v*w)(x)$$

となる．ゆえにたたみ込みは結合律を満たす．

分配律は積分の線形性から明らかである．

$$u*v(x) = \int u(x-y)v(y)dm(y) = \int u(z)v(x-z)dm(z) = v*u(x)$$

であるから，可換である．

最後に，定理 6.10 によって，$u*v \in L^1$，そして $\|u*v\|_1 \leqq \|u\|_1 \|v\|_1$ である． ∎

定理 6.12 $1 \leqq p \leqq \infty$. $u \in L^p(\boldsymbol{R}^d), k \in L^1(\boldsymbol{R}^d)$ とすると，$u*k \in L^p(\boldsymbol{R}^d)$. そして

(6.15) $$\|u*k\|_p \leqq \|k\|_1 \|u\|_p.$$

［証明］ $p=1$ のときは定理 6.10 で示した．$1 < p < \infty$ とする．$1/p + 1/p' = 1$ とする．

(6.16) $$|u*k(x)| \leqq \int |u(x-y)||k(y)|dm(y)$$

であるから，$|k(y)| = |k(y)|^{1/p+1/p'}$ として Hölder の不等式を適用すると上式は

$$\leqq \left(\int |u(x-y)|^p |k(y)|dm(y) \right)^{1/p} \left(\int |k(y)|dm(y) \right)^{1/p'}.$$

p 乗して積分することによって

$$\int |u*k(x)|^p dm(x) \|k\|_1^{p/p'} \leqq \int \left\{ \int |u(x-y)|^p |k(y)|dm(y) \right\} dm(x) \|k\|_1^{p/p'}.$$

最後の式は $\|u\|_p^p \|k\|_1 \|k\|_1^{p/p'} = \|u\|_p^p \|k\|_1^p$ に等しい．ゆえに証明された．

$p = \infty$ の場合は (6.16) から，

$$|u*k(x)| \leqq \int \|u\|_\infty |k(y)| dm(y) \text{ a.e.}$$

最後の積分は $\|u\|_\infty \|k\|_1$ に等しい．

§6.5　近似単位元

(a)　近似単位元と総和核

$L^1(\boldsymbol{R}^d)$ は $*$ を積とする可換環であることは既に述べた．この環は単位元は持たない．すなわち，
$$f*e = f \quad (f \in L^1(\boldsymbol{R}^d))$$
を満たすような $L^1(\boldsymbol{R}^d)$ の元 e は存在しない（第 8 章演習問題 8.4 参照）．しかし，$L^1(\boldsymbol{R}^d)$ の列 $\{e_n\}$ が存在して
$$\|f*e_n - f\|_1 \to 0 \quad (f \in L^1(\boldsymbol{R}^d))$$
となる．このよな関数列 $\{e_n\}$ を**近似単位元**という．

定義 6.5　$L^1(\boldsymbol{R}^d)$ の関数 $k_t(x)$, $t>0$，は次の条件を満たすとき**総和核**であるという．

(S1)　$\int_{\boldsymbol{R}^d} k_t(x) = 1$,

(S2)　t に無関係な定数 $C>0$ が存在して $\|k_t\|_1 \leqq C$，

(S3)　任意の $\delta > 0$ に対し $\int_{|x|>\delta} |k_t(x)| dm(x) \to 0$ $(t \to 0)$． □

k を $\boldsymbol{R}^d$ 上の関数とする．$t>0$ に対し
$$k_t(x) = t^{-d} k(t^{-1} x)$$
と書く．

補題 6.5　$k \in L^1(\boldsymbol{R}^d)$, $\int k \, dm = 1$ とすると，k_t は総和核である．

［証明］　(S1), (S2) は変数変換によって導かれる．変数変換によって
$$\int_{|x|>\delta} |k_t(x)| dm(x) = \int_{\{x\,;\,|x|>\delta/t\}} |k(x)| dm(x)$$
である．最後の積分は積分領域が $t \to 0$ のとき空集合に収束するから，0 に収束する．ゆえに条件 (S3) も成り立つ． ■

定理 6.13　k_t を総和核とする．

(ⅰ) $1 \leqq p < \infty$ とする. 任意の $f \in L^p(\mathbf{R}^d)$ に対し
$$\|f * k_t - f\|_p \to 0 \ (t \to 0).$$

(ⅱ) 任意の $f \in C_0(\mathbf{R}^d)$ に対し
$$\|f * k_t - f\|_\infty \to 0 \ (t \to 0). \qquad \square$$

$\mathbf{R}^d$ 上の関数 f に対し**平行移動作用素** τ は
$$\tau_y f(x) = f(x - y) \quad (y \in \mathbf{R}^d)$$
で定義される.

補題 6.6

(ⅰ) $f \in L^p(\mathbf{R}^d)$ とする. $1 \leqq p < \infty$, ならば, $\|\tau_y f - f\|_p \to 0 \ (y \to 0)$.

(ⅱ) $f \in C_0(\mathbf{R}^d)$ ならば, $\|\tau_y f - f\|_\infty \to 0 \ (y \to 0)$.

[補題の証明] (ⅰ) $f \in L^p(\mathbf{R}^d)$, $\varepsilon > 0$ とする. 単関数 $s(x) = \sum_{j=1}^N a_j \chi_{I_j}(x)$ が存在して, $\|f - s\|_p < \varepsilon/3$ となる, ただし $I_1, \cdots, I_N$ は区間である. したがって, $|y|$ が十分小ならば, $\|\tau_y s - s\|_p < \varepsilon/3$ となる. ゆえに
$$\|\tau_y f - f\|_p \leqq \|\tau_y f - \tau_y s\|_p + \|\tau_y s - s\|_p + \|s - f\|_p.$$
ところで, $\|\tau_y f - \tau_y s\|_p = \|k - s\|_p < \varepsilon/3$ であるから, 右辺 $< \varepsilon/3 + \varepsilon/3 + \varepsilon/3 = \varepsilon$. ゆえに (ⅰ) は証明された.

(ⅱ) $f \in C_0(\mathbf{R}^d)$ とする. f は一様連続である (第 1 章演習問題 1.6 参照). すなわち, $\varepsilon > 0$ に対し $\delta > 0$ が存在して, $|f(x - y) - f(x)| < \varepsilon \ (|y| < \delta)$ である. ∎

[定理 6.13 の証明] (ⅰ) $f \in L^p(\mathbf{R}^d)$ とする. $\int k_t(y) dm(y) = 1$ であるから,
$$(f * k_t)(x) - f(x) = \int [f(x - y) - f(x)] k_t(y) dm(y)$$
である. 指数 $1/p + 1/p' = 1$ について Hölder の不等式を用いると,
$$\int |f * k_t(x) - f(x)|^p dm(x)$$
$$\leqq \int dm(x) \int |f(x - y) - f(x)|^p |k_t(y)| dm(y) \left(\int |k_t(y)| dm(y) \right)^{p/p'}$$

$$= C^{p/p'} \int |k_t(y)| dm(y) \int |\tau_y f(x) - f(x)|^p dm(x)$$

$$\leqq C^{p/p'} \left(\int_{|y|>\delta} + \int_{|y|\leqq\delta} \right) |k_t(y)| \|\tau_y f - f\|_p^p dm(y)$$

$$= C^{p/p'}(I+J).$$

$\varepsilon > 0$ を与えるとき，補題 6.6 によって $\delta > 0$ を $\|\tau_y f - f\|_p < \varepsilon$ ($|y| < \delta$) を満たすように選んで固定する．そのとき

$$J \leqq \varepsilon \int_{|y|\leqq\delta} |k_t(y)| dm(y) \leqq \varepsilon \int_{\boldsymbol{R}^d} |k_t(y)| dm(y) = \varepsilon C.$$

$\|\tau_y f - f\|_p \leqq \|\tau_y f\|_p + \|f\|_p = 2\|f\|_p$ であるから，

$$I \leqq (2\|f\|_p)^p \int_{|y|>\delta} |k_t(y)| dm(y).$$

総和核の条件 (S3) によって $I \to 0$ ($t \to 0$) である．ゆえに
$$\|f * k_t - f\|_p^p < C\varepsilon + \varepsilon \quad (t \to 0).$$

(ii) $f \in C_0(\boldsymbol{R}^d)$ とする．(i) の場合と同様にして

$$|f*k_t(x) - f(x)| \leqq \int |f(x-y) - f(x)||k_t(y)| dm(y)$$

$$= \left(\int_{|y|>\delta} + \int_{|y|\leqq\delta} \right) |k_t(y)| |\tau_y f(x) - f(x)| dm(y)$$

$$= I + J$$

である．$\delta > 0$ を (i) の場合と同様，補題 6.6(ii) によって選んで固定する．以下証明は (i) と同様である． ∎

(b) 総和核の例

定理 6.13 と補題 6.5 によって，$k \in L^1(\boldsymbol{R}^d)$, $\int k \, dm = 1$ とすると，$k_t(x) = t^{-d}k(t^{-1}x)$ $(t \to 0)$ は $L^p(\boldsymbol{R}^d)$ における近似単位元である．よく利用される近似単位元の例を二，三述べよう．

f を $\boldsymbol{R}^d$ 上の関数とするとき，$\operatorname{supp} f = \overline{\{x;\ f(x) \neq 0\}}$ を f の台またはサポートという．

$$C^{(n)}(\boldsymbol{R}^d) = \left\{ f \,;\, f \text{ は } n \text{ 回微分可能で導関数} \left(\frac{\partial}{\partial x_1}\right)^{\alpha_1} \cdots \left(\frac{\partial}{\partial x_d}\right)^{\alpha_d} f, \right.$$
$$\left. \alpha_1 + \cdots + \alpha_d \leqq n, \text{ はすべて連続} \right\},$$
$$C^\infty(\boldsymbol{R}^d) = \bigcap_{n=0}^{\infty} C^{(n)}(\boldsymbol{R}^d),$$
$$C_c^\infty(\boldsymbol{R}^d) = \{ f \in C^\infty(\boldsymbol{R}^d) ; \operatorname{supp} f \text{ はコンパクト} \}$$

と書く．

例 6.3（軟化子）　$k(x) = \exp[-1/(1-|x|^2)]\,(|x|<1),\, = 0\,(|x|\geqq 1)$ とおく．$k \in C_c^\infty(\boldsymbol{R}^d)$ である．

実際，$\operatorname{supp} k = \overline{B(O,1)}$ であるから，k の台はコンパクトである．

$u(t) = e^{-1/t}\,(t>0),\, =0\,(t\leqq 0)$ とおくと u は無限回微分可能である．実際，$u(t)$ は点 $t=0$ で微分可能であって，$u'(0)=0$ である．2 階以上の微分についても同様である．$v(x) = 1-|x|^2 = 1-x_1^2-\cdots-x_d^2$ も無限回微分可能であるから，$k(x) = u(v(x))$ は無限回微分可能である．

いま定数 c を $c\int k(x)dm(x) = 1$ であるようにとり，$\varphi_t(x) = ct^{-d}k(t^{-1}x)$ とおけば，$\varphi_t(x)$ は $C_c^\infty(\boldsymbol{R}^d)$ に属する近似単位元である．$\varphi_t(x)$ を**軟化子**という． □

定理 6.14　$1\leqq p<\infty$ とする．$C_c^\infty(\boldsymbol{R}^d)$ は $L^p(\boldsymbol{R}^d)$ および $C_0(\boldsymbol{R}^d)$ に，それぞれ稠密に含まれる．

［証明］　$f \in L^p(\boldsymbol{R}^d)$ とする．$\varepsilon > 0$ を与える．$f_N(x) = f(x)\,(|x|\leqq N),\,=0\,(|x|>N)$ とおく．$\operatorname{supp} f \subset \{x\,;\,|x|\leqq N\}$ である．N を十分大にとれば，
$$\|f-f_N\|_p < \varepsilon/2$$
となる．N を固定して $t>0$ を小にとれば，定理 6.13(i) によって
$$\|f_N - f_N * \varphi_t\|_p < \varepsilon/2$$
となる．ゆえに
$$\|f - f_N * \varphi_t\|_p \leqq \|f - f_N\|_p + \|f_N - f_N * \varphi_t\|_p < \varepsilon.$$
$\operatorname{supp} f_N * \varphi_t \subset \{x\,;\,|x|\leqq N+t\}$，また $\varphi_t(x) \in C_c^\infty(\boldsymbol{R}^d)$ であるから，$f_N * \varphi_t \in C_c^\infty(\boldsymbol{R}^d)$ である（例 3.4 参照）．$f \in C_c^\infty(\boldsymbol{R}^d)$ の場合は $p=\infty$ とすればよい． ∎

Poisson 核と Gauss-Weierstrass 核については第 8 章の Fourier 解析の中で詳しく述べる．ここでは列挙するにとどめる．

例 6.4（一変数 Poisson[*4]核）　$P(x) = \dfrac{1}{\pi}\dfrac{1}{1+x^2}$, $x \in \boldsymbol{R}$, とおく．$P(x) \in L^1(\boldsymbol{R})$ である．$x = \tan\theta$ と変数変換すれば，

$$\int_{-\infty}^{\infty} P(x)dx = \int_{-\pi/2}^{\pi/2} \frac{1}{\pi} d\theta = 1$$

である．

$$P_t(x) = t^{-1}P(t^{-1}x) = \frac{1}{\pi}\frac{t}{x^2+t^2}, \quad t > 0$$

を **Poisson 核**という． □

例 6.5（多変数 Poisson 核）　$P(x) = c_d \dfrac{1}{(1+|x|^2)^{(d+1)/2}}$ とおく，ここで $c_d = \Gamma((d+1)/2)/\pi^{(d+1)/2}$ である．多変数 Poisson 核を

$$P_t(x) = t^{-d}P(t^{-1}x) = c_d \frac{t}{(|x|^2+t^2)^{(d+1)/2}}$$

と定義する．

(6.17) $$\int_{\boldsymbol{R}^d} P(x)dm = 1$$

であることを示そう．$x \in \boldsymbol{R}^d$ を極座標 $x = r\omega$, $\omega \in \boldsymbol{S}^{d-1}$, に変換すると，

$$\int_{\boldsymbol{R}^d} P(x)dx = \int_0^\infty \int_{\boldsymbol{S}^{d-1}} c_d r^{d-1}(1+r^2)^{-(d+1)/2} dr d\sigma(\omega),$$

ここで $\boldsymbol{S}^{d-1} = \{x \in \boldsymbol{R}^d\,;\,|x|=1\}$ は単位球面，$d\sigma(\omega)$ はその面積要素を表わす．$\boldsymbol{S}^{d-1}$ の面積を $\omega_{d-1} = 2\pi^{d/2}/\Gamma(d/2)$ とおけば，変数変換によって

$$\int_{\boldsymbol{R}^d} P(x)dx = \frac{c_d \omega_{d-1}}{2} \int_0^1 t^{-1/2}(1-t)^{(d-2)/2} dt$$

$$= \frac{c_d \omega_{d-1}}{2} \frac{\Gamma\left(\dfrac{1}{2}\right)\Gamma\left(\dfrac{d}{2}\right)}{\Gamma\left(\dfrac{d+1}{2}\right)} = \frac{\Gamma\left(\dfrac{1}{2}\right)}{\sqrt{\pi}}.$$

[*4] S. D. Poisson（ポアソン），1781–1840．

ところで,
$$\Gamma\Big(\frac{1}{2}\Big)^2 = B\Big(\frac{1}{2},\frac{1}{2}\Big) = \int_0^1 t^{-1/2}(1-t)^{-1/2}dt$$
であるから, $t=(\sin\theta)^2$ とおくと, 右辺は $2\int_0^{\pi/2} d\theta = \pi$ である. ゆえに,

(6.18) $$\Gamma\Big(\frac{1}{2}\Big) = \sqrt{\pi}.$$

ゆえに (6.17) が示された.

$P_t(x)$ は $(x,t)\in \boldsymbol{R}_+^{d+1} = \boldsymbol{R}^d \times (0,\infty)$ の調和関数である. 実際,
$$\Delta P_t(x) = \Big(\frac{\partial^2}{\partial x_1^2} + \cdots + \frac{\partial^2}{\partial x_d^2} + \frac{\partial^2}{\partial t^2}\Big) P_t(x) = 0 \quad ((x,t)\in \boldsymbol{R}_+^{d+1})$$
が直接計算によって導かれる. 例 6.4 と同様に $f\in L^p(\boldsymbol{R}^d)$, $1\leqq p < \infty$, に対し $P_t * f(x) = f(x,t)$ とおくと, $f(x,t)$ も $\boldsymbol{R}_+^{d+1}$ で調和であって $\|f(\cdot,t) - f(\cdot)\|_p \to 0$ $(t\to 0)$ である. □

例 6.6 (Gauss[*5]-Weierstrass 核) $w(x) = (2\sqrt{\pi})^{-d}\exp(-|x|^2/4)$, $x\in\boldsymbol{R}^d$, とおく.
$$W_t(x) = w_{\sqrt{t}}(x) = \frac{1}{(2\sqrt{\pi t})^d} e^{-|x|^2/4t}$$
を **Gauss-Weierstrass 核**という.

(6.18) によって

(6.19) $$\int_{-\infty}^\infty e^{-s^2/4}ds = 2\int_0^\infty s^{-1/2}e^{-s}ds = 2\Gamma\Big(\frac{1}{2}\Big) = 2\sqrt{\pi}$$

であるから,
$$\int_{\boldsymbol{R}^d} W_t(x)dm = \prod_{j=1}^d \frac{1}{2\sqrt{\pi}} \int_{-\infty}^\infty e^{-x_j^2/4t}dx_j = 1$$
である.

定理 6.13 によって $W_t(x)$ はまた $L^p(\boldsymbol{R}^d)$, $1\leqq p < \infty$, の近似単位元である.

[*5] C. F. Gauss(ガウス),1777–1855. ドイツの数学者.

$$\left(\frac{\partial}{\partial t} - \frac{\partial^2}{\partial x_1^2} - \cdots - \frac{\partial^2}{\partial x_d^2}\right)W_t(x) = 0 \quad (t > 0, x \in \mathbf{R}^d)$$

であることに注目しよう. □

補題 6.7 K はコンパクト集合, O は K を含む開集合とする. そのとき, $u \in C_c^\infty(\mathbf{R}^d)$ が存在して,

$$0 \leqq u \leqq 1, \ \operatorname{supp} u \subset O, \ u(x) = 1 \quad (x \in K).$$

[証明] $K_\delta = \{x\,;\,\operatorname{dist}(K, x) \leqq \delta\}$ とおく. K_δ はコンパクト, そして $\delta > 0$ が十分小ならば $K_{2\delta} \subset O$ である. $u(x) = \int \chi_{K_\delta}(y)\varphi_\delta(x-y)dy$ とおく. $x \notin K_{2\delta}$ なら, $u(x) = 0$. そして $x \in K$ なら $u(x) = \int \chi_{K_\delta}(x-y)\varphi_\delta(y)dy = 1$ である. ∎

§6.6　連続関数の空間と Borel 測度

$L^p(X)$ 上の線形汎関数は $1 \leqq p < \infty$ のとき, F. Riesz の定理によって, $L^{p'}(X), 1/p + 1/p' = 1$ の関数として表現される. $p = \infty$ のときは必ずしもこのような表現はできない. しかし, L^∞ は連続関数の空間で置き換えることによって, 線形汎関数を Borel 測度として表現することができる. それを Euclid 空間の場合を含む局所コンパクト Hausdorff 空間 X の上で述べよう.

(a)　局所コンパクト Hausdorff 空間

X を Hausdorff 位相空間とする. 任意の点 x が閉包 $\overline{V}$ がコンパクトであるような近傍 V を少なくとも一つもつとき, X は**局所コンパクト**であるという.

コンパクト空間は, V として全空間をとることができるから, 局所コンパクトである. Euclid 空間は局所コンパクトである.

定理 6.15 K は局所コンパクト Hausdorff 空間 X のコンパクト部分集合とする. $x \notin K$ ならば, x の近傍 V と開集合 O が存在して,

$$O \cap V = \emptyset, \quad K \subset O, \quad \overline{O} \text{ はコンパクト}.$$

[証明] X は Hausdorff 空間であるから，任意の $p \in K$ に対して x の近傍 $V_x(p)$ と p の近傍 U_p が存在して $V_x(p) \cap U_p = \emptyset$．$\overline{U}_p$ はコンパクトであるようにとることができる．実際 p は閉包がコンパクトであるような近傍をもつから，必要があれば，U_p はその共通部分としておけばよい．K はコンパクト集合であるから，有限個の $p_1, \cdots, p_N$ を選んで $K \subset U_{p_1} \cup \cdots \cup U_{p_N}$ とできる．

$$V = V_x(p_1) \cap \cdots \cap V_x(p_N), \quad O = U_{p_1} \cup \cdots \cup U_{p_N}$$

が求める条件を満たす． ∎

この定理は，Hausdorff 空間においてはコンパクト集合は閉集合であることを示している．

以下，X は局所コンパクト Hausdorff 空間であるとする．

定理 6.16 X は局所コンパクト Hausdorff 空間，G はコンパクト集合 K を含む開集合とする．そのとき開集合 O が存在して

$$K \subset O \subset \overline{O} \subset G, \quad \overline{O} \text{ はコンパクト}.$$

[証明] $G \neq X$ としてよい．定理 6.15 によって，任意の $x \notin G$ に対して x の近傍 V_x と開集合 O_x が存在して

$$\overline{O}_x \cap V_x = \emptyset, \quad K \subset O_x, \quad \overline{O}_x \text{ はコンパクト}.$$

$\{\overline{O}_x \cap G^c ; x \in G^c\}$ はコンパクト集合の族でそのすべての共通部分は空集合である．ゆえに有限交叉性によって，有限個の $x_1, \cdots, x_N$ が存在して $\overline{O}_{x_1} \cap \cdots \cap \overline{O}_{x_N} \cap G^c = \emptyset$．ゆえに $O = O_{x_1} \cap \cdots \cap O_{x_N}$ とおけば，$\overline{O} \cap G^c = \emptyset$ である．O が定理の他の条件を満たすことは明らかである． ∎

系 6.1 局所コンパクト Hausdorff 空間においては，任意の点はその閉包がコンパクト集合であるような近傍基底をもつ．

[証明] 定理 6.16 において K として 1 点からなる集合とすればよい． ∎

(b) 局所コンパクト空間上の連続関数

Euclid 空間の場合と同様

$$C(X) = \{u ; u \text{ は } X \text{ 上連続}\}$$

と書く．X が非コンパクトであるとき，u が無限遠点で 0 に収束するとは，

任意の $\varepsilon>0$ に対しコンパクト集合 K が存在して $|u(x)|<\varepsilon,\ x\notin K$ となることをいう．このとき，Euclid 空間の場合と同様に $u(x)\to 0\,(x\to\infty)$ などと書く．
$$C_0(X)=\{u;\ u\in C(X),\ u(x)\to 0\,(x\to\infty)\},$$
$$C_c(X)=\{u;\ u\in C(X),\ \mathrm{supp}\,u\text{ はコンパクト}\}$$
とおく．

開集合 O に対し関数 $u\in C_c(X)$ が $0\leqq u\leqq 1$, $\mathrm{supp}\,u\subset O$ を満たすことを
$$u\prec O$$
と表わすことにする．コンパクト集合 K に対し $u\in C_c$ が $0\leqq u\leqq 1$, $u(x)=1\,(x\in K)$ を満たすことを
$$K\prec u$$
と書く．$K\subset O$ のとき，$K\prec u\prec O$ はこれらが同時に成り立つことである．

定理 6.17（1 の分解）　$O_1,O_2,\cdots,O_n$ を，局所コンパクト Hausdorff 空間 X の開集合，K をコンパクト集合とする．$K\subset O_1\cup\cdots\cup O_n$ ならば，u_j が存在して
$$u_j\prec O_j\quad (j=1,2,\cdots,n),$$
(6.20)　　　$u_1(x)+u_2(x)+\cdots+u_n(x)=1,\quad x\in K.$

［証明］　コンパクト集合 K_j を $K_j\subset O_j$, $K\subset\bigcup_{j=1}^{n}K_j$ であるように選ぶことができる．それを示そう．任意の $x\in K$ に対し x の近傍 V_x と j を $V_x\subset\overline{V}_x\subset O_j$, $\overline{V}_j$ はコンパクト，ととる．$\{V_x;\ x\in K\}$ は K の開被覆であるから，有限個の部分被覆 $K\subset V_{x_1}\cup V_{x_2}\cup\cdots\cup V_{x_N}$ が存在する．そのとき $K_j=\bigcup_i\{\overline{V}_{x_i};\ \overline{V}_{x_i}\subset O_j\}$ とおけば K_j が求めるものである．

コンパクト集合 K_j と開集合 O_j に対して，$v_j\in C_c(X)$ を Urysohn の補題（付録を参照）によって $K_j\prec v_j\prec O_j$ であるように選ぶ．
$$u_1=v_1,\ u_2=(1-v_1)v_2,\ \cdots,\ u_n=(1-v_1)(1-v_2)\cdots(1-v_{n-1})u_n$$
が求める関数の性質を満たす．実際，$\mathrm{supp}\,u_j\subset O_j$ であって
$$u_1+u_2+\cdots+u_n=1-(1-v_1)(1-v_2)\cdots(1-v_n)$$
である．$x\in K$ ならば，少なくとも一つの j に対し $v_j(x)=1$ である．ゆえに

上式の右辺は 1 に等しい． ∎

(c) Borel 測度

すべてのコンパクト集合を含む最小の σ 体を **Borel 集合体**といい，$\mathcal{B}(X)$ と書く．

例 6.7 $u \in C_c(X)$ を実数値関数とすると，任意の a に対し $\{x; u(x) > a\}$ は Borel 集合である．

実際，$a \geqq 0$ のとき，$\{x; u(x) > a\} = \bigcup_{n=1}^{\infty} \{x; u(x) \geqq a + 1/n\}$．右辺の各項はコンパクト集合の閉部分集合であるから，コンパクトである．ゆえに Borel 集合である．$a < 0$ のときは，$\{x; u(x) > a\}^c = \{x; u(x) \leqq a\}$ はコンパクトであることに注意すればよい． □

すべての開集合を含む最小の σ 体を $\mathcal{B}_0(X)$ と書く．コンパクト集合の補集合は開であるから，$\mathcal{B}_0(X)$ はすべてのコンパクト集合を含む．ゆえに $\mathcal{B}(X) \subset \mathcal{B}_0(X)$ である．

可算個のコンパクト集合 K_n が存在して $X = \bigcup_{n=1}^{\infty} K_n$ であるとき，X は σ コンパクトであるという．X が σ コンパクトならば，O を開集合とするとき，$O^c = \bigcup_{n=1}^{\infty} O^c \cap K_n$．右辺の各項はコンパクトであるから，$O^c \in \mathcal{B}(X)$．ゆえに $\mathcal{B}(X)$ はすべての開集合を含む．ゆえに $\mathcal{B}(X) = \mathcal{B}_0(X)$ である．

定義 6.6 μ は Borel 集合体 $\mathcal{B}(X)$ 上で定義された正測度であるとする．

(i) 任意のコンパクト集合 K に対し $\mu(K) < \infty$ であるとき **Borel 測度**であるという．

　　さらに

(ii) Borel 集合 E は，$\mu(E) = \inf\{\mu(O); E \subset O, O \text{は開集合}\}$ を満たすとき，μ は**外正則**，$\mu(E) = \sup\{\mu(K); K \subset E, K \text{はコンパクト集合}\}$ を満たすとき，**内正則**であるという．

　　任意の Borel 集合が外（内）正則であるとき，測度 μ は**外(内)正則**であるといい，外かつ内正則であるとき，単に**正則測度**であるという．

(iii) 正則な Borel 測度を **Radon 測度**という．

複素数値測度は実部および虚部の全変分がこれら3つの条件を満たすとき Radon 測度という. □

Lebesgue 測度は Radon 測度である.

(d) 表現定理

X を局所コンパクト Hausdorff 空間, T を $C_c(X)$ 上の線形汎関数とする. $u \geqq 0$ ならば $Tu \geqq 0$ であるとき, T は正であるという.

定理 6.18(F. Riesz の表現定理) T を $C_c(X)$ 上の正線形汎関数とするとき, 次のような局所的に正則な Borel 測度 μ が一意に存在する.

$$(6.21) \qquad Tu = \int_X u d\mu, \quad u \in C_c(X).$$

X が σ コンパクトなら μ は Radon 測度である. □

任意の空でない開集合 O に対し
$$\mu(O) = \sup\{Tu; u \prec O\}$$
とおく. 次に任意の部分集合 A に対し
$$\mu^*(A) = \inf\{\mu(O); A \subset O, O \text{ は開集合}\}$$
とおく. 空集合に対しては $\mu^*(\emptyset)=0$ とする.

T は正であるから, $O_1 \subset O_2$ なら $\mu(O_1) \leqq \mu(O_2)$ である. したがって, $A \subset B$ なら $\mu^*(A) \leqq \mu^*(B)$ である.

補題 6.8 μ^* は $\mathcal{P}(X)$ 上の外測度である.

[証明] 任意の集合列 $\{A_j\}$ に対し

$$(6.22) \qquad \mu^*\left(\bigcup_{j=1}^\infty A_j\right) \leqq \sum_{j=1}^\infty \mu^*(A_j)$$

であることを示せばよい.

第1段. まず開集合 O_1, O_2 に対して

$$(6.23) \qquad \mu(O_1 \cup O_2) \leqq \mu(O_1) + \mu(O_2)$$

であることを示す. $u \prec O_1 \cup O_2$ とおくと, 定理 6.17 によって
$$u = u_1 + u_2, \quad u_j \prec O_j \ (j=1,2)$$
と書くことができる. ゆえに μ の定義によって

$$Tu = Tu_1 + Tu_2 \leq \mu(O_1) + \mu(O_2)$$

である．u について sup をとれば (6.23) が得られる．

第 2 段．(6.22) の証明．$\mu^*(A_j) < \infty, j = 1, 2, \cdots$, としてよい．$\varepsilon > 0$ を与えるとき

$$\mu(O_j) < \mu^*(A_j) + \varepsilon 2^{-j}, \quad A_j \subset O_j$$

であるような開集合 O_j を選ぶことができる．$u \prec \bigcup_{j=1}^{\infty} O_j$ を満たす関数 u をとる．supp u はコンパクトであるから，n を十分大にとれば，supp $u \subset \bigcup_{j=1}^{n} O_j$ となる．ゆえに第 1 段によって

$$0 \leq Tu \leq \mu(\bigcup_{j=1}^{n} O_j) \leq \sum_{j=1}^{n} \mu(O_j) < \sum_{j=1}^{\infty} \mu^*(A_j) + \varepsilon$$

である．u について sup をとれば，$\mu^*(\bigcup_{j=1}^{\infty} A_j) \leq \mu(\bigcup_{j=1}^{\infty} O_j) < \sum_{j=1}^{\infty} \mu^*(A_j) + \varepsilon$
が得られる．ゆえに証明された．∎

μ^*-可測集合，すなわち，外測度 μ^* に関して Carathéodory の条件を満たす集合を $\mathcal{M}$ とする．

補題 6.9 $\mathcal{B}_0(X) \subset \mathcal{M}$ である．したがって Borel 集合は μ^*-可測である．

[証明] 任意の開集合 G が Carathéodory の条件

$$(6.24) \qquad \mu^*(A) \geq \mu^*(A - G) + \mu^*(A \cap G) \quad (A \subset X)$$

を満たすことを示せばよい（§5.2 参照）．

$\mu^*(A) < \infty$ であるとしてよい．$\varepsilon > 0$ に対し開集合 O を
$$A \subset O, \ \mu(O) < \mu^*(A) + \varepsilon$$
であるように選ぶ．

$u \prec O \cap G$ とする．$K = \text{supp}\, u$ とおくと，$K \subset G$ であるから，定理 6.16 によって，開集合 G' が存在して
$$K \subset G' \subset \overline{G'} \subset G.$$
$O - G \subset O - \overline{G'}$ である．$v \prec O - \overline{G'}$ とすると，$u + v \prec O$ であるから，
$$Tu + Tv = T(u + v) \leq \mu(O) < \mu^*(A) + \varepsilon$$
u, v について sup をとると，
$$\mu^*(A \cap G) + \mu^*(A - G) \leq \mu(O \cap G) + \mu(O - \overline{G'}) \leq \mu^*(A) + \varepsilon.$$

ゆえに (6.24) は証明された．

以後，あらためて
$$\mu = \mu^* |_{\mathcal{B}(X)}$$
と書くことにする．

補題 6.10 μ は正則 Borel 測度である．

［証明］$\mathcal{M}_0$ は内正則の条件を満たす測度有限な Borel 集合 E からなる集合とする．$\mathcal{M}_0$ がコンパクト集合を含む σ 体であることを示せば証明は終わる．そのときは $\mathcal{B}(X)$ の最小性から $\mathcal{M}_0 = \mathcal{B}(X)$ となるからである．

$\mathcal{M}_0$ がすべてのコンパクト集合を含むことは定義から明らかであるから，$\mathcal{M}_0$ は σ 体であることを示せばよい．$E, F \in \mathcal{M}_0$, $\mu(E), \mu(F) < \infty$ とする．そのときは $E - F \in \mathcal{M}_0$ である．実際，$\varepsilon > 0$ に対してコンパクト集合 $K \subset E$ と開集合 $O \supset F$ を $\mu(K) + \varepsilon/2 > \mu(E)$, $\varepsilon/2 + \mu(F) > \mu(O)$ であるようにとる．$E - F \subset (K - O) \cup (E - K) \cup (O - F)$ であるから，

(6.25) $\quad \mu(E-F) \leqq \mu(K-O) + \mu(E-K) + \mu(O-F) < \mu(K-O) + \varepsilon$

である．$K - O$ は $E - F$ に含まれるコンパクト集合であるから，$E - F$ は内正則の条件を満たす．Borel 集合 E は測度有限な $\mathcal{M}_0$ の高々可算個の集合 E_j の和 $\bigcup_{j=1}^{\infty} E_j$ として表されるならば，E_j は互いに交わらないとしてよい．$\varepsilon > 0$ に対してコンパクト集合 $K_j \subset E_j$ を $\mu(E_j) < \mu(K_j) + \varepsilon/2^j$ ととれば，$\mu(\bigcup_{j=1}^{n} E_j) < \mu(\bigcup_{j=1}^{n} K_j) + \varepsilon$. ゆえに有限和について $E \in \mathcal{M}_0$ であることがわかった．可算無限和の場合にも同様である．

$E, F \in \mathcal{M}_0$ の測度が有限とは限らないとき $E - F \in \mathcal{M}_0$ であることも同様な論法を用いて示される．

(6.25) において $\mu(E) < \infty$, $\mu(F) = \infty$ のときは F を互いに交わらない測度有限な可算個の集合 F_j の和に分解し，開集合 $O_j \supset F_j$ を $\mu(O_j - F_j) < \varepsilon/2^j$ ととり $O = \bigcup O_j$ とおけばよい．$\mu(E) = \infty$ のときは分解式 $E - F = \bigcup_j E_j - F$ を考えればよい．∎

［定理 6.18 の証明］ (6.21) を示そう．$u \in C_c$ は実数値としてよい．$K = \operatorname{supp} u$ とおく．$\varepsilon > 0$ を与えて

$$E_j = \{x \in K\,;\, \varepsilon j < u(x) \leqq \varepsilon(j+1)\}$$

とおく.E_j は Borel 集合であって,k を十分大にとれば $|j|>k$ のとき $E_j = \emptyset$ である.開集合 O_j を

$$E_j \subset O_j, \quad \mu(O_j - E_j) < \varepsilon 2^{-|j|}, \quad u(x) < \varepsilon(j+1) + \varepsilon$$

を満たすように選ぶ.$K \subset \bigcup O_j$ であるから,$u_j \in C_c,\ j=0,\pm 1,\cdots,\pm k$,が存在して

$$u_j \prec O_j, \quad \sum_{|j|\leqq k} u_j(x) = 1 \ (x \in K).$$

したがって $u = \sum\limits_{|j|\leqq k} uu_j$ である.$uu_j \leqq \varepsilon(j+2)u_j$ であるから,

$$\begin{aligned}Tu &= \sum_{|j|\leqq k} T(uu_j) \leqq \sum_{|j|\leqq k} \varepsilon(j+2)T(u_j) \\ &\leqq \sum_{|j|\leqq k} \varepsilon(j+2)\mu(O_j) \leqq \sum_{|j|\leqq k} \varepsilon(j+2)[\mu(E_j)+\varepsilon 2^{-|j|}] \\ &= \sum_{|j|\leqq k} \varepsilon j\mu(E_j) + 2\varepsilon \sum_{|j|\leqq k}\mu(E_j) + \sum_{|j|\leqq k} 2\varepsilon^2 2^{-|j|} \\ &\leqq \int u\,d\mu + 2\varepsilon\mu(K) + 8\varepsilon^2\end{aligned}$$

である.$\varepsilon > 0$ は任意あったから,

$$Tu \leqq \int u\,d\mu.$$

u の代わりに $-u$ とおいて,上の式にあてはめると $T(-u) \leqq \int (-u)d\mu$ である.ゆえに求める式 $Tu = \int u\,d\mu$ が得られた.

測度の一意性を示すために,ν も定理の条件を満たすとする.

O を開集合とする.$u \prec O$ ならば,

$$\int u\,d\mu = \int u\,d\nu \leqq \nu(O).$$

u について sup をとれば,$\mu(O) \leqq \nu(O)$ を得る.μ と ν の立場を交換すれば逆向きの不等号が得られる.ゆえに,開集合 O に対して $\mu(O) = \nu(O)$ である.したがって外正則性から,$\mu = \nu$ が成り立つ. ∎

§6.7 C_0 空間上の有界線形汎関数

μ は局所コンパクト Hausdorff 空間 X 上の複素数値 Borel 測度とする.
$$\|\mu\| = \inf\{\sum_{j=1}^{k} |\mu(E_j)|\,;\,\{E_j\} \text{ は互いに素な Borel 集合}\}$$
を μ のノルムという.

実数値測度に対しては,ノルムは全変分 $|\mu|(X)$ と一致する (§5.6 を参照).
ノルム有限な複素数値正則 Borel 測度全体を $M(X)$ と書く.
$\mu \in M(X)$ に対し
$$T_\mu u = \int u\,d\mu, \quad u \in C_c(X),$$
によって線形写像 T_μ を定義する.そのとき

補題 6.11
$$\|T_\mu\| = \|\mu\|. \qquad \square$$

$C_c(X)$ は ∞-ノルムをもつ空間 $C_0(X)$ で稠密であるから,T_μ はノルムを保ったまま $C_0(X)$ 上の線形汎関数に拡張される.

［証明］ 第 1 段.$u \in C_c$ とする.$\varepsilon > 0$ を与えるとき,積分の定義から,単関数 $s = \sum a_j \chi_{E_j}$ を
$$|s(x) - u(x)| < \varepsilon, \quad \left|\int (s-u)d\mu\right| < \varepsilon$$
であるように選ぶことができる.
$$\left|\int u\,d\mu\right| \leqq \left|\int s\,d\mu\right| + \left|\int (u-s)d\mu\right| < \sum |a_j \mu(E_j)| + \varepsilon$$
$$\leqq \sum \|u\|_\infty |\mu(E_j)| + \sum \varepsilon |\mu(E_j)| + \varepsilon$$
$$\leqq \|\mu\|\|u\|_\infty + \varepsilon\|\mu\| + \varepsilon.$$

ゆえに $|T_\mu u| \leqq \|\mu\|\|u\|_\infty$.したがって $\|T_\mu\| \leqq \|\mu\|$ である.

第 2 段.μ は実数値測度と仮定する.$\varepsilon > 0$, E は任意の Borel 集合とする.そのとき内正則性からコンパクト集合 $K \subset E$ が存在して,$|\mu(E)| < \mu(K) +$

ε を満たす.

実際, $E = P \cup N$ を正集合 P と負集合 N による分解とする. $\mu(P) \geqq -\mu(N)$ と仮定してよい. 正則性によってコンパクト集合 $K \subset P$ が存在して, $\mu(P) < \mu(K) + \varepsilon$. ゆえに $|\mu(E)| \leqq \mu(P) < \mu(K) + \varepsilon$.

さらに, 任意の開集合 $K \subset O$ に対し $K \prec u \prec O$ であるような $u \in C_c$ が存在して, $\mu(K) < \int u d\mu + \varepsilon$ となる. ゆえに

$$|\mu(E)| < \int u d\mu + 2\varepsilon.$$

第3段. μ が複素数値のときは, $\varepsilon > 0$ に対し互いに素な Borel 集合 E_j, $j = 1, 2, \cdots, k$, が存在して

$$\|\mu\| < \sum_{j=1}^{k} |\mu(E_j)| + \varepsilon/2$$

である.

$$|\mu(E_j)| = \cos \tau_j \Re \mu(E_j) + \sin \tau_j \Im \mu(E_j)$$

であるように τ_j を選ぶ. 集合 E_j と測度 $\Re \mu$ に対し第2段を適用すると, 開集合 O_j と $u_j \prec O_j$ が存在して

$$|\Re \mu(E_j)| < \int u_j d\Re\mu + \varepsilon/4k$$

である. ここで O_j は互いに素であるように選ぶことができることに注意しよう. したがって $\text{supp}\, u_j$ は互いに素である.

$\Im \mu$ に対しても $v_j \in C_c$ を $\text{supp}\, v_j$ が互いに素, $0 \leqq v_j \leqq 1$, かつ $|\Im \mu(E_j)| < \int v_j d\Im\mu + \varepsilon/4k$ を満たすように選んでおく. $\cos \theta_j = |\cos \tau_j|$, $\sin \theta_j = |\sin \tau_j|$ を満たす θ_j を適当に選べば

$$|\mu(E_j)| < \cos \theta_j \int u_j d\Re\mu + \sin \theta_j \int v_j d\Im\mu + \varepsilon/2k$$
$$= \Re \int (\cos \theta_j u_j - i \sin \theta_j v_j) d\mu + \varepsilon/2k$$

である. ゆえに

$$\|\mu\| < \Re \left\{ \int \sum_{j=1}^{k} (\cos \theta_j u_j - i \sin \theta_j v_j) d\mu \right\} + \varepsilon$$

$$= \Re T(\sum_{j=1}^{k}(\cos\theta_j u_j - i\sin\theta_j v_j)) + \varepsilon.$$

supp $(\cos\theta_j u_j - i\sin\theta_j v_j)$ は互いに交わらない，そして絶対値は 1 を越えないから，最後の式は $\|T_\mu\| + \varepsilon$ でおさえられる．ゆえに $\|\mu\| \leq \|T_\mu\|$ である． ∎

定理 6.19 (F. Riesz の表現定理) T を $C_0(X)$ 上の有界線形汎関数とすると，$\mu \in M(X)$ が存在して

(6.26) $\qquad T\mu = \int u\, d\mu, \quad u \in C_0(X),$

と表わすことができる．このような測度 μ は一意に決まり $\|T\| = \|\mu\|$ である． □

補題 6.12 T を $C_0(X)$ 上の有界線形汎関数とする．u が実数値ならば Tu は実数であるとすると，正汎関数 T_+ と T_- が存在して
$$T = T_+ - T_-,$$
と書くことができる．

[証明] $u \in C_0,\, u \geq 0$, に対し
$$T_+ u = \sup\{Tv;\, v \in C_0, 0 \leq v \leq u\}$$
とおく．まず，T_+ は線形汎関数に拡張できることを示そう．$a > 0$ ならば，$T_+(au) = aT_+ u$ であることは明らかである．$0 \leq v_j \leq u_j\,(j=1,2)$ ならば，$0 \leq v_1 + v_2 \leq u_1 + u_2$ であるから，$Tv_1 + Tv_2 \leq T_+(u_1 + u_2)$．ゆえに $T_+ u_1 + T_+ u_2 \leq T_+(u_1 + u_2)$．$0 \leq v \leq u_1 + u_2$ とすると，$v_1 = \min(u_1, v),\, v_2 = v - v_1$ とおけば，$0 \leq v_j \leq u_j\,(j=1,2),\, v = v_1 + v_2$ である．ゆえに $Tv = Tv_1 + Tv_2 \leq T_+ u_1 + T_+ u_2$．ゆえに $T_+(u_1+u_2) \leq T_+ u_1 + T_+ u_2$ である．ゆえに $T_+(u_1+u_2) = T_+ u_1 + T_+ u_2$．

一般の実数値関数 u に対しては $T_+ u = T_+(u_+) - T_+(u_-)$ とおけば，任意の実数 a に対し $T_+(au) = aT_+ u$ が成り立つ．

$(u+v)_+ + u_- + v_- = (u+v)_- + u_+ + v_+$ であるから，$T_+(u+v)_+ + T_+ u_- + T_+ v_- = T_+(u+v)_- + T_+ u_+ + T_+ v_+$．ゆえに $T_+(u+v) = T_+ u + T_+ v$ である．ゆえに T_+ は実数値関数上で線形である．複素数値関数に対しては，$T_+ u = T_+(\Re u)_+ - T_+(\Re u)_- + i[T_+(\Im u)_+ - T_+(\Im u)_-]$ とおけばよい．

$u \geqq 0$ ならば，$|T_+u| \leqq \|T\|\|u\|_\infty$ であるから，$\|T_+\| \leqq \|T\|$ である．

$T_- = T_+ - T$ とおくと，T_- も C_0 上の正線形汎関数であることが容易にわかる． ∎

[定理 6.19 の証明] T は正線形汎関数の一次結合で表わされる．実際，実数値関数 u, v に対し $T_R(u+iv) = \Re Tu + i\Re Tv$, $T_I(u+iv) = \Im Tu + i\Im Tv$ とおくと，T_R, T_I は実数値関数に対して実数値をとる汎関数であって，$T = T_R + iT_I$ である．

補題 6.12 と定理 6.18 によって Radon 測度 μ が存在して，$Tu = \int u d\mu$, $u \in C_c$, と書くことができる．

このような測度は唯一つであることは $\|T\| = \|\mu\|$ であることから明らかである． ∎

■ 演習問題 ■

6.1 $(X, \mathcal{M}, \mu)$ を測度空間とする．$\mu(X) < \infty$, $0 < p < q \leqq \infty$ ならば，$L^q(X) \subset L^p(X)$ であることを示せ．

一般には $L^q(X) \neq L^p(X)$ である．$X = \boldsymbol{R}$, μ が Lebesgue 測度のとき，それを示せ．

6.2 $p \neq 2$ のとき，$L^p(\boldsymbol{R})$ では平行四辺形法則は成り立たない，したがって Hilbert 空間ではないことを示せ．

6.3 $1 < p < \infty$, $f, f_n \in L^p(X)$ とする．$\|f - f_n\|_p \to 0$ ならば，任意の $g \in L^{p'}(X)$, $1/p + 1/p' = 1$, に対し
$$\int_X f_n g d\mu \to \int_X f g d\mu$$
であることを示せ．

6.4 $1 \leqq p < \infty$, $f, f_n \in L^p(X)$ とする．$\|f - f_n\|_p \to 0$ ならば，$\|f_n\|_p \to \|f\|_p$ であることを示せ．

逆に，$\|f_n\|_p \to \|f\|_p$ かつ $f_n \to f$ a.e. ならば，$\|f - f_n\|_p \to 0$ であることを示せ．

6.5 ある $q > 0$ に対して $\|f\|_q < \infty$ ならば，

$$\lim_{p\to\infty}\|f\|_p = \|f\|_\infty$$

であることを示せ．

6.6 $1 \leqq p < \infty$ とする．

$$\left(\int\left|\int f(x,y)d\mu(x)\right|^p d\nu(y)\right)^{1/p} \leqq \int\left(\int |f(x,y)|^p d\nu(y)\right)^{1/p} d\mu(x)$$

を示せ(積分型の Minkowski の不等式)．

6.7 $1 \leqq p_1, p_2, \cdots, p_n \leqq \infty$, $1/p_1 + 1/p_2 + \cdots + 1/p_n = 1$ とする．そのとき

$$\int |f_1 f_2 \cdots f_n| d\mu \leqq \|f_1\|_{p_1} \|f_2\|_{p_2} \cdots \|f_n\|_{p_n}$$

であることを示せ(Hölder の不等式)．

6.8 $1 \leqq p, q \leqq \infty$, $1/p + 1/q \geqq 1$ とする．r を $1/r = 1/p + 1/q - 1$ で定義するとき

$$\|f * g\|_r \leqq \|f\|_p \|g\|_q$$

であることを示せ (Young の不等式)．

6.9 距離空間は，可算稠密部分集合をもつとき可分距離空間であるという．

（i） $1 \leqq p < \infty$ とする．$L^p(0,1)$ は可分であることを示せ．

（ii） $L^\infty(0,1)$ は可分でないことを示せ．

7

Schwartz 空間と超関数

これまでは，関数はある領域上で複素数値を持つ写像としてとらえてきた．第 6 章で示したように，F. Riesz の定理によって，$L^p(\boldsymbol{R}^d)$, $1<p\leqq\infty$, の関数は空間 $L^{p'}(\boldsymbol{R}^d)$, $1/p+1/p'=1$, の上の線形汎関数として表現できる．さらに，可積分関数より広いクラスである Borel 測度は空間 $C_0(\boldsymbol{R}^d)$ 上の連続線形汎関数としてとらえることができる．

このような考えに基づいて，L. Schwartz[*1]は測度を含むより広いクラスである超関数を，無限回可微分関数上の連続線形汎関数として定義した．

無限回可微分関数からなる空間には数々の利点がある．たとえば，u, v をコンパクトな台をもつ滑らかな実軸上の関数とすると部分積分によって

$$\int_{-\infty}^{\infty}\frac{du}{dx}vdx = -\int_{-\infty}^{\infty}u\frac{dv}{dx}dx$$

である．この式は u の導関数を線形汎関数として定義するとき，それは v の微分に転嫁して定義できることを示している．このようにして線形汎関数にも微分を定義することができるのである．

超関数の理論は，偏微分方程式の理論，そのほか解析のさまざまな議論に有効であり解析学の基本的な概念の一つになっている．

本文中，証明なしで定理を述べているところがある．それは超関数の構造

[*1] L. Schwartz(シュワルツ), 1915-．

をより理解しやすいようにとの配慮であって，そのことが以下の議論にはさしつかえることはない．

§7.1 微分可能な関数と超関数

まず記号を二，三導入することから始めよう．成分がすべて整数であるような $\boldsymbol{R}^d$ の点 $\alpha = (\alpha_1, \cdots, \alpha_d)$ 全体を $\boldsymbol{Z}^d$, すべての成分 α_j が非負整数であるような α の全体を $\boldsymbol{Z}^d_+$ で表わす．$x \in \boldsymbol{R}^d, \alpha \in \boldsymbol{Z}^d_+$, に対し
$$x^\alpha = x_1^{\alpha_1} \cdots x_d^{\alpha_d},$$
$$D^\alpha = \left(\frac{\partial}{\partial x_1}\right)^{\alpha_1} \cdots \left(\frac{\partial}{\partial x_d}\right)^{\alpha_d}$$
と書く．$\|\alpha\| = |\alpha_1| + \cdots |\alpha_d|$ を α の長さという．

K を $\boldsymbol{R}^d$ のコンパクト集合とするとき，
$$C^\infty(K) = \{u \in C^\infty(\boldsymbol{R}^d); \operatorname{supp} u \subset K\}$$
と書く．したがって
$$C^\infty_c(\boldsymbol{R}^d) = \bigcup \{C^\infty(K); K はコンパクト\}$$
である．

定義 7.1 $C^\infty_c(\boldsymbol{R}^d)$ の列 $\{u_j\}$ が u_0 に $C^\infty_c(\boldsymbol{R}^d)$ で収束するとは，

（ⅰ） あるコンパクト集合 K が存在して，$\operatorname{supp} u_j \subset K$ $(j=1,2,\cdots)$,

（ⅱ） 任意の $\alpha \in \boldsymbol{Z}^d_+$ に対し $D^\alpha u_j \to D^\alpha u_0$（一様収束）

であることをいう．このとき，$u_j \to u_0 \operatorname{in} C^\infty_c(\boldsymbol{R}^d)$ と書く． □

定義 7.2 T は次の条件を満たすとき $\mathcal{D}'(\boldsymbol{R}^d)$ の**超関数**であるという．

（ⅰ） T は $C^\infty_c(\boldsymbol{R}^d)$ 上の線形汎関数である，

（ⅱ） $u_j \to 0 \operatorname{in} C^\infty_c(\boldsymbol{R}^d)$ ならば，$Tu_j \to 0$. □

$T \in \mathcal{D}'(\boldsymbol{R}^d)$ に対し．Tu を
$$T(u), \quad \langle T, u \rangle$$
などとも書く．

K を $\boldsymbol{R}^d$ のコンパクト部分集合，$m \geqq 0$ とするとき

$$p_{m,K}(u) = \sup_{\|\alpha\| \le m} \sup_{x \in K} |D^\alpha u(x)|, \quad u \in C^\infty(\boldsymbol{R}^d),$$

とおく．$p_{m,K}$ は $C_c^\infty(\boldsymbol{R}^d)$ 上のセミノルムである．

定理 7.1 $C_c^\infty(\boldsymbol{R}^d)$ 上の線形汎関数 T が $\mathcal{D}'(\boldsymbol{R}^d)$ に属するための必要十分条件は，任意のコンパクト集合 K に対し，K に関係して決まる定数 C と $m \geqq 0$ が存在して

(7.1) $\qquad |\langle T,u \rangle| \leqq C p_{m,K}(u), \quad u \in C^\infty(K),$

を満たすことである．

［証明］ (7.1)が成り立てば，$T \in \mathcal{D}'(\boldsymbol{R}^d)$ であることは明らかである．逆に $T \in \mathcal{D}'(\boldsymbol{R}^d)$ であるとする．もし(7.1)が成り立たなければ，コンパクト集合 K が存在して，任意の m に対し $u_m \in C^\infty(K)$ が存在して

$$|\langle T, u_m \rangle| > m p_{m,K}(u_m) = c_m.$$

いま $v_m = c_m^{-1} u_m$ とおけば，supp $v_m \subset K$ そして

$$p_{m,K}(v_m) = c_m^{-1} p_{m,K}(u_m) = \frac{1}{m} \to 0, \quad m \to \infty.$$

ゆえに $v_m \to 0$ in $C_c^\infty(\boldsymbol{R}^d)$．一方 $|\langle T, v_n \rangle| > 1$ である．これは不合理． ∎

空間 $C_c^\infty(\boldsymbol{R}^d)$ における収束の意味について考えてみよう．証明なしに述べられているが，理論的背景として認めていただければよいと思う．

K を $\boldsymbol{R}^d$ のコンパクト集合とする．ベクトル空間 $C^\infty(K)$ の部分集合 O は，任意の $u \in O$ に対して m と $\varepsilon > 0$ が存在して $\{v \in C^\infty(K); p_{m,K}(u-v) < \varepsilon\} \subset O$ であるとき，開であるということにする．このような集合は，容易にわかるように開集合の条件を満たすから，これによって空間 $C^\infty(K)$ に位相を導入することができる．

いま，
$$V(0; m, \varepsilon, K) = \{u \in C^\infty(K); p_{m,K}(u) < \varepsilon\},$$
$$V(v; m, \varepsilon, K) = v + V(0; m, \varepsilon, K)$$

と書く．そのとき $\{V(0; m, \varepsilon, K); \varepsilon > 0, m = 0, 1, \cdots\}$ は $C^\infty(K)$ の 0 の基本近傍系をなす．

実際，(i) $0 \in V(0; m, \varepsilon, K)$．(ii) m, m' および $\varepsilon, \varepsilon' > 0$ に対し $m'' = \max$

$\{m, m'\}$, $\varepsilon'' = \min\{\varepsilon, \varepsilon'\}$ ととれば，
$$V(0; m'', \varepsilon'', K) \subset V(0; m, \varepsilon, K) \cap V(0; m', \varepsilon', K).$$
(iii) 0 の近傍 $V(0; m, \varepsilon, K)$ に対し，$u_0 \in V(0; m, \varepsilon, K)$ とする．$0 < \eta < \varepsilon - p_{m,K}(u_0)$ ならば，$V(u; m, \eta, K) = u_0 + V(0; m, \eta, K) \subset V(0; m, \varepsilon, K)$ である．

したがって，近傍系 $\{V(0; m, \varepsilon, K); m, \varepsilon > 0\}$ の定義する位相によって $C^\infty(K)$ は Hausdorff 位相ベクトル空間となるといえる．

さて，ベクトル空間 $C_c^\infty(\boldsymbol{R}^d)$ の近傍系を空間 $C^\infty(K)$ の近傍系から次のようにして定義する．

$K_n = \{x \in \boldsymbol{R}^d; |x| \leqq n\}$ とおくとき，二つの条件

（ⅰ） $aV \subset V$ $(|a| \leqq 1)$,

（ⅱ） $V \cap C^\infty(K_n)$ が任意の n に対して $C^\infty(K_n)$ の 0 の近傍である，

を満たす V 全体は $C_c^\infty(\boldsymbol{R}^d)$ の 0 の基本近傍系をつくる．この位相によって $C_c^\infty(\boldsymbol{R}^d) = \bigcup_{n=1}^\infty C^\infty(K_n)$ はまた Hausdorff 位相ベクトル空間となる．その証明は必ずしも自明ではないがここでは述べない．

このような位相をもった空間 $C_c^\infty(\boldsymbol{R}^d)$ を $\mathcal{D}(\boldsymbol{R}^d)$ と書くことにする．

$\mathcal{D}(\boldsymbol{R}^d)$ の関数列 u_j がこの位相で u_0 に収束することは，定義 7.1 で定義した $C_c^\infty(\boldsymbol{R}^d)$ における収束と同値であることが証明されているのである．このことを認めるならば，$\mathcal{D}'(\boldsymbol{R}^d)$ の超関数は，$\mathcal{D}(\boldsymbol{R}^d)$ 上の連続線形汎関数であるということができる．

例 7.1 (Dirac の超関数)　　線形汎関数 $T: C_c^\infty(\boldsymbol{R}^d) \mapsto \boldsymbol{C}$ を
$$\langle T, u \rangle = u(0), \quad u \in \mathcal{D}(\boldsymbol{R}^d),$$
で定義する．$|\langle T, u \rangle| \leqq p_{0,K}(u)$, $u \in C^\infty(K)$, であるから，$T \in \mathcal{D}'(\boldsymbol{R}^d)$ である．このような T を 0 に台をもつ **Dirac の超関数**といい δ で表わす．すなわち，$\langle \delta, u \rangle = u(0)$ である．

$\langle T, u \rangle = (-1)^{\|\alpha\|} D^\alpha u(0)$ で定義される T もまた超関数である． □

例 7.2 (Heaviside の超関数)　　局所可積分関数，すなわち，任意のコンパクト集合上で可積分であるような関数の集合を $L^1_{loc}(\boldsymbol{R}^d)$ と書く．$f \in L^1_{loc}(\boldsymbol{R}^d)$

に対して

(7.2) $$\langle T_f, u \rangle = \int f u \, dx$$

とおくと，$|\langle T_f, u \rangle| \leqq \int_K |f| dx \cdot p_{0,K}(u), u \in C^\infty(K)$，である．ゆえに，$T_f \in \mathcal{D}'(\boldsymbol{R}^d)$ である．

特に，$d=1$ のとき，$Y(t)=1\ (t \geqq 0), =0\ (t<0)$ とすれば，

$$\langle Y, u \rangle = \int_0^\infty u(t) dt$$

は超関数を定義する．この超関数を **Heaviside の超関数**という． □

例 7.3（特異積分） $d=1$ とする．

$$\left\langle \mathrm{P.V.} \frac{1}{t}, u \right\rangle = \lim_{\varepsilon \to 0} \int_{|t|>\varepsilon} \frac{u(t)}{t} dt$$

は超関数を定義する．実際，$\operatorname{supp} u \subset K = [-k, k]$ とするとき，右辺は

$$\lim_{\varepsilon \to 0} \int_{|t|>\varepsilon} \frac{u(t)}{t} dt = u(0) \lim_{\varepsilon \to 0} \int_{\varepsilon<|t|<k} \frac{dt}{t} + \lim_{\varepsilon \to 0} \int_{\varepsilon<|t|<k} \frac{u(t)-u(0)}{t} dt.$$

$|[u(t)-u(0)]/t| \leqq \sup |u'(t)|$ であるから，

$$\left| \left\langle \mathrm{P.V.} \frac{1}{t}, u \right\rangle \right| \leqq 2k p_{1,K}(u), \quad u \in C_c^\infty(K).$$

□

§7.2 超関数の基本的な演算

(I) **超関数の一次結合．** $S, T \in \mathcal{D}'(\boldsymbol{R}^d), a, b \in \boldsymbol{C}$，に対し $aS+bT$ を
$$\langle aS+bT, u \rangle = a \langle S, u \rangle + b \langle T, u \rangle, \quad u \in \mathcal{D}(\boldsymbol{R}^d),$$
によって定義する．$aS+bT$ はまた $\mathcal{D}(\boldsymbol{R}^d)$ 上の連続線形汎関数であるから，$aS+bT \in \mathcal{D}'(\boldsymbol{R}^d)$ である．したがって $\mathcal{D}'(\boldsymbol{R}^d)$ も $\boldsymbol{C}$ 上のベクトル空間である．

(II) **超関数と関数の積．** $\varphi \in \mathcal{D}(\boldsymbol{R}^d)$ とする．写像
$$\mathcal{D}(\boldsymbol{R}^d) \ni u \mapsto \varphi u \in \mathcal{D}(\boldsymbol{R}^d)$$
は連続である．実際，一変数関数に対する Leibniz の公式を繰り返し用いることによって

$$D^\alpha(\varphi u) = \sum_{\beta \leq \alpha} \binom{\alpha}{\beta}(D^\beta \varphi)(D^{\alpha-\beta}u),$$

ここで $\sum$ は，各成分ごとに $0 \leq \beta_j \leq \alpha_j$ について和をとることを意味し，

$$\binom{\alpha}{\beta} = \frac{\alpha_1! \cdots \alpha_d!}{\beta_1! \cdots \beta_d!(\alpha_1-\beta_1)! \cdots (\alpha_d-\beta_d)!}$$

である．

ゆえに，$T \in \mathcal{D}'(\boldsymbol{R}^d)$ とするとき，写像 $\mathcal{D}(\boldsymbol{R}^d) \ni u \mapsto \langle T, \varphi u \rangle \in \boldsymbol{C}$ は連続である．この写像が定義する超関数を φT と定義する．したがって

$$\langle T, \varphi u \rangle = \langle \varphi T, u \rangle$$

である．

(III) $T \in \mathcal{D}'(\boldsymbol{R}^d)$ の平行移動 $\tau_a T$, $a \in \boldsymbol{R}^d$, を

$$\langle \tau_a T, u \rangle = \langle T, \tau_{-a} u \rangle, \quad u \in \mathcal{D}(\boldsymbol{R}^d),$$

によって定義する．

たとえば，$\langle \tau_a \delta, u \rangle = \langle \delta, u(\cdot + a) \rangle = u(a)$ である．$\tau_a \delta = \delta_a$ は点 a に台をもつ Dirac の超関数である．

(IV) $\check{u}(x) = u(-x)$ とおく．$\check{T}$ を $\langle \check{T}, u \rangle = \langle T, \check{u} \rangle$ によって定義する．

(V) $t > 0$ に対し $\sigma_t u(x) = u(tx)$ とおく．

$$\langle \sigma_t T, u \rangle = t^{-d}\langle T, \sigma_{1/t} u \rangle$$

と定義する．この式は T が (7.2) によって可積分関数 f で定義される超関数の場合は変数変換 $f(tx)$ に他ならない．

(VI) 超関数の微分．$T \in \mathcal{D}'(\boldsymbol{R}^d)$ に対し $D^\alpha T$ を

$$\langle D^\alpha T, u \rangle = (-1)^{\|\alpha\|}\langle T, D^\alpha u \rangle, \quad u \in \mathcal{D}(\boldsymbol{R}^d),$$

によって定義する．$\mathcal{D}(\boldsymbol{R}^d) \ni u \mapsto D^\alpha u \in \mathcal{D}(\boldsymbol{R}^d)$ は連続であるから，$\mathcal{D}(\boldsymbol{R}^d) \ni u \mapsto (-1)^{\|\alpha\|}\langle T, D^\alpha u \rangle$ は連続，したがってこの写像は超関数を定義する．

たとえば，$f \in C^{(1)}(\boldsymbol{R})$ とする．(7.2) によって f が定義する超関数を T_f と書く．$\langle T_f, u \rangle = \int_{-\infty}^{\infty} f u \, dx$ $(u \in \mathcal{D}(\boldsymbol{R}))$ であるから，部分積分によって

$$\left\langle \frac{dT_f}{dx}, u \right\rangle = -\int_{-\infty}^{\infty} f \frac{du}{dx} dx = \int_{-\infty}^{\infty} \frac{df}{dx} u \, dx$$

である．ゆえに超関数の意味の微分 DT_f と通常の意味の微分 df/dx は一致

する．超関数の意味の微分と通常の意味の微分を区別し，前者を df/dx, 後者を $\{df/dx\}$ と書くことにすれば，$C^{(1)}(\boldsymbol{R})$ の関数に対しては

$$DT_f = T_{\left\{\frac{df}{dx}\right\}}$$

である．

例 7.4
$$\langle D^\alpha \delta, u \rangle = (-1)^{\|\alpha\|} \langle \delta, D^\alpha u \rangle = (-1)^{\|\alpha\|} D^\alpha u(0).$$

一変数の場合，Heaviside の関数を超関数の意味で微分すると

$$\langle Y', u \rangle = (-1)\langle Y, u' \rangle = -\int_0^\infty u'(x) dx = u(0) = \langle \delta, u \rangle$$

であるから，

$$Y' = \delta$$

が得られる． □

一方，通常の微分は $\{Y'\} = 0$ a.e. である．ゆえに $T_{\{Y'\}} = 0 \neq DT_Y$．したがって，一般には超関数の意味の微分と通常の意味の微分は一致するとは限らない．

例 7.5 $\log|t|$ は局所可積分であるから，超関数を定義する．

$$\langle (\log|t|)', u \rangle = -\langle \log|t|, u' \rangle = -\int_{-\infty}^\infty \log|t| u'(t) dt, \quad u \in \mathcal{D}(\boldsymbol{R}),$$

である．右辺は

$$-\lim_{\varepsilon \to 0} \int_\varepsilon^\infty \log t [u'(t) + u'(-t)] dt$$
$$= -\lim_{\varepsilon \to 0} \left[\log t (u(t) - u(-t)) \right]_\varepsilon^\infty + \lim_{\varepsilon \to 0} \int_\varepsilon^\infty \frac{u(t) - u(-t)}{t} dt$$

となる．$|\log \varepsilon [u(\varepsilon) - u(-\varepsilon)]| \leqq 2\varepsilon \log \varepsilon \sup_{0 < \theta < 1} |u'(\theta \varepsilon)| \to 0 \ (\varepsilon \to 0)$ であるから，

$$\langle (\log|t|)', u \rangle = \lim_{\varepsilon \to 0} \int_{\varepsilon < |t|} \frac{u(t)}{t} dt,$$

すなわち

$$(\log|t|)' = \text{P.V.}\frac{1}{t}$$

である. □

例 7.6 f は一点 a を除いて $\boldsymbol{R}$ 上連続, 右側連続, $d = f(a+0) - f(a-0)$ とする. さらに $\{f'\} \in L^1_{loc}(\boldsymbol{R})$ とする. そのとき $g(x) = f(x) - dY(x-a)$ は連続であって, 点 a を除いたところで $\{g'\} = \{f'\}$ である. ゆえに, 部分積分によって

$$\langle Dg, u\rangle = -\Big\langle g, \frac{du}{dx}\Big\rangle = \langle\{g'\}, u\rangle = \langle\{f'\}, u\rangle$$

である. 一方

$$-\Big\langle g, \frac{du}{dx}\Big\rangle = -\Big\langle f, \frac{du}{dx}\Big\rangle + d\Big\langle Y(\cdot - a), \frac{du}{dx}\Big\rangle = \langle f', u\rangle - d\langle \delta_a, u\rangle.$$

したがって公式

(7.3) $$f' = \{f'\} + d\delta_a$$

が得られる. □

例 7.7

(7.4) $$\Big(\frac{d^2}{dx^2} + \omega^2\Big) Y(x)\frac{\sin\omega x}{\omega} = \delta.$$

公式 (7.3) を 2 回用いると

$$\frac{d}{dx}\Big(Y(x)\frac{\sin\omega x}{\omega}\Big) = Y(x)\cos\omega x,$$

$$\frac{d^2}{dx^2}\Big(Y(x)\frac{\sin\omega x}{\omega}\Big) = -\omega Y(x)\sin\omega x + \delta.$$

これから (7.4) は従う. □

一般に, L を定数係数の微分作用素とするとき, 超関数の意味で $Lf = \delta$ であるような $f \in \mathcal{D}'$ を**基本解**という.

公式 (7.3) の応用例として Green の公式を証明しよう.

D を $\boldsymbol{R}^d$ の滑らかな境界をもつ領域とする. f は $C^{(2)}(D)$ の関数で f は $\overline{D}$ の外では 0 とする. さらに 2 階までの導関数は境界 ∂D で境界値をもつ

ものとする．$x \in D$ が ∂D を横切る際に生ずる $f(x)$ の飛びを g とする．(7.3) によって

$$\left\langle \frac{\partial f}{\partial x_1}, u \right\rangle = \int_{\boldsymbol{R}^{d-1}} \left\langle \frac{\partial}{\partial x_1} f(\,\cdot\,, x_2, \cdots, x_d), u(\,\cdot\,, x_2, \cdots, x_d) \right\rangle dx_2 \cdots dx_d$$

$$= \int_{\boldsymbol{R}^{d-1}} \left(\int_{-\infty}^{\infty} \left\{ \frac{\partial f}{\partial x_1} \right\} u\, dx_1 + gu \right) dx_2 \cdots dx_d$$

$$= \int_{\boldsymbol{R}^d} \left\{ \frac{\partial f}{\partial x_1} \right\} u\, dx + \int_{\partial D} gu\, dx_2 \cdots dx_d.$$

θ_1 を x_1-軸と ∂D の外向き法線ベクトル ν のなす角，$d\sigma$ は ∂D の面積要素とすると

(7.5) $$\left\langle \frac{\partial f}{\partial x_1}, u \right\rangle = \left\langle T_{\left\{\frac{\partial f}{\partial x_1}\right\}}, u \right\rangle + \int_{\partial D} gu \cos\theta_1 d\sigma$$

である（図 7.1）．

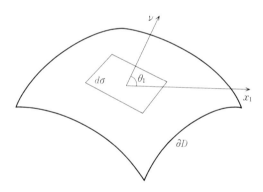

図 7.1 法線ベクトル ν と面積要素 $d\sigma$

写像 $v \mapsto \int_{\partial D} v\, d\upsilon$ は超関数を定義するから，それを $\delta_{\partial D}$ と書けば，(7.5) から

$$\frac{\partial f}{\partial x_j} = \left\{ \frac{\partial f}{\partial x_j} \right\} + (g \cos\theta_j) \delta_{\partial D} \quad (j = 1, \cdots, d)$$

である．もう一度微分を繰り返すと

$$\frac{\partial^2 f}{\partial x_j^2} = \left\{\frac{\partial^2 f}{\partial x_j^2}\right\} + \frac{\partial}{\partial x_j}[(g\cos\theta_j)\delta_{\partial D}] + (g_j\cos\theta_j)\delta_{\partial D},$$

ここで g_j は $\{\partial f/\partial x_j\}$ の ∂D における飛びである．
$\sum_{j=1}^{d} g_j \cos\theta_j$ は $\partial f/\partial \nu = \sum_{j=1}^{d} \cos\theta_j \partial f/\partial x_j$ の飛びであることに注目しよう．
定義によって

$$\left\langle \sum_{j=1}^{d} \frac{\partial}{\partial x_j}(g\cos\theta_j)\delta_{\partial D}, u \right\rangle = -\int_{\partial D}\sum_{j=1}^{d} g\cos\theta_j \frac{\partial}{\partial x_j} u d\sigma.$$

$\frac{\partial u}{\partial \nu} = \sum_{j=1}^{d} g\cos\theta_j \frac{\partial}{\partial x_j} u$ であるから，右辺は

$$-\int_{\partial D} g \frac{\partial u}{\partial \nu} d\sigma = -\left\langle g\delta_{\partial D}, \frac{du}{d\nu} \right\rangle = \left\langle \frac{\partial}{\partial \nu}(g\delta_{\partial D}), u \right\rangle$$

に等しい．これらをまとめると，

(7.6) $$\Delta f = \{\Delta f\} + \frac{\partial}{\partial \nu}(g\delta_{\partial D}) + \frac{\partial f}{\partial \nu}\delta_{\partial D}$$

が得られる．Δ はラプラシアンを表わす．

定理 7.2 (Green の定理)　$D \subset \mathbf{R}^d$ を滑らかな境界 ∂D をもつ領域，$d\sigma$ を ∂D の面積要素，ν を ∂D における外向き法線ベクトルとする．$f \in C^{(2)}(\mathbf{R}^d), u \in \mathcal{D}(\mathbf{R}^d)$ に対し

(7.7) $$\int_{\partial D}\left(f\frac{\partial u}{\partial \nu} - u\frac{\partial f}{\partial \nu}\right)d\sigma = -\int_{D}(f\Delta u - u\Delta f)dx.$$

［証明］　(7.6) によって

$$\langle \Delta f, u \rangle = \langle \{\Delta f\}, u \rangle + \left\langle \frac{\partial}{\partial \nu}(g\delta_{\partial D}), u \right\rangle + \left\langle \frac{\partial f}{\partial \nu}\delta_{\partial D}, u \right\rangle$$

である．$\langle \partial(g\delta_{\partial D})/\partial \nu, u \rangle = -\int_{\partial D} g\partial u/\partial \nu d\sigma$，$\partial D$ 上では $f = g$ であるから，右辺は

$$\int_{D}\Delta f u dx + \int_{\partial D}\frac{\partial f}{\partial \nu} u d\sigma - \int_{\partial D} f \frac{\partial u}{\partial \nu} d\sigma.$$

一方

$$\langle \Delta f, u \rangle = \langle f, \Delta u \rangle = \int_D f \Delta u \, dx$$

である．ゆえに (7.7) が得られた． ∎

例 7.8　2 次元のとき
$$\Delta \log |x| = -2\pi \delta.$$
$d > 2$ のとき
$$\Delta |x|^{-d+2} = -(d-2)\omega_{d-1}\delta. \qquad \Box$$

[証明]　$d > 2$ として証明する．$d = 2$ のときも同様にして示される．$|x|^{-d+2}$ は局所可積分，$x \neq 0$ で調和であることに注意しよう．$u \in \mathcal{D}(\boldsymbol{R}^d)$ とする．定義から

$$\langle \Delta |x|^{-d+2}, u \rangle = \langle |x|^{-d+2}, \Delta u \rangle = \int_{\boldsymbol{R}^d} \frac{1}{|x|^{d-2}} u(x) dx$$

$$= \lim_{\varepsilon \to 0} \int_{|x| > \varepsilon} \frac{u(x)}{|x|^{d-2}} dx.$$

$D_\varepsilon = \{x \,;\, |x| > \varepsilon\}$ と書く．$f_\varepsilon(x) = |x|^{-d+2} \ (x \in D_\varepsilon), \ = 0 \ (x \notin D_\varepsilon)$ とおくと，$\{\Delta f_\varepsilon\} = 0$ であるから，Green の定理によって

$$\int_{D_\varepsilon} \frac{1}{|x|^{d-2}} \Delta u \, dx = \int_{\partial D_\varepsilon} \frac{1}{\varepsilon^{d-2}} \frac{-\partial u}{\partial r} d\sigma(x) - \int_{\partial D_\varepsilon} \frac{-d+2}{\varepsilon^{d-1}} u \, d\sigma(x),$$

ここで $r = |x|$ である．右辺の第一項は次の式でおさえられる：

$$\sup \Big| \frac{\partial u}{\partial r} \Big| \int_{\partial D_\varepsilon} \frac{d\sigma(x)}{\varepsilon^{d-2}} = \sup \Big| \frac{\partial u}{\partial r} \Big| \omega_{d-1} \varepsilon \to 0 \quad (\varepsilon \to 0).$$

一方，$|u(x) - u(0)| \leqq \varepsilon \sum_{j=1}^{d} \sup |\partial u / \partial x_j|, \ |x| = \varepsilon$, であるから，

$$\int_{\partial D_\varepsilon} \frac{u(x)}{\varepsilon^{d-1}} u \, d\sigma(x) = \int_{\partial D_\varepsilon} \frac{u(x) - u(0)}{\varepsilon^{d-1}} d\sigma(x) + \omega_{d-1} \frac{u(0)}{\varepsilon^{d-1}} \varepsilon^{d-1} \to \omega_{d-1} u(0).$$

ゆえに

$$\langle \Delta |x|^{-d+2}, u \rangle = -(d-2)\omega_{d-1} u(0). \qquad \blacksquare$$

§7.3 超関数の局所性質とたたみ込み

$T \in \mathcal{D}'(\mathbf{R}^d)$ とする．(7.1) によって，任意のコンパクト集合 K に対し定数 C と $m \geq 0$ が存在して
$$|\langle T, u \rangle| \leq C p_{m,K}(u), \quad f \in C^\infty(K),$$
である．このことから $\mathcal{D}'(\mathbf{R}^d)$ の超関数はコンパクト集合上では可積分関数の導関数として表わされることを示そう．

定理 7.3 $T \in \mathcal{D}'(\mathbf{R}^d)$, K をコンパクト集合とするとき，$f \in L^2(K)$ と $\alpha \in \mathbf{Z}_+^d$ が存在して
$$\langle T, u \rangle = \int_K f D^\alpha u \, dx, \quad u \in C^\infty(K).$$
□

定理の f と α は，K に関係して決まることを注意しておく．

［証明］ K は原点を中心とする辺の長さ $2r > 1$ の正方形としてよい．m は (7.1) で与えられたものとする．
$$\left| \frac{\partial^{n-1} u(x)}{\partial x_1^{n-1}} \right| = \left| \int_{-r}^{x_1} \frac{\partial^n u}{\partial x_1^n} dx_1 \right| \leq 2r \sup_x \left| \frac{\partial^n u(x)}{\partial x_1^n} \right|.$$
である．このような議論をくり返すことによって，
$$\sup_x |D^\alpha u(x)| \leq (2r)^{\|\beta-\alpha\|} \sup_x |D^\beta u(x)| \quad (\beta \geq \alpha)$$
が得られる．また
$$|u(x)| = \left| \int_{-r}^{x_1} \cdots \int_{-r}^{x_d} \frac{\partial^d u}{\partial x_1 \cdots \partial x_d} dx_1 \cdots dx_d \right| \leq (2r)^{d/2} \left\| \frac{\partial^d u}{\partial x_1 \cdots \partial x_d} \right\|_{L^2(K)}$$
である．最後の不等式は Schwarz の不等式による．ゆえに $\beta = (m+1, \cdots, m+1)$ とおき，適当に定数 C' をとれば，
$$|\langle T, u \rangle| \leq C' \|D^\beta u\|_{L^2(K)}$$
である．

$V = \{D^\beta u ; u \in C^\infty(K)\}$ とおく．$C^\infty(K) \ni u \mapsto D^\beta u \in V$ は 1 対 1 であるから，逆写像を $D^{-\beta}$ で表わすとき

$$|\langle T, D^{-\beta}v\rangle| \leqq C'\|v\|_{L^2(K)}, \quad v \in V,$$

と書き直すことができる．$H = \overline{V}^{L^2}$ を $L^2(K)$ における閉包とする．H は Hilbert 空間であって，上の式は H の元 v に拡張される．したがって，Riesz の表現定理によって $f \in L^2(K)$ が存在して

$$\langle T, D^{-\beta}v\rangle = \int_K fv\,dx, \quad v \in V,$$

と書くことができる．ゆえに $u = D^{-\beta}v$ とおくと

$$\langle T, u\rangle = \int_{\mathbf{R}^d} f D^{\beta}u\,dx, \quad u \in C^{\infty}(K),$$

が得られる．

定理 7.3 は，$\mathcal{D}'(\mathbf{R}^d)$ の超関数は局所的には可積分関数の超関数の意味の有限階の導関数になっていることを示している．

$T \in \mathcal{D}'(\mathbf{R}^d)$ ならば，$u \in \mathcal{D}(\mathbf{R}^d)$ に対し $\langle T, \tau_{-x}u\rangle$ は x の C^{∞}-関数である．実際，コンパクト集合 K_0 を十分大きくとって $\operatorname{supp}\tau_{-x}u = \{y-x; y \in \operatorname{supp} u\} \subset K_0$ が x の近傍で成り立つようにとっておく．定理 7.3 によって $f \in L^2(K_0)$ と α が存在して

$$\langle T, \tau_{-x}u\rangle = \int f D^{\alpha}\tau_{-x}u\,dy = \int f(y) D^{\alpha}u(x+y)\,dy$$

と書くことができる．右辺は微分可能であるから，$\langle T, \tau_{-x}u\rangle$ は微分可能である．

コンパクト集合 K が存在して，

(7.8) $\quad u \in \mathcal{D}(\mathbf{R}^d), \operatorname{supp} u \subset K^c \quad \Rightarrow \quad \langle T, u\rangle = 0$

であるとき，$\operatorname{supp} T \subset K$ とかき，超関数 T の台はコンパクトであるという．

T の台がコンパクトであれば，$u \in \mathcal{D}(\mathbf{R}^d)$ のとき $\langle T, \tau_{-x}u\rangle \in \mathcal{D}(\mathbf{R}^d)$ である．

実際，T の台がコンパクトであれば，$\langle T, \tau_{-x}u\rangle$ の台もコンパクトである．それを示すために T は条件(7.8)を満たすとする．$-K + \operatorname{supp} u$ はコンパクトである，そして $x \notin -K + \operatorname{supp} u$ ならば，$\operatorname{supp}\tau_{-x}u \subset \operatorname{supp} u - x \subset K^c$．ゆえに

$$\mathrm{supp}\langle T, \tau_{(-\cdot)}u\rangle \subset -K + \mathrm{supp}\, u$$

であるから，$\langle T, \tau_{-x}u\rangle$ の台はコンパクトである．

次に，簡単のため 1 変数として考えるならば，任意の α に対し

$$\sup_y \left| \frac{D^\alpha u(y+x+h) - D^\alpha u(y+x)}{h} - D^{\alpha+1}u(y+x) \right| \to 0 \quad (h \to 0)$$

である．ゆえに，$\langle T, \tau_{-x}u\rangle$ は x について微分可能である．

$S \in \mathcal{D}'(\boldsymbol{R}^d)$ とコンパクトな台をもつ超関数 T のたたみ込み $S * T$ を

$$\langle S * T, v\rangle = \langle S, \langle T, \tau_{(-\cdot)}u\rangle\rangle, \quad u \in \mathcal{D}(\boldsymbol{R}^d),$$

によって定義する．

たたみ込みの応用として，基本解から微分方程式の解を求めることができる．例 7.7 についてそれを述べよう．

$Y(x)\dfrac{\sin \omega x}{\omega}$ が定義する超関数を S，$f \in C_c^{(2)}(\boldsymbol{R})$ が定義する超関数を T とすれば，

$$\langle (D^2+\omega^2)S*T, u\rangle = \langle S*T, (D^2+\omega^2)u\rangle = \langle S, \langle T, \tau_{(-\cdot)}(D^2+\omega^2)u\rangle\rangle.$$

ところで

$$\langle T, \tau_{(-\cdot)}(D^2+\omega^2)u\rangle = \int f(y)\left(\frac{d^2}{dy^2}+\omega^2\right)u(y+x)dy$$

$$= \left(\frac{d^2}{dx^2}+\omega^2\right)\int f(y)u(y+x)dy$$

であるから，$(D^2+\omega^2)S = \delta$ に注意すると，

$$\langle (D^2+\omega^2)S*T, u\rangle = \langle S, (D^2+\omega^2)\langle T, \tau_{(-\cdot)}u\rangle\rangle$$

$$= \langle (D^2+\omega^2)S, \langle T, \tau_{(-\cdot)}u\rangle\rangle = \langle T, u\rangle.$$

ゆえに

$$\left(\frac{d^2}{dx^2}+\omega^2\right)\int_0^\infty \frac{\sin \omega y}{\omega}f(x-y)dy = f(x).$$

ゆえに，方程式 $(D^2+\omega^2)g = f$ の解として

$$g(x) = \int_0^\infty \frac{\sin \omega y}{\omega}f(x-y)dy$$

が得られた．

最後に，ベクトル空間 $\mathcal{D}'(\boldsymbol{R}^d)$ の位相について，証明なしで定理を述べよう．

定理 7.4 $\{T_j\}$ を $\mathcal{D}'(\boldsymbol{R}^d)$ の列とする．もし $\langle T_j, u \rangle$ が任意の $u \in \mathcal{D}(\boldsymbol{R}^d)$ に対して収束すれば，$T \in \mathcal{D}'(\boldsymbol{R}^d)$ が存在して，

$$\lim_{j \to \infty} \langle T_j, u \rangle = \langle T, u \rangle, \quad u \in \mathcal{D}(\boldsymbol{R}^d).$$

□

§7.4 Schwartz 空間と緩増加超関数

$\mathcal{S}(\boldsymbol{R}^d) = \{u\,;\, u \in C^\infty(\boldsymbol{R}^d)$, そして

$$\text{任意の } \alpha, \beta \in \boldsymbol{Z}_+^d \text{ に対し } \sup_x |x^\alpha D^\beta u(x)| < \infty\}$$

とおく．$\mathcal{S}(\boldsymbol{R}^d)$ は Schwartz 空間とよばれる．$\mathcal{S}(\boldsymbol{R}^d)$ の関数は，勝手な多項式を乗じても有界であることから**急減少**であるなどという．

$u \in \mathcal{S}(\boldsymbol{R}^d)$ であれば，任意の α, β に対して $x^\alpha u(x), D^\beta u(x)$ はまた $\mathcal{S}(\boldsymbol{R}^d)$ に属する．

空間 $\mathcal{S}(\boldsymbol{R}^d)$ は複素数体上のベクトル空間である．容易にわかるように

$$C_c^\infty(\boldsymbol{R}^d) \subset \mathcal{S}(\boldsymbol{R}^d) \subset C_0(\boldsymbol{R}^d) \subset C(\boldsymbol{R}^d)$$

である．

$\alpha, \beta \in \boldsymbol{Z}_+^d$ に対し

$$p_{\alpha,\beta}(u) = \sup_x |x^\alpha D^\beta u(x)|$$

とおく．$u \in \mathcal{S}(\boldsymbol{R}^d)$ であれば，各 α, β に対して $p_{\alpha,\beta}(u) < \infty$ である．さらに $p_{\alpha,\beta}$ はセミノルムの条件を満たす．

例 7.9 関数 $u(x) = e^{-|x|^2}$ は $\mathcal{S}(\boldsymbol{R}^d)$ に属する．実際に適当に定数 $c_{\alpha,\gamma}$ をとるとき

$$D^\alpha u(x) = e^{-|x|^2} \sum_{\|\gamma\| \leq 2\|\alpha\|} c_{\alpha,\gamma} x^\gamma$$

と書くことができるから，任意の $\gamma \in \mathbb{Z}_+^d$ に対し $|x^\gamma| e^{-x^2} \leq C_\gamma$ $(x \in \mathbf{R}^d)$，C_γ は定数，である．ゆえに $p_{\alpha,\beta}(u) < \infty$ である． □

定理 7.5 $1 \leq p \leq \infty$ とすると，
$$\mathcal{S}(\mathbf{R}^d) \subset L^p(\mathbf{R}^d).$$

［証明］ $u \in \mathcal{S}(\mathbf{R}^d)$ とする．
$$|u(x)| \leq p_{0,0}(u),$$
$$|(x_1^2 + \cdots + x_d^2)^d u(x)| \leq \sum_{\|\alpha\| = d} p_{2\alpha, 0}(u).$$

ゆえに
$$|u(x)| \leq \min(1, |x|^{-2d}) \sum_{\|\alpha\| \leq 2d} p_{\alpha, 0}(u).$$

したがって，定理を証明するには $\min(1, |x|^{-2d}) \in L^p$ であることを示せばよい．$p = \infty$ のときは明らかである．$p < \infty$ のときは，
$$\int_{\mathbf{R}^d} \min(1, |x|^{-2d})^p dm \leq \int_{|x| \leq 1} 1 dm + \int_{|x| \geq 1} |x|^{-2dp} dm.$$

右辺の式の第1積分は単位球の体積 $\Omega_d = \pi^{d/2}/\Gamma\left(\dfrac{d}{2} + 1\right)$ である．第2項の積分は極座標を用いて表わすと $\displaystyle\int_1^\infty \int_{S^{d-1}} r^{-2dp} dr d\sigma(\omega) = \omega_{d-1}/(2dp - 1) < \infty$ である，ここで $\omega_{d-1} = 2\pi^{d/n}/\Gamma\left(\dfrac{d}{2}\right)$ は単位球の表面積である． ■

注意 7.1 定理7.5の証明では，実際に u に無関係な定数 $C > 0$ が存在して，
$$\|u\|_p \leq C \sum_{\|\alpha\| \leq 2d} p_{\alpha, 0}(u)$$

であることを示している．ゆえに埋め込み写像 $\mathcal{S}(\mathbf{R}^d) \hookrightarrow L^p(\mathbf{R}^d)$ は連続である．

$u, v \in \mathcal{S}(\mathbf{R}^d)$ に対し
$$\rho(u, v) = \sum_{\alpha, \beta \in \mathbf{Z}_+^d} \frac{1}{2^{\|\alpha + \beta\|}} \frac{p_{\alpha,\beta}(u - v)}{p_{\alpha,\beta}(u - v) + 1}$$

とおくと，$\rho(\cdot, \cdot)$ は $\mathcal{S}(\mathbf{R}^d)$ 上の距離である．実際，$a/(a+1) < 1$, $a \geq 0$, より

$$\sum_{\alpha,\beta\in\mathbf{Z}_+^d}\frac{1}{2^{\|\alpha+\beta\|}}\frac{p_{\alpha,\beta}(u-v)}{p_{\alpha,\beta}(u-v)+1}$$

$$\leqq \sum_{\alpha,\beta\in\mathbf{Z}_+^d}\frac{1}{2^{\|\alpha+\beta\|}}\leqq\sum_{\alpha,\beta\in\mathbf{Z}_+^d}\frac{1}{2^{\alpha_1+\cdots+\alpha_d+\beta_1+\cdots+\beta_d}}=2^{2d}<\infty.$$

そして

(7.9) $\quad\dfrac{|a-b|}{|a-b|+1}\leqq\dfrac{|a|+|b|}{|a|+|b|+1}\leqq\dfrac{|a|}{|a|+1}+\dfrac{|b|}{|b|+1}\quad(a,b\in\mathbf{R})$

であるから，$\rho(u,v)\leqq\rho(u,w)+\rho(w,v),\,u,v,w\in\mathcal{S}(\mathbf{R}^d)$，が成り立つ．最後に，$p_{0,0}(u)=0$ なら $u=0$ であるから，$\rho(\cdot,\cdot)$ は距離の条件を満たす．

空間 $\mathcal{S}(\mathbf{R}^d)$ にはこの距離による位相を導入する．

補題 7.1 $\rho(u_n,u)\to 0$ であることと，各 α,β に対し $p_{\alpha,\beta}(u_n-u)\to 0$ であることは同値である．

［証明］ $\rho(u_n,u)\to 0$ であれば，α,β を固定するとき，$p_{\alpha,\beta}(u_n-u)\to 0$ であることは明らかである．逆を示すためには，各 $\alpha,\beta\in\mathbf{Z}_+^d$ に対して $p_{\alpha,\beta}^j\to 0\,(j\to\infty)$ ならば，

(7.10) $$\sum_{\alpha,\beta\in\mathbf{Z}_+^d}\frac{1}{2^{\|\alpha+\beta\|}}\frac{p_{\alpha,\beta}^j}{p_{\alpha,\beta}^j+1}\to 0\quad(j\to\infty)$$

であることを示せばよい．μ を $\mathbf{Z}_+^d\times\mathbf{Z}_+^d$ の点 (α,β) で値 $1/2^{\|\alpha+\beta\|}$ をもつ測度とすれば，(7.10)の左辺は $\int p_{\alpha,\beta}^j/(p_{\alpha,\beta}^j+1)d\mu(\alpha,\beta)$ と表わされる．μ は有界測度であるから，Lebesgue の有界収束定理を用いれば，$j\to 0$ のとき積分は 0 に収束する． ■

定理 7.6 $\mathcal{S}(\mathbf{R}^d)$ は完備距離空間である．

［証明］ $\{u_j\}$ を $\mathcal{S}(\mathbf{R}^d)$ の Cauchy 列とする．$\rho(u_i,u_j)\to 0\,(i,j\to\infty)$ であるから，各 α,β に対し

(7.11) $\qquad\qquad p_{\alpha,\beta}(u_i-u_j)\to 0\quad(i,j\to\infty).$

ゆえに j に無関係な定数 $C_{\alpha,\beta}$ が存在して $p_{\alpha,\beta}(u_j)\leqq C_{\alpha,\beta}$ である．ゆえに

(7.12) $\qquad\qquad |x^\alpha D^\beta u_j(x)|\leqq C_{\alpha,\beta}.$

また (7.11) によって，

(7.13) $\quad |x^\alpha D^\beta(u_i(x)-u_j(x))| \to 0 \quad$ （一様収束）

である．

(7.13)から $\lim_{j\to\infty} D^\beta u_j(x) = v^\beta(x)$ は存在して，v^β は連続関数である．$u = v^0$ とおくとき，u は無限回可微分であって $D^\beta u = v^\beta$ であることを示せばよい．そうすれば，(7.12)から $u \in \mathcal{S}(\boldsymbol{R}^d)$．そして $p_{\alpha,\beta}(u_j - u) \to 0 \ (j\to\infty)$ であることがわかる．

$$u_j(x_1, x_2, \cdots, x_d) = \int_{-\infty}^{x_1} \frac{\partial}{\partial t} u_j(t, x_2, \cdots, x_d) dt$$

である．被積分関数は(7.12)によって，j に無関係な可積分関数 $C\min(1, |x|^{-2d})$ でおさえられる．ゆえに $j\to\infty$ とすると，Lebesgue の収束定理によって

$$u(x_1, x_2, \cdots, x_d) = \int_{-\infty}^{x_1} v^{(1,0,\cdots,0)}(t, x_2, \cdots, x_d) dt.$$

ゆえに u は x_1 に関して1階微分可能であって，$\partial u/\partial x_1 = v^{(1,0,\cdots,0)}$ であることがわかった．以下同様にして $D^\beta u = v^\beta$ が得られる． ∎

定義 7.3 $\mathcal{S}(\boldsymbol{R}^d)$ 上の連続線形汎関数を**緩増加超関数**といい，その全体を $\mathcal{S}'(\boldsymbol{R}^d)$ で表わす． □

定理 7.7 $T \in \mathcal{S}'(\boldsymbol{R}^d)$ であるための必要十分条件は，定数 $m > 0$ と $C > 0$ が存在して

(7.14) $\quad |\langle T, u \rangle| \leqq C \sum_{\|\alpha\|,\|\beta\| \leqq m} p_{\alpha,\beta}(u), \quad u \in \mathcal{S}(\boldsymbol{R}^d).$

［証明］ 十分性は明らかである．必要性を示す．$p_m(u) = \sum_{\|\alpha\|,\|\beta\| \leqq m} p_{\alpha,\beta}(u)$ とおく．もし(7.14)が成り立たなければ，任意の $m=1,2,\cdots$ に対し $|\langle T, u_m \rangle| > m p_m(u_m) > 0$ であるような $u_m \in \mathcal{S}(\boldsymbol{R}^d)$ が存在する．$v_m = [m p_m(u_m)]^{-1} u_m$ とおくと，$\|\alpha\|, \|\beta\| \leqq m$ のとき $p_{\alpha,\beta}(v_m) \leqq p_m(v_m) = 1/m$．ゆえに，各 α, β に対し $p_{\alpha,\beta}(v_m) \to 0$．一方，$|\langle T, v_m \rangle| > 1$ である．これは $T \in \mathcal{S}'(\boldsymbol{R}^d)$ であることに反する． ∎

たとえば，関数 $f(x) = e^{|x|^2}$ は局所可積分であるから，$\mathcal{D}'(\boldsymbol{R}^d)$ の超関数を

定義する．しかし，緩増加超関数は定義しない．したがって，局所可積分関数は必ずしも緩増加超関数を定義しない．

しかし $L^p(\boldsymbol{R}^d)$, $1 \leqq p \leqq \infty$, の関数は $\langle T_f, u \rangle = \int fu dx$ によって緩増加超関数を定義することができる．実際，定理 7.5 の証明と同様にして，$\int |fu|dx \leqq \int \min(1, |x|^{-2d})|f|dx \sum_{\|\alpha\| \leqq 2d} p_{\alpha,0}(u)$．右辺の積分値は Hölder の不等式によって (定数) $\times \left(\int |f|^p dx\right)^{1/p}$ でおさえられる．ゆえに定数 C を適当に選べば

$$|\langle f, u \rangle| \leqq C \|f\|_p \sum_{\|\alpha\| \leqq 2d} p_{\alpha,0}(u), \quad u \in \mathcal{S}(\boldsymbol{R}^d),$$

である．

§7.5 　緩増加超関数の演算

Schwartz 空間の関数および緩増加超関数の性質は Fourier 変換を考えると，より明瞭になる．それは第 8 章にゆずることにして，簡単な事実を述べよう．

(I) 写像 $\mathcal{S}(\boldsymbol{R}^d) \ni u \mapsto D^\alpha u \in \mathcal{S}(\boldsymbol{R}^d)$ は連続である．したがって $T \in \mathcal{S}'(\boldsymbol{R}^d)$ とするとき，写像 $\mathcal{S}(\boldsymbol{R}^d) \ni u \mapsto \langle T, D^\alpha u \rangle$ は連続である．ゆえに

$$\langle D^\alpha T, u \rangle = (-1)^{\|\alpha\|} \langle T, D^\alpha u \rangle$$

によって微分 $D^\alpha T$ を定義することができる．

(II) $v \in \mathcal{S}(\boldsymbol{R}^d)$ とする．写像 $\mathcal{S}(\boldsymbol{R}^d) \ni u \mapsto vu \in \mathcal{S}(\boldsymbol{R}^d)$ は連続であるから，$T \in \mathcal{S}'(\boldsymbol{R}^d)$ に対し，$\langle vT, u \rangle = \langle T, vu \rangle$ によって積 vT を定義する．

(III) $P(x)$ を多項式とする．写像 $\mathcal{S}(\boldsymbol{R}^d) \ni u \mapsto Pu \in \mathcal{S}(\boldsymbol{R}^d)$ は連続であるから，$T \in \mathcal{S}'(\boldsymbol{R}^d)$ に対し，$\langle PT, u \rangle = \langle T, Pu \rangle$ によって積 PT を定義する．

(IV) $u, v \in \mathcal{S}(\boldsymbol{R}^d)$ とする．

$$x^\alpha D^\beta u * v(x) = x^\alpha D^\beta \int u(x-y)v(y)dy = \int x^\alpha D^\beta u(x-y)v(y)dy.$$

ところで $x^\alpha = \sum_{\gamma \leqq \alpha} \binom{\alpha}{\gamma} (x-y)^\gamma y^{\alpha-\gamma}$ であるから，

$$|x^\alpha D^\beta u * v(x)| \leqq \int \sum_\gamma \binom{\alpha}{\gamma} p_{\gamma,\beta}(u) |y^{\alpha-\gamma} v(y)| dy$$

である．$y^{\alpha-\gamma}v(y)$ はまた $\mathcal{S}(\boldsymbol{R}^d)$ に属するから，
$$|x^\alpha D^\beta u * v(x)| \leqq C\left(\sum_\gamma \binom{\alpha}{\gamma} p_{\gamma,\beta}(u)\right) \sum_{\|\delta\| \leqq 2d+\|\alpha\|} p_{\delta,0}(v)$$

である．ゆえに $v \in \mathcal{S}(\boldsymbol{R}^d)$ を固定するとき，$\mathcal{S}(\boldsymbol{R}^d) \ni u \mapsto v*u \in \mathcal{S}(\boldsymbol{R}^d)$ は連続である．

したがって，$T \in \mathcal{S}'(\boldsymbol{R}^d), v \in \mathcal{S}(\boldsymbol{R}^d)$ とするとき，写像 $\mathcal{S}(\boldsymbol{R}^d) \ni u \mapsto \langle T, v*u \rangle \in \boldsymbol{C}$ は連続である．ゆえに
$$\langle T*v, u \rangle = \langle T, \check{v}*u \rangle$$
によってたたみ込み $T*v \in \mathcal{S}'(\boldsymbol{R}^d)$ を定義することができる．

最後に，空間 $\mathcal{S}'(\boldsymbol{R}^d)$ についても，空間 $\mathcal{D}'(\boldsymbol{R}^d)$ に対する定理 7.1 と同様な定理が成り立つことを証明なしで述べてこの章を終わる．

定理 7.8 $\{T_j\}$ を $\mathcal{S}'(\boldsymbol{R}^d)$ の列とする．もし $\langle T_j, u \rangle$ が任意の $u \in \mathcal{S}(\boldsymbol{R}^d)$ に対して収束すれば，$T \in \mathcal{S}'(\boldsymbol{R}^d)$ が存在して，
$$\lim_{j \to \infty} \langle T_j, u \rangle = \langle T, u \rangle, \quad u \in \mathcal{S}(\boldsymbol{R}^d).$$
□

■ 演習問題 ■

7.1 μ を $\boldsymbol{R}^d$ 上の Borel 測度とする．$\langle T_\mu, u \rangle = \int u d\mu$ とおくと，$T_\mu \in \mathcal{D}'(\boldsymbol{R}^d)$ であることを示せ．

7.2 P_t を Poisson 核とする．任意の $u \in \mathcal{D}(\boldsymbol{R}^d)$ に対し $\langle P_t, u \rangle \to \langle \delta, u \rangle (t \to 0)$ であることを示せ．

7.3 台がコンパクトである超関数 $T \in \mathcal{D}'(\boldsymbol{R}^3)$ に対し $U(x) = (-(4\pi)^{-1}|x|^{-1}) * T$ とおく．U は Newton ポテンシャルという．$\Delta U = T$ であることを示せ．

7.4 超関数の意味の導関数
$$\frac{\partial^2}{\partial s \partial t} Y(s) Y(t), \quad \frac{d^2 |\sin t|}{dt^2}$$
を求めよ．

7.5 $T \in \mathcal{D}'(\boldsymbol{R}^d), \varphi \in C^\infty(\boldsymbol{R}^d)$ とする．

$$D^\alpha(\varphi T) = \sum_{\beta \leq \alpha} \binom{\alpha}{\beta}(D^{\alpha-\beta}\varphi)(D^\beta T)$$

あることを示せ．

7.6 次の等式を示せ．
$$\left(\frac{d}{dx} - \lambda\right) Y(x) e^{\lambda x} = \delta, \quad \frac{d^n}{dx^n} \frac{Y(x) x^{n-1}}{(n-1)!} = \delta.$$

8

Fourier 解析

Fourier 級数[*1]，Fourier 変換は実解析，偏微分方程式論など数学のさまざまな分野や，電気，通信などの理論などと深くかかわっており，その中からFourier 変換の理論の重要な骨子が出来上った．

Fourier 級数の理論は，Fourier 変換の理論とお互いに共通した点が多く，実際に群の上の Fourier 解析という観点から，同じ視点で述べることができる．これらの理論がどのようにして実解析とかかわってきたか，二，三の話題について述べよう．

三角級数

$$\frac{a_o}{2}+\sum_{n=1}^{\infty}(a_n\cos 2\pi nx+b_n\sin 2\pi nx)$$

が収束する点の集合はどのような性質をもつか．また，集合 E の上で $f(x)$ に収束すれば，係数 $\{a_n, b_n\}$ は一意に決まるかという，いわゆる一意性の問題は，集合の性質の研究をうながした．Cantor の三分集合によって，この問題は否定的な解答が与えられたのである．Cantor の三分集合に代表されるさまざまな"奇妙な"集合は，Fourier 解析の発展の過程で現われたいろいろな現象を解明するのに大いに寄与することになった．また，三角級数をいかにして定義するかという問題は，Riemann が積分を明確に定義することによっ

[*1] J.B.J. Fourier (フーリエ), 1768–1830．

て解決された．Riemann 積分の誕生である．

これによって，関数 f の Fourier 係数

$$a_n = 2\int_0^1 f(x)\cos 2\pi nx dx,$$

$$b_n = 2\int_0^1 f(x)\sin 2\pi nx dx$$

を定義するとき，上で述べた三角級数が f をどのような意味で表わしているのか，級数は f に収束するのか，という問題が自然に生じる．

この問題は少なからず，Lebesgue 積分の導入を促し，Lebesgue 積分の理論の構築と相まって Fourier 解析の理論が出来上った．

Lebesgue 可積分関数のつくる空間を基礎として，Fourier 解析の理論を構成する過程で，1930 年代の N. Wiener[*2]の研究は，Fourier 解析に新しい光をあてるものであった．Wiener は Lebesgue 空間 $L^1(\boldsymbol{R})$ はたたみ込みを積として環をなすことに着目し，Fourier 解析の代数的な側面を引き出すことに成功したのである．

§8.1　Fourier 変換

(a)　一変数の Fourier 変換

$f\in L^1(\boldsymbol{R})$ に対し Fourier 変換を

$$\widehat{f}(\xi) = \int_{\boldsymbol{R}} f(x)e^{-2\pi i\xi x}dx \quad (\xi\in\boldsymbol{R})$$

で定義する．$\widehat{f}(\xi)$ は $\mathcal{F}f(\xi)$, $f^{\wedge}(\xi)$ とも書く．

定理 8.1 (Riemann-Lebesgue の定理)　$f\in L^1(\boldsymbol{R})$ ならば，$\widehat{f}(\xi)\to 0\,(\xi\to\infty)$.

［証明］　$\varepsilon>0$ に対し，単関数 $s(x)=\sum_{j=1}^k a_j\chi_{I_j}(x)$ を

[*2] N. Wiener (ウィーナー)，1894–1964．

$$\int |f-s|dx < \varepsilon$$

と選ぶ，ここで I_j は区間である．区間 $I=(a,b)$ に対しては

$$\widehat{\chi}_I(\xi) = \int_a^b e^{-2\pi i\xi x}dx = \frac{e^{-2\pi i\xi b}-e^{-2\pi i\xi a}}{-2\pi i\xi}$$

であるから，$\xi \to \infty$ のとき，$\widehat{\chi}_I(\xi) \to 0$ である．ゆえに，$\widehat{s}(\xi) \to 0\, (\xi \to \infty)$．

ところで，

$$|\widehat{f}(\xi) - \widehat{s}(\xi)| \leqq \int |f(x)-s(x)|dx < \varepsilon$$

であるから，

$$\limsup_{\xi \to \infty} |\widehat{f}(\xi)| \leqq \varepsilon.$$

ゆえに $\widehat{f}(\xi) \to 0\, (\xi \to \infty)$ である． ∎

定理 8.2 $f \in L^1(\boldsymbol{R})$ ならば，$\widehat{f} \in C_0(\boldsymbol{R})$ である．

［証明］定義から

(8.1)　　　$\displaystyle |\widehat{f}(\xi+\eta) - \widehat{f}(\xi)| = \left|\int_R (e^{-2\pi i\eta x}-1)f(x)e^{-2\pi i\xi x}dx\right|$

$$\leqq \int_R |e^{-2\pi i\eta x}-1||f(x)|dx$$

である．$|e^{-2\pi i\eta x}-1||f(x)| \leqq 2|f(x)| \in L^1(\boldsymbol{R})$．そして各 x に対し $e^{-2\pi i\eta x}-1 \to 0\, (\eta \to 0)$ であるから，Lebesgue の収束定理によって $\eta \to 0$ のとき，(8.1) の右辺は 0 に収束する．

Riemann-Lebesgue の定理と合わせると $\widehat{f} \in C_0(\boldsymbol{R})$ であることがわかる． ∎

例 8.1（Dirichlet 核）　区間 $[-N, N]$ の特性関数 $\chi_{[-N,N]}$ は偶関数であるから，

$$\widehat{\chi}_{[-N,N]}(\xi) = \int_{-N}^N e^{-2\pi i\xi x}dx = 2\int_0^N \cos 2\pi\xi x\, dx = \frac{\sin 2\pi N\xi}{\pi\xi}$$

である．

(8.2)　　　$\displaystyle D_N(x) = \frac{\sin 2\pi Nx}{\pi x}$

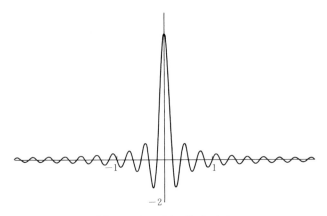

図 8.1　Dirichlet 核 $D_N(x)$

と書き，$D_N(x)$ を **Dirichlet**[*3]**核**という（図 8.1）．　□

例 8.2 (Fejér 核)　$\Delta_N(\xi) = (1 - |\xi|/N)_+$ とおく．$\Delta_N(\xi)$ の Fourier 変換を F_N と書き，これを **Fejér**[*4]**核**という（図 8.2）．

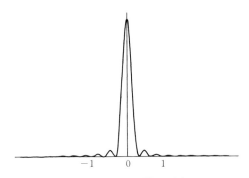

図 8.2　Fejér 核 $F_N(x)$

(8.3) $$F_N(x) = \frac{1}{N}\left(\frac{\sin \pi N x}{\pi x}\right)^2$$

である．実際，

[*3]　P. G. L. Dirichlet (ディリクレ), 1805–1859.

[*4]　L. Fejér (フェイェール), 1880–1959.

$$F_N(\xi) = \int_{-N}^{N}\left(1-\frac{|x|}{N}\right)e^{-2\pi i\xi x}dx = 2N\int_0^1(1-x)\cos 2\pi N\xi x\, dx$$

であるから，部分積分によって

$$F_N(\xi) = 2N\left[(1-x)\frac{\sin 2\pi N\xi x}{2\pi N\xi}\right]_0^1 + \frac{1}{\pi\xi}\int_0^1\sin 2\pi N\xi x\, dx$$

$$= \frac{2(1-\cos 2\pi N\xi)}{N(2\pi\xi)^2}$$

である．最後の式に $\cos 2\pi N\xi = 1 - 2\sin^2 \pi N\xi$ を代入すれば (8.3) が得られる． □

例 8.3 (Poisson 核)　$t > 0$ とする．x の関数

$$P_t(x) = \frac{1}{\pi}\frac{t}{x^2+t^2}$$

を **Poisson 核**という．

(8.4) $$P_t(x) = \int_{\mathbb{R}} e^{-2\pi|\xi|t}e^{2\pi ix\xi}d\xi$$

である．実際，右辺の積分値を $I(x)$ とすると

$$I(x) = 2\int_0^\infty e^{-2\pi t\xi}\cos 2\pi x\xi\, d\xi$$

である．部分積分を 2 回施すと

$$I(x) = \frac{1}{\pi x}\left[e^{-2\pi t\xi}\sin 2\pi x\xi\right]_0^\infty + \frac{2t}{x}\int_0^\infty e^{-2\pi t\xi}\sin 2\pi x\xi\, d\xi$$

$$= \frac{-t}{\pi x^2}\left[e^{-2\pi t\xi}\cos 2\pi x\xi\right]_0^\infty + \frac{-t^2}{x^2}I(x).$$

$[\cdots]_0^\infty = -1$ であることに注意してこれから $I(x)$ を求めると，$I(x) = t/\pi(x^2+t^2)$ である．これは Poisson 核 $P_t(x)$ に他ならない．

$$\frac{i}{\pi z} = \frac{1}{\pi}\frac{t}{x^2+t^2} + \frac{i}{\pi}\frac{x}{x^2+t^2} \quad (z = x+it)$$

であるから，$P_t(x)$ は $\mathcal{J}z > 0$ における正則関数の実部であることに注目しよう．これに対してその虚部

$$Q_t(x) = \frac{1}{\pi}\frac{x}{x^2+t^2}$$

を**共役 Poisson 核**という． □

例 8.4 (Gauss-Weierstrass 核)

$$W_t(x) = \frac{1}{\sqrt{4\pi t}}e^{-x^2/4t}, \quad t>0,$$

を **Gauss-Weierstrass 核**という．

(8.5) $$W_t(x) = \int_{\mathbf{R}} e^{-4\pi^2\xi^2 t}e^{2\pi i x\xi}d\xi$$

であることを示そう．$e^{2\pi i\xi x}$ をべき級数展開する．n が奇数なら積分値は 0 であることに注目すると，(8.5) の右辺は

$$\sum_{n=0}^{\infty}\frac{1}{n!}\int_{-\infty}^{\infty}(2\pi i x\xi)^n e^{-4\pi^2\xi^2 t}d\xi = \sum_{n=0}^{\infty}\frac{1}{(2n)!}\int_{-\infty}^{\infty}(-4\pi^2 x^2\xi^2)^n e^{-4\pi^2\xi^2 t}d\xi$$

である．公式 (6.18) から，

$$\int_{-\infty}^{\infty}e^{-4\pi^2\xi^2 t}d\xi = \frac{1}{\sqrt{4\pi t}}$$

である．この式の両辺を t について n 回微分することによって，

$$\int_{-\infty}^{\infty}(-4\pi^2\xi^2)^n e^{-4\pi^2\xi^2 t}d\xi = \frac{1}{\sqrt{4\pi t}}\frac{(2n)!}{2^{2n}n!}\left(\frac{-1}{t}\right)^n$$

である．ゆえに

$$W_t(x) = \frac{1}{\sqrt{4\pi t}}\sum_{n=0}^{\infty}\frac{x^{2n}}{2^{2n}n!}\left(\frac{-1}{t}\right)^n = \frac{1}{\sqrt{4\pi t}}e^{-x^2/4t}$$

である．ゆえに (8.5) が得られた． □

(b) 一変数 Fourier 変換の収束

$$f(x) = \int_{\mathbf{R}}\widehat{f}(\xi)e^{2\pi i x\xi}d\xi$$

を **Fourier 反転公式**という．積分は必ずしも収束しない．また，収束してもその値は $f(x)$ であるとは限らない．そのためこの公式のさまざまな意味付

け，積分の収束法が考えられている．一般に積分の収束性は次元によって状況が変わってくるので，まず，本項で一変数に限って述べることにしよう．

$$s_N(f)(x) = \int_{-N}^{N} \widehat{f}(\xi) e^{2\pi i x \xi} d\xi$$

を Fourier 変換の第 N 部分和という．

積分の順序を交換することによって

$$s_N(f)(x) = \int_{-N}^{N}\!\!\int_{\boldsymbol{R}} f(y) e^{-2\pi i \xi y} e^{2\pi i x \xi} d\xi dy$$
$$= \int_{\boldsymbol{R}} f(y) \frac{\sin 2\pi N(x-y)}{\pi(x-y)} dy = \int_{\boldsymbol{R}} f(y) D_N(x-y) dy$$

である，$D_N(x)$ は Dirichlet 核である．

定理 8.3（Riemann の局所性定理） $L^1(\boldsymbol{R})$ の関数の Fourier 変換の部分和の収束性は，その点の近傍の性質によってきまる． □

つまり点 x における収束性は，任意に $\delta > 0$ をとるとき近傍 $(x-\delta, x+\delta)$ における関数の性質だけに関係するのである．

［証明］ $f \in L^1(\boldsymbol{R})$ と $x \in \boldsymbol{R}$ を固定する．Dirichlet 核は偶関数であるから，

$$s_N(f)(x) = \int_0^{\infty} [f(x-y) + f(x+y)] \frac{\sin 2\pi N y}{\pi y} dy$$

と書くことができる．$\delta > 0$ を固定して，

(8.6) $\quad s_N(f)(x) = \left(\int_0^{\delta} + \int_{\delta}^{\infty}\right) [f(x-y) + f(x+y)] \frac{\sin 2\pi N y}{\pi y} dy$
$$= I + J$$

とおく．

$[f(x-y) + f(x+y)]/y$ は $y \in [\delta, \infty)$ 上で可積分である．区間 $(-\infty, \delta)$ 上では 0 と定義して $\boldsymbol{R}$ 上の可積分関数としておく．$\sin 2\pi N y = [e^{2\pi i N y} - e^{-2\pi i N y}]/2i$ であるから，J は可積分関数の Fourier 変換の一次結合とみることができる．ゆえに Riemann-Lebesgue の定理によって $N \to \infty$ のとき $J \to 0$ である．

I は f の $(x-\delta, x+\delta)$ における値にしか関係しないから定理は証明された．

(8.6) によって

(8.7) $$\lim_{N\to\infty} s_N(f)(x) = \lim_{N\to\infty} \int_0^\delta [f(x-y)+f(x+y)]\frac{\sin 2\pi Ny}{\pi y}dy$$

であることに注目しよう．

補題 8.1

(8.8) $$\lim_{a\to\infty} \int_0^a \frac{\sin\varepsilon y}{y}dy = \frac{\pi}{2}\mathrm{sign}\,\varepsilon,$$

ここで $\mathrm{sign}\,z = 0\,(z=0),\,=z/|z|\,(z\neq 0)$ である．

［証明］ $\varepsilon > 0$ として証明すればよい．さらに a の代わりに $a\varepsilon$ とおくことによって $\varepsilon = 1$ としてよい．

$w(x) = e^{-\pi x^2}$ とすると，例 8.4 によって $\hat{w}(\xi) = e^{-\pi\xi^2}$ である．したがって

$$\lim_{N\to\infty} s_N(w)(0) = \lim_{N\to\infty} \int_{-N}^N e^{-\pi\xi^2}d\xi = \int_{\boldsymbol{R}} e^{-\pi\xi^2}d\xi = 1$$

である．一方 (8.7) によって

$$\lim_{N\to\infty} s_N(w)(0) = \lim_{N\to\infty} \int_0^\delta 2e^{-\pi y^2}\frac{\sin 2\pi Ny}{\pi y}dy$$
$$= \lim_{N\to\infty}\left(\int_0^\delta 2\frac{e^{-\pi y^2}-1}{\pi y}\sin 2\pi Ny\,dy + \int_0^\delta \frac{2\sin 2\pi Ny}{\pi y}dy\right)$$
$$= I + J$$

である．$y^{-1}(e^{-\pi y^2}-1)\chi_{(0,\delta)}(y) \in L^1(\boldsymbol{R})$ であるから，I は可積分関数の Fourier 変換の一次結合とみなすことができる．ゆえに Riemann-Lebesgue の定理によって $I = 0$ である．ゆえに

$$1 = \lim_{N\to\infty} s_N(w)(0) = \lim_{N\to\infty} \int_0^\delta \frac{2\sin 2\pi Ny}{\pi y}dy.$$

したがって，変数変換すれば，公式 (8.8) が得られる．

関数 f に対し

$$\psi_x(y) = \frac{1}{2}[f(x+y)+f(x-y)] - f(x)$$

とおく．

定理 8.4 $f \in L^1(\mathbf{R})$ とする. $\delta > 0$ が存在して

(8.9) $$\int_0^\delta \frac{|\psi_x(y)|}{y} dy < \infty$$

ならば,

$$\lim_{N \to \infty} s_N(f)(x) = f(x).$$

[証明] (8.7) と (8.8) によって
$$\lim_{N \to \infty} s_N(f)(x) - f(x)$$
$$= \lim_{N \to \infty} \left\{ \int_0^\delta [f(x-y) + f(x+y)] \frac{\sin 2\pi N y}{\pi y} dy - \int_0^\delta f(x) \frac{2 \sin 2\pi N y}{\pi y} dy \right\}$$
$$= \lim_{N \to \infty} \int_0^\delta \frac{\psi_x(y)}{\pi y} 2 \sin \pi N y\, dy.$$

仮定から, $y^{-1} \psi_x(y) \chi_{(0,\delta)}(y)$ は可積分であるから, 最後の積分は Riemann-Lebesgue の定理によって 0 である. ∎

条件 (8.9) を **Dini の条件** という. f は点 x で不連続であっても, $\psi_x(y) = \frac{1}{2}[f(x+y) + f(x-y)] - f(x)$ が $y \to 0$ のとき 0 に十分速く収束すれば, Dini の条件は満たされる.

たとえば, f は点 x を除いて滑らかで,

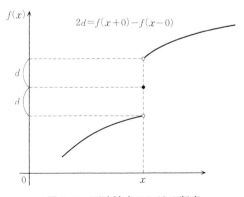

図 8.3 不連続点における収束

$$f(x) = \frac{1}{2}[f(x+0) + f(x-0)]$$

ならば，$s_N(f)(x) \to f(x)$ $(N \to \infty)$ である（図 8.3）．$f(x)$ が点 x で Lipschitz α, $1 \geqq \alpha > 0$, の条件を満たすならば，定数 $C > 0$ と δ が存在して

$$|\psi_x(y)| \leqq (|f(x+y) - f(x)| + |f(x-y) - f(x)|)/2$$
$$\leqq C|y|^\alpha \quad (|y| < \delta)$$

であるから，Dini の条件は成り立つ．ゆえに Fourier 変換の部分和は $f(x)$ に収束する．

(c) 多変数の Fourier 変換の基本的性質

$f \in L^1(\boldsymbol{R}^d)$ に対し Fourier 変換を

$$\widehat{f}(\xi) = \int_{\boldsymbol{R}^d} f(x) e^{-2\pi i \xi x} dx \quad (\xi \in \boldsymbol{R}^d)$$

で定義する，ここで $\xi x = \xi_1 x + \cdots + \xi_d x$ である．

$$e_x(\xi) = e^{-2\pi i \xi x} \quad (x, \xi \in \boldsymbol{R}^d)$$

とおく．τ_y は平行移動作用素 $\tau_y f(x) = f(x - y)$ である．

定理 8.5 $f \in L^1(\boldsymbol{R}^d)$ とする．
(i) $(\widehat{\tau_y f})(\xi) = \widehat{f}(\xi) e_y(\xi)$.
(ii) $(\widehat{f e_\eta})(\xi) = \tau_{-\eta} \widehat{f}(\xi)$.
(iii) $\widetilde{f}(x) = \overline{f(-x)}$ とすると，$\widehat{\widetilde{f}}(\xi) = \overline{\widehat{f}(\xi)}$.
(iv) $f_t(x) = t^{-d} f(tx)$ と書くと，$\widehat{f_t}(\xi) = \widehat{f}(t\xi)$.

［証明］ (i) 定義から，

$$(\widehat{\tau_y f})(\xi) = \int_{\boldsymbol{R}^d} f(x - y) e^{-2\pi i \xi x} dx$$

である．ここで，x の代わりに $x + y$ とおけば(i)が得られる．(iii)を示す．

$$\overline{\widehat{f}(\xi)} = \int_{\boldsymbol{R}^d} \overline{f(x) e^{-2\pi i \xi x}} dx = \int_{\boldsymbol{R}^d} \overline{f(x)} e^{2\pi i \xi x} dx$$

である．最後の式で x の代わりに $-x$ と代入すれば(iii)式が得られる．(ii)，(iv)も簡単な変数変換によって求めることができるから，読者は証明を試み

ていただきたい.

$f(x)$ が一変数関数の積 $f(x) = f_1(x_1)\cdots f_d(x_d)$ で表わされるときは,Fourier 変換も一変数関数の Fourier 変換の積

$$\widehat{f}(\xi) = \int_{-\infty}^{\infty}\cdots\int_{-\infty}^{\infty}\prod_{j=1}^{d} f_j(x_j)e^{-2\pi i\xi_j x_j}dx_1\cdots dx_d = \widehat{f}_1(\xi_1)\cdots\widehat{f}_d(\xi_d)$$

となる.ゆえに $\widehat{f}(\xi)$ も一変数関数の積である.

$f(x)$ は $\boldsymbol{R}^d$ 上の関数で x の偏角によらない,すなわち $|x|$ のみに関係してきまる関数を**動径関数**という.

$SO(d)$ を特殊直交群とする.$SO(d)$ は $\det A = 1$ であるような $d \times d$ 直交行列 A の全体である.したがって,$x \in \boldsymbol{R}^d$ を列ベクトルとみなすとき,ベクトル $A\xi$ と x の内積は $A\xi \cdot x = \xi \cdot A^{-1}x$ である.特に,$|Ax| = |x|$ である.また,任意の $x,y \in \boldsymbol{S}^{d-1}$ に対し $y = Ax$ となるような $A \in SO(d)$ が存在する.

f が偏角によらないことは,任意の x と直交変換 $A \in SO(d)$ に対し $f(x) = f(Ax)$ が成り立つことと同値である.したがって

$$\widehat{f}(A\xi) = \int_{\boldsymbol{R}^d} f(x)e^{-2\pi iA\xi x}dx = \int_{\boldsymbol{R}^d} f(x)e^{-2\pi i\xi A^{-1}x}dx$$

である.$x = Ay$ と変数変換し,$\det A = 1$ であることと f が動径関数であることに着目すれば,最後の式は $\widehat{f}(\xi)$ に等しいことがわかる.ゆえに動径関数の Fourier 変換はまた動径関数であることがわかった.以上をまとめると

定理 8.6 $f \in L^1(\boldsymbol{R}^d)$ とするとき,

(i) $f(x)$ が一変数関数の積ならば,$\widehat{f}(\xi)$ も一変数関数の積である.

(ii) $f(x)$ が動径関数ならば,$\widehat{f}(\xi)$ も動径関数である. □

例 8.5 (Dirichlet 核) $\boldsymbol{R}^d$ の正方形 $[-N,N] \times \cdots \times [-N,N]$ の特性関数は一変数の特性関数の積 $\prod_{j=1}^{d}\chi_{[-N,N]}(x_j)$ であるから,Fourier 変換も一変数関数の Fourier 変換の積

$$D_N(x) = \prod_{j=1}^{d} \frac{\sin 2\pi Nx_j}{\pi x_j}$$

である. □

例 8.6 (Gauss-Weierstrass 核)　　$x=(x_1,\cdots,x_d)\in\mathbf{R}^d,\ t>0$, とする. このとき, Gauss-Weierstrass 核

$$W_t(x) = (\sqrt{4\pi t}\,)^{-d} e^{-|x|^2/4t} = \prod_{j=1}^{d}(\sqrt{4\pi t}\,)^{-1} e^{-x_j^2/4t}$$

は一変数関数の積であると同時に動径関数である.

一変数 Gauss-Weierstrass 核の Fourier 変換公式によって

(8.10)　　$W_t(x) = \prod_{j=1}^{d}\int_{\mathbf{R}} e^{-4\pi^2\xi_j^2 t} e^{2\pi i x_j \xi_j} d\xi_j = \int_{\mathbf{R}^d} e^{-4\pi^2|\xi|^2 t} e^{2\pi i x\xi} d\xi$

である. (8.10) において変数を換えることによって

$$\widehat{W_t}(\xi) = (\sqrt{4\pi t}\,)^{-d}\int_{\mathbf{R}^d} e^{-|x|^2/4t} e^{-2\pi i \xi x} dx = e^{-4\pi^2|\xi|^2 t}$$

である.　　□

例 8.7 (Poisson 核)　　§6.6 で定義したように, $\mathbf{R}_+^{d+1}$ 上の Poisson 核 $P_t(x)$ は

$$P_t(x) = c_d \frac{t}{(|x|^2+t^2)^{(d+1)/2}}$$

で与えられる, ここで $c_d = \Gamma\Big(\dfrac{d+1}{2}\Big)/\pi^{(d+1)/2}$ である.

(8.11)　　$P_t(x) = \int_{\mathbf{R}^d} e^{-2\pi|\xi|t} e^{2\pi i x\xi} d\xi$

であることを示そう. そのために, まず公式

(8.12)　　$\sqrt{\dfrac{\pi}{4}} = \int_0^\infty e^{-(s-\alpha/s)^2} ds \quad (\alpha\in\mathbf{R})$

を証明しよう. 実際, 右辺を α について微分すれば,

$$-2\int_0^\infty \frac{1}{s}\Big(\frac{\alpha}{s}-s\Big) e^{-(s-\alpha/s)^2} ds.$$

$t=\alpha/s$ とおくと, $\int_0^\infty (\alpha/s^2) e^{-(s-\alpha/s)^2} ds = \int_0^\infty e^{-(\alpha/t-t)^2} dt$ であるから, 微係数は 0 である. ゆえに (8.12) の右辺は α に無関係な定数である. 特に, $\alpha=0$ とすれば, $\int_0^\infty e^{-s^2} ds = \sqrt{\pi/4}$ であるから, 求める式 (8.12) が得られる.

(8.12) を変形すれば,

(8.13) $$e^{-2\alpha} = \sqrt{\frac{4}{\pi}} \int_0^\infty e^{-s^2 - \alpha^2/s^2} ds.$$

(8.13)を用いると

$$\int_{\boldsymbol{R}^d} e^{-2\pi|\xi|t} e^{2\pi i x\xi} d\xi = \int_{\boldsymbol{R}^d} e^{2\pi i x\xi} d\xi \sqrt{\frac{4}{\pi}} \int_0^\infty e^{-s^2 - \pi^2|\xi|^2 t^2/s^2} ds$$

$$= \sqrt{\frac{4}{\pi}} \int_0^\infty e^{-s^2} ds \int_{\boldsymbol{R}^d} e^{2\pi i x\xi} e^{-\pi^2|\xi|^2 t^2/s^2} d\xi$$

である．最後の積分に Gauss-Weierstrass 核の公式を適用すると，上式は

$$\sqrt{\frac{4}{\pi}} \int_0^\infty e^{-s^2} \left(\frac{1}{\sqrt{\pi t^2/s^2}}\right)^d e^{-|x|^2 s^2/t^2} ds$$

となる．$u = s^2(1+|x|^2/t^2)$ とおいて整理すれば，

$$\frac{1}{\sqrt{\pi}^{d+1}} \frac{1}{t^d} \frac{1}{(1+|x|^2/t^2)^{(d+1)/2}} \int_0^\infty u^{(d-1)/2} e^{-u} du = \frac{c_d t}{(|x|^2+t^2)^{(d+1)/2}}.$$

ゆえに (8.11) が得られた． □

(d) Fourier 変換の総和法

k_t を総和核とする．すなわち，§6.6 で与えた条件 (S1), (S2), (S3) を満たすとする．そのときは，§6.6 で示したように，$f \in L^p(\boldsymbol{R}^d)$ $(1 \leq p < \infty)$ に対し

$$\|f * k_t - f\|_p \to 0 \quad (t \to 0)$$

である．

k_t について次のような条件を考えよう．

(S1) $\int_{\boldsymbol{R}^d} k_t(x) dx = 1 \quad (x \in \boldsymbol{R}^d, t > 0)$,
(S2)′ $|k_t(x)| \leq c t^{-d}$,
(S3)′ $|k_t(x)| \leq c t^\eta / |x|^{d+\eta}$,

ここで $c, \eta > 0$ は t, x によらない定数である．

命題 8.1 k_t が条件 (S1) と (S2)′, (S3)′ を満たせば，総和核の条件 (S1), (S2), (S3) は満たされる．

［証明］ 積分範囲を $\{|x| < t\}$ と $\{|x| \geq t\}$ に分けて，条件 (S2)′ と (S3)′ を

用いると
$$\int_{\mathbf{R}^d}|k_t(x)|dx \leqq \int_{|x|<t}ct^{-d}dx + \int_{|x|\geq t}\frac{ct^\eta}{|x|^{d+\eta}}dx$$
である．右辺の第 1 項は $c\times$ (単位球の体積) に等しい．第 2 項は，極座標に変換することによって，$c\omega_{d-1}\int_t^\infty t^\eta/r^{(\eta+1)}dr = c\omega_{d-1}/\eta$ である．ゆえに，条件(S2)，すなわち $\|k_t\|_1 \leqq$ (定数) が成り立つ．

条件(S3)：$\int_{|x|>\delta}|k_t(x)|dx \to 0$ $(t\to 0)$ が成り立つことは，条件(S3)′ から容易にわかる．

局所可積分関数 f に対し
$$\Phi(r) = \int_{|y|<r}|f(x-y)-f(x)|dy$$
と書く．$\Phi(r)r^{-d}\to 0$ $(r\to 0)$ であるとき

(8.14) $$\Phi(r) = o(r^d) \quad (r\to 0),$$

と書く．(8.14)を満たす点は Lebesgue 点であって，ほとんどすべての点は Lebesgue 点である(§4.2 参照)．特に，連続点は Lebesgue 点である．

定理 8.7 k_t は条件(S1),(S2)′,(S3)′ を満たすとする．$f(x)/(|x|+1)^{d+\eta} \in L^1(\mathbf{R}^d)$ とすると，Lebesgue 点 x で
$$k_t*f(x) \to f(x) \quad (t\to 0).$$
特に，ほとんどすべての点で成り立つ．

［証明］条件(S1)によって

(8.15)
$$k_t*f(x)-f(x) = \int_{\mathbf{R}^d}k_t(y)[f(x-y)-f(x)]dy$$
$$= \left(\int_{|y|<t}+\int_{t<|y|<\delta}+\int_{\delta<|y|}\right)k_t(y)[f(x-y)-f(x)]dy$$

と書くことができる．ここで $\delta>0$ は $\varepsilon>0$ を与えるとき，
$$\Phi(r) < \varepsilon r^d \quad (r<\delta/2)$$
を満たすように選んで固定しておく．

条件(S2)′ によって，(8.15)の右辺の第 1 項は

$$\left|\int_{|y|<t}\right| \leq ct^{-d}\varPhi(t) < c\varepsilon \quad (t<\delta)$$

である．条件(S3)′ によって

$$\left|\int_{\delta<|y|}\right| \leq ct^{\eta}\int_{\delta<|y|}\frac{|f(x-y)|+|f(x)|}{|y|^{d+\eta}}dy.$$

$y\to\infty$ のとき $|y|\simeq|x-y|+1$ であるから，f の仮定によって被積分関数は可積分であって右辺の積分は t に無関係な定数でおさえられる．ゆえに $\left|\int_{\delta<|y|}\right|$ $\to 0 \ (t\to 0)$ である．

再び(S3)′ によって

(8.16) $$\left|\int_{t<|y|<\delta}\right| \leq ct^{\eta}\int_{t<|y|<\delta}\frac{|f(x-y)-f(y)|}{|y|^{d+\eta}}dy$$

である．$t2^n<|y|\leq t2^{n+1}$ のとき $|y|^{-d-\eta}<(t2^n)^{-\eta-d}$ であるから，

$$t^{\eta}\int_{t2^n<|y|\leq t2^{n+1}}\frac{|f(x-y)-f(y)|}{|y|^{d+\eta}}dy \leq t^{\eta}(t2^n)^{-d-\eta}\varPhi(t2^{n+1}) < \varepsilon 2^{-\eta n}$$

である．N を $t2^N<\delta\leq t2^{N+1}$ であるように選ぶ．そのとき積分範囲 $t<|y|<\delta$ は $\{t2^n<|y|\leq t2^{n+1}\}, n=0,1,\cdots,N$ で覆うことができる．したがって，(8.16)の左辺は

$$c\varepsilon\sum_{n=0}^{N}2^{-\eta n} < \left(\frac{c}{1-2^{-\eta}}\right)\varepsilon$$

を超えないことがわかる．$\varepsilon>0$ は任意でよかったから，定理は証明された． ∎

定理 8.8 $f\in L^p(\boldsymbol{R}^d), 1\leq p\leq\infty$, とする．そのとき
(i) $p\neq\infty$ なら，$P_t*f(x), W_t*f(x)\to f$ in L^p.
(ii) $P_t*f(x), W_t*f(x)$ は Lebesgue 点で $f(x)$ に収束する．

［証明］ (i)は定理 6.13 ですでに示してある．(ii)を証明するためには，定理 8.7 によって，Poisson 核と Gauss-Weierstrass 核が条件(S1),(S2)′,(S3)′ を満たすことを示せばよい．

Poisson 核 $P_t(x)$ は，条件(S1)を満たす．さらに，$P_t(x)\leq c_d t^{-d}$, $P_t(x)\leq$

$c_d t |x|^{-d-1}$ であるから，条件 (S3)$'$ を $\eta = 1$ で満たす．

Gauss-Weierstrass 核 $W_t(x) = (2\sqrt{\pi t}\,)^{-d} e^{-|x|^2/4t}$ は，すべての $t > 0$ に対し

(8.17) $$W_t(x) \leqq (2\sqrt{\pi}\,)^{-d} t^{-d/2}$$

を満たす．特に

(8.18)
$$W_t(x) \leqq (2\sqrt{\pi})^{-d} t^{-d/2} \left(\frac{4dt}{|x|^2}\right)^d = \left(\frac{2}{\sqrt{\pi}}\right)^d \frac{t^{d/2} d^d}{|x|^{2d}} \quad (|x|^2 \leqq 4dt)$$

である．一方，$e^{-a} \leqq (d/a)^d \ (a > d)$ であることに注目すれば，

(8.19) $$W_t(x) \leqq (2\sqrt{\pi t})^{-d} \left(\frac{|x|^2}{4t}\right)^{-d} d^d = \left(\frac{2}{\sqrt{\pi}}\right)^d \frac{t^{d/2} d^d}{|x|^{2d}} \quad (|x| > 4dt)$$

である．ゆえに t を t^2 で置き換えるとき，(S2)$'$ は (8.17) によって成り立ち，(S3)$'$ は (8.18) と (8.19) によって $\eta = d$ で成り立つ． ■

§8.2　たたみ込みと Fourier 変換

定理 8.9　$f, g \in L^1(\boldsymbol{R}^d)$ に対し
$$\widehat{(f * g)}(\xi) = \widehat{f}(\xi) \widehat{g}(\xi).$$
すなわち，Fourier 変換は関数のたたみ込みを積に写す．

［証明］　たたみ込みの定義によって
$$\widehat{(f * g)}(\xi) = \int_{\boldsymbol{R}^d} \left(\int_{\boldsymbol{R}^d} \tau_y f(x) g(y) dy\right) e^{-2\pi i \xi x} dx$$
である．積分の順序を交換し，定理 8.5(i) を用いると右辺は
$$\int_{\boldsymbol{R}^d} \widehat{f}(\xi) g(y) e^{-2\pi i \xi y} dy = \widehat{f}(\xi) \widehat{g}(\xi)$$
である． ■

Lebesgue 空間 $L^1(\boldsymbol{R}^d)$ はたたみ込みを積とする Banach 環である．また $C_0(\boldsymbol{R}^d)$ も ∞-ノルムと関数の各点ごとの積で Banach 環となることは §6.5 で述べた通りである．

定理 8.10　Fourier 変換 $\mathcal{F}$ は Banach 環 $L^1(\boldsymbol{R}^d)$ を Banach 環 $C_0(\boldsymbol{R}^d)$ に

§8.2 たたみ込みと Fourier 変換 —— 227

写す準同型写像である．そしてそのノルムは 1 である．

[証明] $\mathcal{F}$ は $L^1(\boldsymbol{R}^d)$ から $C_0(\boldsymbol{R}^d)$ への線型写像であることは，一変数の場合と同様にして示される．定理 8.9 によって，$\mathcal{F}(f*g)=\mathcal{F}(f)\mathcal{F}(g)$, であるから，$\mathcal{F}$ は線形準同型である．

$$|\widehat{f}(\xi)| \leqq \int_{\boldsymbol{R}^d} |f(x)e^{-2\pi i\xi x}|dx = \|f\|_1$$

であるから，$\mathcal{F}$ のノルムは $\leqq 1$ である．一方，特に関数として Gauss-Weierstrass の核をとれば

$$1 = \|W_t\|_1 = \int_{\boldsymbol{R}^d} W_t(x)dx = \mathcal{F}W_t(0) \leqq \|\mathcal{F}W_t\|_\infty$$

であるから，$\mathcal{F}$ のノルム $\geqq 1$．ゆえに $\|\mathcal{F}\|=1$ である． ∎

$\mathcal{F}$ は以下で述べる系 8.1 が示すように，1 対 1 であるが全写ではない．実際，

$$\varphi(\xi) = \begin{cases} \xi & (|\xi|<1) \\ \dfrac{\operatorname{sign}\xi}{1+\log|\xi|} & (|\xi|\geqq 1) \end{cases}$$

とおくと，$\varphi \in C_0(\boldsymbol{R})$ である．しかし $\varphi=\widehat{f}$ を満たす $f\in L^1(\boldsymbol{R})$ は存在しない．なぜならば，もし存在したとすると，

$$\int_{1<|\xi|<a} \frac{\varphi(\xi)}{\xi}d\xi = \int_{1<|\xi|<a} \frac{d\xi}{\xi} \int_{-\infty}^{\infty} f(x)e^{-2\pi i\xi x}dx$$

$$= \int_{-\infty}^{\infty} f(x)dx \int_{1<|\xi|<a} e^{-2\pi i\xi x}\frac{d\xi}{\xi}$$

$$= -2i\int_{-\infty}^{\infty} f(x)\left(\int_1^a \frac{\sin 2\pi\xi x}{\xi}d\xi\right)dx.$$

最後の式の括弧内の積分は変数変換 $\xi x = \eta$ をすれば容易にわかるように，x について一様に有界である．$f\in L^1(\boldsymbol{R})$ であるから，右辺は $a\to\infty$ のとき有界である．一方，左辺は $2\int_1^a [\xi(1+\log\xi)]^{-1}d\xi \to \infty$ であるから，矛盾が生じる．

定理 8.10 は逆が成り立つ．

定理 8.11 Φ を $L^1(\mathbf{R}^d)$ から $\mathbf{C}$ への零でない有界線形準同型写像とすると，$\xi \in \mathbf{R}^d$ が存在して，Φ は Fourier 変換で与えられる，すなわち

$$\Phi(f) = \widehat{f}(\xi), \quad f \in L^1(\mathbf{R}^d),$$

と表わすことができる．

［証明］　第1段．Φ は有界線形汎関数であるから，Riesz の表現定理によって，$\varphi \in L^\infty(\mathbf{R}^d)$ が一意に存在して

$$\Phi(f) = \int_{\mathbf{R}^d} f(x)\varphi(x)dx, \quad f \in L^1(\mathbf{R}^d),$$

と書くことができる．$\Phi(f*g) = \Phi(f)\Phi(g)$ であるから，積分を用いてこれを書くと

$$\int \left(\int f(x-y)g(y)dy \right) \varphi(x)dx = \int f(x)\varphi(x)dx \int g(y)\varphi(y)dy.$$

左辺において，x を $x+y$ でおきかえると

(8.20) $$\int_{\mathbf{R}^d}\int_{\mathbf{R}^d} [\varphi(x+y) - \varphi(x)\varphi(y)]f(x)g(y)dxdy = 0$$

がすべての $f, g \in L^1(\mathbf{R}^d)$ に対して成り立つことがわかる．

任意の $F(x,y) \in L^1(\mathbf{R}^{2d})$ に対し

(8.21) $$\int_{\mathbf{R}^{2d}} [\varphi(x+y) - \varphi(x)\varphi(y)]F(x,y)dxdy = 0$$

であることを示そう．

(8.20) において，f, g を区間の特性関数ととることによって，(8.21) は $\mathbf{R}^{2d}$ の区間の特性関数 F に対し成り立つことがわかる．実際，$F(x,y)$ を任意の可積分関数とする．区間の特性関数の有限一次結合 $s_n(x,y)$ が存在して，$\int |F - s_n| dxdy \to 0$ となる．一方 s_n に対しては (8.21) が成り立つから，

$$\left| \int [\varphi(x+y) - \varphi(x)\varphi(y)]F(x,y)dxdy \right|$$
$$= \left| \int [\varphi(x+y) - \varphi(x)\varphi(y)][F(x,y) - s_n(x,y)]dxdy \right|$$
$$\leqq (\|\phi\|_\infty + \|\phi\|_\infty^2)\|F - s_n\|_1 \to 0 \quad (n \to \infty)$$

である．ゆえに，(8.21)から

(8.22) $\qquad \varphi(x+y)-\varphi(x)\varphi(y)=0 \quad \text{a.e.}(x,y)\in \boldsymbol{R}^{2d}$

が成り立つ．

第2段．$\varphi \in C^{\infty}(\boldsymbol{R}^d)$ である．φ は恒等的には零でないから，区間 $I=[a_1,b_1]\times \cdots \times [a_d,b_d]$ を適当にとれば，$\int_I \varphi(y)dy \ne 0$ となる．(8.22)から

(8.23) $\qquad \varphi(x)\int_I \varphi(y)dy = \int_I \varphi(x+y)dy = \int_{x+I}\varphi(y)dy$

である．右辺は x の連続関数であるから，$\varphi(x)$ も連続である．ゆえに，再び(8.23)を用いると，右辺は x の $C^{(1)}$-関数であるから，$\varphi \in C^{(1)}(\boldsymbol{R}^d)$ である．以下同様にして，$\varphi \in C^{(2)}(\boldsymbol{R}^d), \varphi \in C^{(3)}(\boldsymbol{R}^d), \cdots$ であることがわかる．

特に，φ は連続であるから(8.21)はすべての x,y に対して成り立つ．

第3段．$\varphi_j(t)=\varphi(0,\cdots,0,t^{(j\text{番目成分})},0,\cdots,0)$ とおく．$x=\sum_{j=1}^{d}(0,\cdots,x_j,0,\cdots,0)$ であるから，(8.22)によって，$\varphi(x)=\varphi_1(x_1)\cdots\varphi_d(x_d)$ である．
$$\varphi_j(s+t)=\varphi_j(s)\varphi_j(t) \quad (s,t\in \boldsymbol{R})$$
であるから，t について微分し，$t=0$ とおくと
$$\frac{d\varphi_j(s)}{ds}=\varphi_j'(0)\varphi_j(s).$$
ゆえに $\varphi_j(s)=A_j e^{a_j s}$, $a_j=\varphi_j'(0)$, と書くことができる．$\varphi_j(s)$ は有界であるから，a_j は純虚数である．それを $-2\pi i\xi_j$ とおく．また $\varphi_j(s+t)=\varphi_j(s)\varphi_j(t)$ から $A_j=1$ である．ゆえに
$$\varphi(x)=\prod_{j=1}^d \varphi_j(x_j) = e^{-2\pi i(\xi_1 x_1+\cdots+\xi_d x_d)} = e^{-2\pi i\xi x}.$$

ゆえに
$$\Phi(f)=\int_{\boldsymbol{R}^d}f(x)e^{-2\pi i\xi x}dx$$
である． ∎

$\Delta(L^1)$ を $L^1(\boldsymbol{R}^d)$ 上の零でない有界線形準同型写像全体からなる集合とする．定理8.10と8.11から，$\Delta(L^1)$ の元 Φ と $\boldsymbol{R}^d$ の点 ξ は1対1に対応す

ることがわかる．その対応は $\Phi(u) = \mathcal{F}u(\xi)$ によって与えられる．

§8.3 Fourier 反転公式と Plancherel の定理

(a) 反転公式

補題 8.2 $f, G \in L^1(\mathbf{R}^d)$ とすると

$$\int_{\mathbf{R}^d} f(y)\widehat{G}(y)dy = \int_{\mathbf{R}^d} \widehat{f}(\xi)G(\xi)d\xi.$$

[証明] 左辺は，積分の順序を交換することによって

$$\int_{\mathbf{R}^d} f(y)\left(\int_{\mathbf{R}^d} G(\xi)e^{-2\pi iy\xi}d\xi\right)dy = \int_{\mathbf{R}^d} G(\xi)\left(\int_{\mathbf{R}^d} f(y)e^{-2\pi iy\xi}dy\right)d\xi.$$

最後の式は右辺に等しい．

補題 8.2 において，$f(y)$ の代わりに $f(x-y)$，そして $G(\xi) = e^{-4\pi^2|\xi|^2 t}$ $(t>0)$ とおく．そのときは $\widehat{f(x-\cdot)}(\xi) = \widehat{f}(-\xi)e^{-2\pi i\xi x}$ であるから，

$$\int_{\mathbf{R}^d} f(x-y)\widehat{G}(y)dy = \int_{\mathbf{R}^d} \widehat{f}(\xi)e^{-4\pi^2|\xi|^2 t}e^{2\pi i\xi x}d\xi$$

である．§8.1 の Gauss-Weierstrass 核の Fourier 変換公式 (8.10) において $1/4t$ を $4\pi^2 t$ とおきかえると $\widehat{G}(y) = (2\sqrt{\pi t}\,)^{-d}e^{-|y|^2/4t} = W_t(y)$ であることがわかる．ゆえに

$$(8.24) \qquad f * W_t(x) = \int_{\mathbf{R}^d} \widehat{f}(\xi)e^{-4\pi^2|\xi|^2 t}e^{2\pi i\xi x}d\xi$$

である．

定理 8.12 f および $\widehat{f}$ が $\mathbf{R}^d$ 上可積分ならば，

$$(8.25) \qquad f(x) = \int_{\mathbf{R}^d} \widehat{f}(\xi)e^{2\pi ix\xi}d\xi \quad \text{a.e.}$$

特に，f の連続点では等号が成り立つ．

[証明] (8.24) において $t \to 0$ とする．右辺は Lebesgue の収束定理によって

$$\int_{\mathbf{R}^d} \widehat{f}(\xi) e^{2\pi i x\xi} d\xi$$

に収束する．一方 $f*W_t \to f$ in L^1 であるから，0 に収束する列 $\{t_j\}$ が存在して $f*W_{t_j} \to f$ a.e.．ゆえに (8.25) が得られた．

(8.25) の右辺は x について連続である．もし f が点 x で連続であれば，(8.25) が成り立つような点の列 x_j をとり，$x_j \to x$ とすれば，点 x において，(8.25) が成り立つことがわかる． ∎

例 8.8 $t>0$ とする．Poisson 核は $e^{-2\pi|\xi|t}$ の Fourier 変換であって，可積分であるから，定理 8.12 によって
$$\widehat{P_t}(\xi) = e^{-2\pi|\xi|t}$$
である． □

定義 8.1
$$\mathcal{F}^{-1} F(x) = \int_{\mathbf{R}^d} F(\xi) e^{2\pi i x\xi} d\xi$$
を **Fourier 逆変換** という． □

$F^\vee(\xi) = F(-\xi)$ とおくと，$\mathcal{F}^{-1} F = (F^\wedge)^\vee = (F^\vee)^\wedge$ である．

定理 8.12 によって，$f, \widehat{f}$ が可積分なら，
$$\mathcal{F}^{-1} \mathcal{F} f = f \text{ a.e.}$$
である．

系 8.1 $f, g \in L^1(\mathbf{R}^d)$, $\widehat{f} = \widehat{g}$ ならば，$f = g$ a.e.．

[証明] $h = f - g$ とおくとき，定理 8.12 によって $h = 0$ a.e. である． ∎

注意 8.1 系 8.1 によって，準同型写像 $\mathcal{F}: L^1(\mathbf{R}^d) \mapsto C_0(\mathbf{R}^d)$ は 1 対 1 であることがわかった．

(b) Schwartz 関数の Fourier 変換

補題 8.3 u は一変数関数であるとする．

(i) u および u' が可積分ならば，

$$\left(\frac{du}{dx}\right)^{\wedge}(\xi) = 2\pi i \xi \widehat{u}(\xi).$$

(ii) $u(x)$ および $xu(x)$ が可積分ならば，$\widehat{u}$ は微分可能であって

$$\frac{d}{d\xi}\widehat{u}(\xi) = [-2\pi i x u(x)]^{\wedge}(\xi).$$

［証明］ (i) $u(x) = \int_{-\infty}^{x} u'(t)dt = -\int_{x}^{\infty} u'(t)dt$ であるから，$u(x) \to 0$ ($x \to \pm\infty$) である．ゆえに部分積分によって

$$\left(\frac{du}{dx}\right)^{\wedge}(\xi) = \int_{\boldsymbol{R}} u'(x)e^{-2\pi i \xi x}dx = 2\pi i \xi \int_{\boldsymbol{R}} u(x)e^{-2\pi i \xi x}dx$$
$$= 2\pi i \xi \widehat{u}(\xi).$$

(ii)

(8.26) $$\frac{\widehat{u}(\xi+\eta) - \widehat{u}(\xi)}{\eta} = \int_{\boldsymbol{R}} u(x)\left[\frac{e^{-2\pi i \eta x} - 1}{\eta}\right]e^{-2\pi i \xi x}dx$$

である．右辺の被積分関数は，$-2\pi i x[\sin \pi x\eta/\pi\eta x]e^{-\pi i \eta x}u(x)e^{-2\pi i \xi x}$ と書くことができる．これは $\eta \to 0$ とするとき，$x \neq 0$ に対して $-2\pi i x u(x)e^{-2\pi i \xi x}$ に収束する．また，その絶対値は

$$\left|2\pi x \frac{\sin \pi x \eta}{\pi \eta x}u(x)\right| \leqq |2\pi x u(x)|$$

であって可積分関数でおさえられるから，(8.26) で $\eta \to 0$ とすれば Lebesgue の収束定理によって (ii) の式が得られる．

d 変数の多項式 $p(x) = \sum_{\alpha} a_{\alpha} x^{\alpha}$, $x \in \boldsymbol{R}^d$, に対し

$$p(D) = \sum_{\alpha} a_{\alpha} D^{\alpha}$$

と書く．$p(D)$ は微分作用素である．

$u \in \mathcal{S}(\boldsymbol{R}^d)$ とする．定義によって，任意の多項式 p に対し

$$p(x)u(x), p(D)u(x) \in \mathcal{S}(\boldsymbol{R}^d) \subset L^1(\boldsymbol{R}^d)$$

であることに注意しよう．

定理 8.13 $u \in \mathcal{S}(\boldsymbol{R}^d)$ とする．多項式 p に対し

(i) $[p(D)u]^{\wedge}(\xi) = p(2\pi i \xi)\widehat{u}(\xi).$

（ii） $p(D)\widehat{u}(\xi)=[p(-2\pi ix)u(x)]^\wedge(\xi)$.

［証明］ p は単項式 $p(x)=x^\alpha$ として証明すればよい．そのときは，変数ごとに補題 8.3 を繰り返し適用すればよい． ∎

定理 8.14 $\mathcal{F}:\mathcal{S}(\boldsymbol{R}^d)\mapsto\mathcal{S}(\boldsymbol{R}^d)$ は連続全単射写像である．

［証明］ $\alpha,\beta\in\boldsymbol{Z}_+^d$ とする．定理 8.13 によって
$$(2\pi i\xi)^\alpha D^\beta\widehat{u}(\xi)=[D^\alpha((-2\pi ix)^\beta u(x))]^\wedge(\xi)$$
である．$D^\alpha(x^\beta u(x))\in\mathcal{S}(\boldsymbol{R}^d)$ であるから
$$p_{\alpha,\beta}(\widehat{u})=\sup_\xi|\xi^\alpha D^\beta\widehat{u}(\xi)|\leqq(2\pi)^{\|\beta\|-\|\alpha\|}\|D^\alpha(x^\beta u(x))\|_1<\infty$$
である．ゆえに $\widehat{u}\in\mathcal{S}(\boldsymbol{R}^d)$ である．

$\mathcal{F}:\mathcal{S}(\boldsymbol{R}^d)\mapsto\mathcal{S}(\boldsymbol{R}^d)$ が連続であることは，
$$\mathcal{S}(\boldsymbol{R}^d)\ni u\mapsto D^\alpha(x^\beta u(x))\in\mathcal{S}(\boldsymbol{R}^d)$$
が連続であること，および注意 7.1 によって，埋め込み写像
$$\mathcal{S}(\boldsymbol{R}^d)\mapsto L^1(\boldsymbol{R}^d)$$
が連続であることからわかる．

$\mathcal{S}(\boldsymbol{R}^d)$ の関数の Fourier 変換は可積分であるから，$\mathcal{F}\mathcal{F}^{-1}u=u$．ゆえに $\mathcal{F}$ は $\mathcal{S}(\boldsymbol{R}^d)$ 上で全射である． ∎

$T\in\mathcal{S}'(\boldsymbol{R}^d)$ の Fourier 変換を
$$\langle\widehat{T},u\rangle=\langle T,\widehat{u}\rangle,\quad u\in\mathcal{S}(\boldsymbol{R}^d),$$
によって定義する．$u\mapsto\langle T,\widehat{u}\rangle$ は定理 8.14 によって連続であるから，$\widehat{T}$ は $\mathcal{S}'(\boldsymbol{R}^d)$ の超関数として定義される．

$\alpha\in\boldsymbol{Z}^d$ とすると，定理 8.13 によって
$$\left\langle\widehat{D^\alpha T},u\right\rangle=(-1)^{\|\alpha\|}\langle T,D^\alpha\widehat{u}\rangle=(-1)^{\|\alpha\|}\langle T,((-2\pi ix)^\alpha u(x))^\wedge\rangle$$
$$=\left\langle(2\pi ix)^\alpha\widehat{T},u\right\rangle.$$

同様にして
$$\langle((-2\pi ix)^\alpha T)^\wedge,u\rangle=\langle T,(-2\pi ix)^\alpha\widehat{u}(x)\rangle=\left\langle T,\widehat{D^\alpha u}\right\rangle=\langle D^\alpha\widehat{T},u\rangle.$$

ゆえに $T\in\mathcal{S}'(\boldsymbol{R}^d)$ に対して

$$(D^\alpha T)^\wedge = (2\pi i\xi)^\alpha \widehat{T},$$
$$((-2\pi ix)^\alpha T)^\wedge = D^\alpha \widehat{T}.$$

が成り立つ．つまり，定理 8.13 は $\mathcal{S}'(\boldsymbol{R}^d)$ の超関数に拡張されるのである．

例 8.9 $\langle \widehat{\delta_a}, u \rangle = \langle \delta, \tau_{-a}\widehat{u} \rangle = \int e^{-2\pi i a\xi} u(\xi) dx$ であるから，
$$\widehat{\delta_a} = e^{-2\pi i a\xi}.$$

特に，$\widehat{\delta} = 1$ である．したがって，
$$\widehat{(D^\alpha \delta)} = (2\pi i\xi)^\alpha. \qquad \square$$

例 8.10 1 変数の特異積分の Fourier 変換は

$$\left\langle \left(\mathrm{P.V.}\frac{1}{x}\right)^\wedge, u \right\rangle = \left\langle \mathrm{P.V.}\frac{1}{x}, \widehat{u} \right\rangle$$
$$= \lim_{M\to\infty,\, a\to 0} \int_{a<|x|<M} \frac{1}{x} dx \int_{-\infty}^{\infty} u(\xi) e^{-2\pi i x\xi} d\xi$$
$$= \lim_{M\to\infty,\, a\to 0} \int_{-\infty}^{\infty} u(\xi) \left(-2i \int_a^M \frac{\sin 2\pi i\xi x}{x} dx\right) d\xi$$

である．内部の積分は，$\xi x = y$ と変数変換することによって，ξ について一様有界であることがわかる．したがって極限を積分記号の中に入れることができる．補題 8.1 によって

$$-2i \int_0^\infty \frac{\sin 2\pi \xi x}{x} dx = -\pi i \operatorname{sign} \xi$$

であるから，
$$\left\langle \left(\mathrm{P.V.}\frac{1}{x}\right)^\wedge, u \right\rangle = \int_{-\infty}^\infty (-\pi i \operatorname{sign}\xi) u(\xi) d\xi.$$

ゆえに
$$\left(\mathrm{P.V.}\frac{1}{x}\right)^\wedge = -\pi i \operatorname{sign}\xi. \qquad \square$$

（c） L^2 空間と Fourier 変換

$f \in L^1 \cap L^2(\boldsymbol{R}^d)$ とする．
$$\widehat{(W_t * f)}(\xi) = e^{-4\pi^2 |\xi|^2 t} \widehat{f}(\xi)$$

§8.3 Fourier 反転公式と Plancherel の定理 —— 235

である．$\widehat{f}$ は有界であるから，右辺は L^1 に属する．ゆえに Fourier 反転公式によって，$\overline{(W_t*f)}(x) = \overline{\mathcal{F}^{-1}\mathcal{F}(W_t*f)} = \mathcal{F}(e^{-4\pi^2|\cdot|^2t}\overline{\widehat{f}})$ である．ゆえに補題 8.2 によって

$$(8.27) \qquad \int f(x)\overline{(W_t*f)}(x)dx = \int f(x)\mathcal{F}(e^{-4\pi^2|\cdot|^2t}\overline{\widehat{f}})(x)dx$$

$$= \int |\widehat{f}(\xi)|^2 e^{-4\pi^2|\xi|^2 t}d\xi$$

である．

Schwarz の不等式によって

$$\left|\int f[\overline{f - (W_t*f)}]dx\right| \leqq \|f\|_2 \|f - W_t*f\|_2 \to 0 \quad (t \to 0)$$

であるから，(8.27) の左辺は $\int |f|^2 dx$ に収束する．(8.27) の右辺の被積分関数は $t \searrow 0$ のとき単調増加であるから，B. Levi の定理によって

$$(8.28) \qquad \int |f(x)|^2 dx = \int |\widehat{f}(\xi)|^2 d\xi$$

が得られる．

$f \in L^2(\boldsymbol{R}^d)$ ならば，$\|f - f_n\|_2 \to 0$ であるような関数列 $f_n \in L^1 \cap L^2(\boldsymbol{R}^d)$ を 1 つ選ぶ．たとえば，$f_n(x) = f(x)\,(|x| \leq n),\ = 0\,(|x| \geqq n)$ とおけばよい．そのときは，$\|f_n - f_m\|_2 = \|\widehat{f_n} - \widehat{f_m}\|_2 \to 0$ であるから，$\{\widehat{f_n}\}$ は L^2 の Cauchy 列である．その極限を $\widehat{f}$ または $\mathcal{F}f$ と書く．このようにして L^2 の関数に対しても Fourier 変換を定義する．この場合も (8.28) によって

$$\|f\|_2 = \|\widehat{f}\|_2$$

である．

$\widehat{f}$ は $\{f_n\}$ の選び方によらない．実際，$g_n \in L^2$，$\|g_n - f\|_2 \to 0\,(n \to \infty)$ ならば，$\|\widehat{g_n} - \widehat{f}\|_2 \leqq \|\widehat{g_n} - \widehat{f_n}\|_2 + \|\widehat{f_n} - \widehat{f}\|_2$．右辺の第 1 項は $\|g_n - f_n\|_2 \leqq \|g_n - f\|_2 + \|f - f_n\|_2 \to 0$ である．第 2 項は定義から 0 に収束する．ゆえに $\widehat{g_n} \to \widehat{f}$ in L^2 である．

以上をまとめると

定理 8.15 (Plancherel の定理)　　$L^1 \cap L^2(\boldsymbol{R}^d)$ の関数の Fourier 変換は，等式

$$\|f\|_2 = \|\widehat{f}\|_2$$

が成り立つように，$L^2(\boldsymbol{R}^d)$ の関数に一意に拡張できる． $\square$

$\mathcal{F}:\mathcal{S}\mapsto\mathcal{S}$ は全射，そして $\mathcal{S}$ は L^2 に稠密に含まれるから，その拡張 $\mathcal{F}:L^2\mapsto L^2$ も全射である．

定理 8.16　$f,g\in L^2(\boldsymbol{R}^d)$ ならば，

$$\int f\,\overline{g}\,dx = \int \widehat{f}\,\overline{\widehat{g}}\,d\xi.$$

［証明］

$$\int|f+g|^2 dx = \int|f|^2 dx + 2\Re\int f\,\overline{g}\,dx + \int|g|^2 dx,$$

$$\int|\widehat{f}+\widehat{g}|^2 d\xi = \int|\widehat{f}|^2 d\xi + 2\Re\int \widehat{f}\,\overline{\widehat{g}}\,d\xi + \int|\widehat{g}|^2 d\xi$$

である．Plancherel の定理によって両辺の値は等しい．また $\int|f|^2 dx = \int|\widehat{f}|^2 dx$, $\int|g|^2 dx = \int|\widehat{g}|^2 dx$, であるから，これらの式から

$$\Re\int f\,\overline{g}\,dx = \Re\int \widehat{f}\,\overline{\widehat{g}}\,d\xi$$

である．g の代わりに ig とおくと

$$\Im\int f\,\overline{g}\,dx = \Im\int \widehat{f}\,\overline{\widehat{g}}\,d\xi$$

が得られる．ゆえに定理が示された． $\blacksquare$

L^2 空間の内積を $(\cdot,\cdot)_{L^2}$ と書く．定理 8.16 によって，$f,g\in L^2$ に対し

$$(f,g)_{L^2} = (\mathcal{F}f,\mathcal{F}g)_{L^2} = (\mathcal{F}^*\mathcal{F}f,g)_{L^2}$$

である．ゆえに $\mathcal{F}^*\mathcal{F}f = f$, そして Fourier 変換は L^2 の上への写像であるから，Fourier 変換はユニタリ作用素である．

注意 8.2　$1<p<2$, $1/p+1/p'=1$ とする．$f\in L^p(\boldsymbol{R}^d)$ ならば

$$\|\widehat{f}\|_{p'} \leqq c_p\|f\|_p$$

が成り立つことが知られている(Hausdorff-Young の定理)．ここで最良の定数は $c_p = \{p^{1/p}/p'^{1/p'}\}^{d/2} < 1$ である (W. Beckner)．

(d)　Sobolev 空間と Fourier 変換

前節で示したように，Fourier 変換 $\mathcal{F}$ は L^2 から L^2 へのユニタリ写像である．また $\mathcal{S}$ から $\mathcal{S}$ への連続全射である．つまり，空間 L^2 や $\mathcal{S}$ は Fourier 変換を考える上で都合のよい空間であるということができる．この項では L^2 と $\mathcal{S}$，または L^2 と $\mathcal{S}'$ の中間に位置する，そして Fourier 変換を扱う上で合理的であるもう一つの関数空間，Sobolev 空間を導入しよう．

$k=0,1,2,\cdots$ とする．すべての $\alpha, \|\alpha\| \leq k$, に対して超関数の意味の導関数 $D^\alpha f$ が $L^2(\boldsymbol{R}^d)$ に属するような関数の全体を $W^{k,2}(\boldsymbol{R}^d)$ と書く．

補題 8.4　$f \in W^{k,2}(\boldsymbol{R}^d)$ ならば，
$$c\|(1+|\xi|^2)^{k/2}\widehat{f}(\xi)\|_2 \leq \sum_{\|\alpha\| \leq k} \|D^\alpha f\|_2 \leq c'\|(1+|\xi|^2)^{k/2}\widehat{f}(\xi)\|_2$$
である，ここで $c, c' > 0$ は f によらない定数である．

[証明]　第1段．まず，$\xi \in \boldsymbol{R}^d$ に無関係な定数 $c_1, c_1' > 0$ が存在して
$$(8.29) \qquad c_1(1+|\xi|^2)^k \leq \sum_{\|\alpha\| \leq k} |\xi^\alpha|^2 \leq c_1'(1+|\xi|^2)^k$$
であることに注意しよう．(8.29)を示すには，各 $l=0,1,\cdots,k$ について
$$(8.30) \qquad c_2|\xi|^{2l} \leq \sum_{\|\alpha\|=l} |\xi^\alpha|^2 \leq c_2'|\xi|^{2l}$$
であることを示せばよい．ここで c_2, c_2' は ξ に無関係な定数である．

(8.30)は $|\xi|=1$ のとき成り立つ．したがって，斉次性から一般の ξ に対し成り立つ．

第2段．$f \in W^{k,2}$ ならば，
$$(8.31) \qquad \int |D^\alpha f|^2 dx = (2\pi)^{2\|\alpha\|} \int |\xi^\alpha \widehat{f}(\xi)|^2 d\xi.$$
実際，$u \in \mathcal{S}$ ならば，
$$\langle D^\alpha f, u \rangle = (-1)^{\|\alpha\|} \langle f, D^\alpha u \rangle = (-1)^{\|\alpha\|} \langle \widehat{f}, \widehat{D^\alpha u} \rangle$$
$$= (-1)^{\|\alpha\|} \langle \widehat{f}, (2\pi i \xi)^\alpha \widehat{u} \rangle = (-2\pi i)^{\|\alpha\|} \langle \xi^\alpha \widehat{f}, \widehat{u} \rangle.$$

ゆえに，
$$\int D^\alpha f(x)u(x)dx = (-2\pi i)^{\|\alpha\|}\int \xi^\alpha \widehat{f}(\xi)\widehat{u}(\xi)d\xi.$$
$u \in \mathcal{S}$, $\|u\|_2 = \|\widehat{u}\|_2 = 1$, について sup をとれば (8.31) が得られる．

第3段. (8.31) の両辺を α について加えて (8.29) を用いれば補題が得られる． ∎

実数 s に対し $\Lambda_s u$ を
$$\widehat{\Lambda_s u}(\xi) = (1+|\xi|^2)^{s/2}\widehat{u}(\xi), \quad u \in \mathcal{S}(\boldsymbol{R}^d),$$
で定義する．s が自然数のとき，$\Lambda_s u$ は補題によって L^2 の意味で s 階の微分の大きさをもつ．

定義 8.2 s を実数とする．
$$W^{s,2}(\boldsymbol{R}^d) = \{f \in \mathcal{S}'(\boldsymbol{R}^d);\, \Lambda_s f \in L^2(\boldsymbol{R}^d)\}$$
とおく．$W^{s,2}(\boldsymbol{R}^d)$ を s 次の Sobolev 空間という． ∎

命題 8.2 Sobolev 空間について次が成り立つ．
(ⅰ) $W^{0,2} = L^2$.
(ⅱ) $s > t$ なら，$W^{s,2} \subset W^{t,2}$.
(ⅲ) 任意の s に対して微分作用素 $D^\alpha : W^{s,2} \mapsto W^{s-\|\alpha\|,2}$ は有界である．

[証明] (ⅰ), (ⅱ) は定義から明らかである．(ⅲ) は $|\xi^\alpha| \leq (1+|\xi|^2)^{\|\alpha\|/2}$ からわかる． ∎

例 8.11 δ は超関数であって通常の関数ではない．しかし，$\widehat{\delta} = 1$ であるから，$s < -d/2$ なら，$\widehat{\delta}(\xi)(1+|\xi|^2)^s \in L^2(\boldsymbol{R}^d)$．ゆえに $\delta \in W^{s,2}(\boldsymbol{R}^d)$．したがって，$W^{s,2}(\boldsymbol{R}^2)$ の元は必ずしも関数とは限らない． ∎

$W^{s,2}(\boldsymbol{R}^d)$ における内積を
$$(f,g)_{W^{s,2}} = \int_{\boldsymbol{R}^d} (\Lambda_s f)\overline{(\Lambda_s g)}dx$$
によって定義するならば，Plancherel の定理によって
$$(f,g)_{W^{s,2}} = \int_{\boldsymbol{R}^d} \widehat{f}(\xi)\overline{\widehat{g}(\xi)}(1+|\xi|^2)^s dx$$
である．右辺は，Hilbert 空間 $L^2(\boldsymbol{R}^d, (1+|\xi|^2)^s d\xi)$ の内積であることに注目

しよう．

定理 8.17 $W^{s,2}(\boldsymbol{R}^d)$ は Hilbert 空間であって，$L^2(\boldsymbol{R}^d, (1+|\xi|^2)^s d\xi)$ と同型等距離的である． □

定理 8.18 (Sobolev の埋蔵定理)　$k \geqq 0$ を整数とする．$s > k + \dfrac{d}{2}$ ならば，$W^{s,2}(\boldsymbol{R}^d) \subset C^k(\boldsymbol{R}^d)$．

［証明］$f \in W^{s,2}$ とする．$\widehat{D^\alpha f} \in L^1(\boldsymbol{R}^d)$ であれば，その Fourier 逆変換 $D^\alpha f$ は連続である．$\|\alpha\| \leqq k$ ならば

$$(2\pi)^{-\|\alpha\|} \int |\widehat{(D^\alpha f)}(\xi)| d\xi = \int |\xi^\alpha \widehat{f}(\xi)| d\xi \leqq \int (1+|\xi|^2)^{k/2} |\widehat{f}(\xi)| d\xi$$

$$\leqq \left(\int (1+|\xi|^2)^s |\widehat{f}(\xi)|^2 d\xi \right)^{1/2} \left(\int (1+|\xi|^2)^{k-s} d\xi \right)^{1/2}$$

右辺の第 1 項は $\|f\|_{W^{s,2}}$ である．第 2 項の積分は，$k-s < -d/2$ であるから，極座標を用いて計算することによって有限値であることがわかる．ゆえにすべての $\|\alpha\| \leqq k$ に対して $\widehat{D^\alpha f} \in L^1(\boldsymbol{R}^d)$．ゆえに証明された．∎

系 8.2　任意の s に対し $f \in W^{s,2}(\boldsymbol{R}^d)$ ならば，$f \in C^\infty(\boldsymbol{R}^d)$． □

§8.4　Fourier 変換と解析性

(a)　Hardy 空間

$f \in L^p(\boldsymbol{R})$, $1 \leqq p \leqq \infty$, とすると Poisson 積分 $f(x,y) = P_y * f(x)$ は上半平面 $\boldsymbol{R}_+^2 = \{(x,y); x \in \boldsymbol{R}, y > 0\}$ で調和である．そして Young の不等式によって $\|f(\cdot, y)\|_p \leqq \|f\|_p$ である．

定義 8.3　$0 < p < \infty$ とする．$f(z)$ は上半平面 $\Re z > 0$ で正則とする．

$$\|f\|_{H^p} = \sup_{y>0} \left(\int_{-\infty}^\infty |f(x+iy)|^p dx \right)^{1/p} < \infty$$

であるとき，f は Hardy 空間 $H^p(\boldsymbol{R}_+^2)$ に属するという． □

$1 \leqq p$ のとき $\|\cdot\|_{H^p}$ はノルムであることは容易にわかる．$0 < p < 1$ のとき $\|\cdot\|_{H^p}^p$ が距離であることは，L^p の場合と同様にして示される．したがって，いずれの場合も $H^p(\boldsymbol{R}_+^2)$ は距離空間である．

補題 8.5 $\Im z > 0$ とするとき

$$\frac{1}{2\pi i}\int_{-\infty}^{\infty}\frac{1}{s-z}e^{2\pi i\xi s}ds = \begin{cases} e^{2\pi i\xi z} & (\xi > 0) \\ 0 & (\xi < 0) \end{cases}$$

[証明] $e^{2\pi i\xi\zeta}$ は ζ の正則関数であるから，Cauchy の積分定理によって

$$\frac{1}{2\pi i}\int_{C_1\cup C_2}\frac{1}{\zeta-z}e^{2\pi i\xi\zeta}d\zeta = e^{2\pi i\xi z}$$

である．ここで $C_1 = [-R, R]$ であり，$\xi > 0$ のときは，C_2 は上半円 $\{Re^{i\theta}; 0 < \theta < \pi\}$ であって $C_1 \cup C_2$ の内部に z が含まれるように R を十分大にとっておく(図 8.4)．

$$\left|\int_{C_2}\right| \leqq \int_0^\pi \frac{|e^{2\pi i\xi Re^{i\theta}}|}{|Re^{i\theta}-z|}Rd\theta \leqq \int_0^\pi \frac{e^{-2\pi R\xi\sin\theta}}{R-|z|}Rd\theta.$$

$\xi > 0$ であるから，$R \to \infty$ のとき被積分関数は一様有界，かつ各点で 0 に収束する．したがって Lebesgue の収束定理によって $\int_{C_2}d\zeta \to 0$ である．

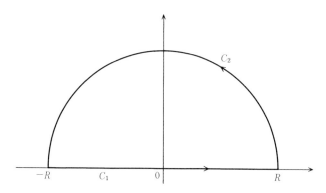

図 8.4　$\xi > 0$ の場合

一方，$R \to \infty$ のとき

$$\int_{C_1} \to \frac{1}{2\pi i}\int_{-\infty}^{\infty}\frac{e^{2\pi i\xi s}}{s-z}ds$$

である．

$\xi < 0$ のとき，$e^{2\pi i\xi\zeta}/(\zeta-z)$ は下半平面で正則であるから，C_2 として下半

円をとれば，Cauchy の積分定理によって
$$\frac{1}{2\pi i}\int_{C_1\cup C_2}\frac{1}{\zeta-z}e^{2\pi i\xi\zeta}d\zeta=0$$
である．そして $\int_{C_2}\to 0$ が上の場合と同様にして示されるから補題は証明された．∎

$z=x+iy, y>0,$ に対し

(8.32) $$\frac{-1}{\pi i z}=P_y(x)+iQ_y(x)$$

である ($\S 8.1$ 例 8.3 参照)．補題 8.5 によって
$$\frac{-1}{\pi i}\mathcal{F}\left(\frac{1}{\cdot+iy}\right)(\xi)=2e^{-2\pi y\xi}\chi_{(0,\infty)}(\xi).$$
そして
$$\mathcal{F}P_y(\xi)=e^{-2\pi y|\xi|}$$
であるから，
$$\mathcal{F}Q_y(\xi)=-i\operatorname{sign}\xi\, e^{-2\pi y|\xi|}$$
である．

$f\in L^2(\mathbf{R})$ に対し，$f(x,y)=f*P_y(x),\ \tilde{f}(x,y)=f*Q_y(x)$ とおくと，
$$\frac{1}{2}[f(x,y)+i\tilde{f}(x,y)]=\int\frac{1}{2}[P_y(x-s)+iQ_y(x-s)]f(s)ds$$
$$=\int_0^\infty \hat{f}(\xi)e^{2\pi i(x+iy)\xi}d\xi$$
$$=\frac{1}{2\pi i}\int_{-\infty}^\infty \frac{f(s)}{z-s}ds\quad (z=x+iy)$$
である．最後の等式は (8.32) による．

上式の右辺は $z=x+iy$ の正則関数である．したがって，$f(x)$ が実数値ならば，$f(x,y), \tilde{f}(x,y)$ は，それぞれ正則関数の実部，虚部である．

定理 8.19 (Paley[*5]-Wiener の定理)　$f\in H^2(\mathbf{R}_+^2)$ であるための必要十分条件は，$f^*\in L^2(\mathbf{R})$ が存在して，$\widehat{f^*}(\xi)=0\ (\xi<0)$．そして

[*5] P. E. A. C. Paley (ペーリー), 1907–1933.

(8.33) $$f(z) = \int_0^\infty \widehat{f^*}(\xi) e^{2\pi i z \xi} d\xi.$$

または,同じことであるが

(8.34) $$f(z) = \frac{1}{2\pi i} \int_{-\infty}^\infty \frac{f^*(s)}{z-s} ds.$$

[証明] 十分性.(8.33)または(8.34)によって $f(z)$ は上半平面で正則である.また,Plancherel の定理によって,$\|f(\cdot+iy)\|_2 = \|\widehat{f^*}(\cdot)e^{-2\pi y \cdot}\|_2 \leqq \|\widehat{f^*}\|_2 < \infty$ であるから,$f \in H^2(\mathbf{R}_+^2)$ である.

必要性.第1段.$f \in H^2(\mathbf{R}_+^2)$ とする.$\varepsilon > 0$ に対し

$$f_\varepsilon(z) = e^{i\varepsilon z} \frac{1}{2\varepsilon} \int_{-\varepsilon}^\varepsilon f(z+u) du$$

とおく.上半平面 $\Re z > 0$ において f_ε は次の性質をもつ:

(a) $f_\varepsilon(z)$ は正則である.

(b) $f_\varepsilon(z) \to f(z) \quad (\varepsilon \to 0)$.

(c) Schwarz の不等式によって

$$|f_\varepsilon(z)| \leqq \frac{e^{-\varepsilon \Im z}}{\sqrt{2\varepsilon}} \left(\int_{-\varepsilon}^\varepsilon |f(z+u)|^2 du \right)^{1/2}$$

$$\leqq \frac{e^{-\varepsilon \Im z}}{\sqrt{2\varepsilon}} \sup_{y>0} \left(\int_{-\infty}^\infty |f(iy+v)|^2 dv \right)^{1/2} = \frac{e^{-\varepsilon \Im z}}{\sqrt{2\varepsilon}} \|f\|_{H^2}.$$

(d) $|f_\varepsilon(z)| \leqq M f(\cdot+iy)(x)$,

ここで Mf は Hardy-Littlewood の極大関数である.

第2段.$y_1 > 0$ とするとき

(8.35) $$f(z+iy_1) = \frac{1}{2\pi i} \int_{-\infty}^\infty \frac{f(s+iy_1)}{s-z} ds \quad (\Im z > 0)$$

である.(8.35)を証明するために,まず

(8.36) $$f_\varepsilon(z+iy_1) = \frac{1}{2\pi i} \int_{-\infty}^\infty \frac{f_\varepsilon(s+iy_1)}{s-z} ds \quad (\Im z > 0)$$

であることを示す.$f_\varepsilon(z+iy_1)$ は z について正則であるから,

$$(8.37) \qquad f_\varepsilon(z+iy_1) = \frac{1}{2\pi i}\int_{C_1\cup C_2}\frac{f_\varepsilon(\zeta+iy_1)}{\zeta-z}d\zeta,$$

ここで $C_1=[-R,R]$, $C_2=\{Re^{i\theta}\,;\,0<\theta<\pi\}$ であって，R は十分大にとっておく．$\zeta\in C_2$ なら，$R\to\infty$ のとき，$e^{-\varepsilon\Im\zeta}\to 0$ であるから，(c)によって $\int_{C_2}\to 0$．ゆえに(8.37)から(8.36)が得られる．

次に，(8.36)において $\varepsilon\to 0$ とする．左辺は(b)によって $f(z)$ に収束する．$1/(s-z)\in L^2(\boldsymbol{R},ds)$ に注目し，Schwarz の不等式を用いると，(d)によって $f_\varepsilon(s+iy_1)/(s-z)$ は ε に無関係な L^1 の関数でおさえられることがわかる．ゆえに $\varepsilon\to 0$ とすれば，Lebesgue の収束定理によって(8.36)から(8.35)が導かれる．

第 3 段．(8.35)から，$f(x+iy+iy_1)$ の x についての Fourier 変換は，$\widehat{f}(\cdot+iy_1)(\xi)e^{-2\pi y\xi}\chi_{(0,\infty)}(\xi)$ である．y と y_1 を交換することによって，

$$\widehat{f}(\cdot+iy_1)(\xi)e^{-2\pi y\xi}\chi_{(0,\infty)}(\xi)=\widehat{f}(\cdot+iy)(\xi)e^{-2\pi y_1\xi}\chi_{(0,\infty)}(\xi)$$

であるから，

$$\widehat{f}^*(\xi)=\widehat{f}(\cdot+iy)(\xi)e^{2\pi y\xi}\chi_{(0,\infty)}(\xi)$$

とおくと，$\widehat{f}^*$ は y に無関係であることがわかる．

Plancherel の定理によって

$$\int_0^\infty|\widehat{f}^*(\xi)e^{-2\pi y\xi}|^2 d\xi = \int_{-\infty}^\infty|f(x+iy)|^2 dx \leqq \|f\|_{H^2}<\infty$$

であるから，$y\to 0$ として，$\widehat{f}^*\in L^2(\boldsymbol{R})$ を得る．そして

$$\int_0^\infty \widehat{f}^*(\xi)e^{2\pi iz\xi}d\xi = \int_{-\infty}^\infty \widehat{f}(\cdot+iy)(\xi)e^{2\pi y\xi}e^{2\pi ix\xi-2\pi\xi y}d\xi = f(x+iy)$$

である．

注意 8.3 定理 8.19 は H^p, $p\geqq 1$, としても成り立つことが知られている．

(b) 指数型整関数と Fourier 変換

$f\in L^2(\boldsymbol{R})$ とする．$\mathrm{supp}\,\widehat{f}\subset[-a/2\pi,a/2\pi]$ ならば，

(8.38) $$f(z) = \int_{-\infty}^{\infty} \widehat{f}(\xi) e^{2\pi i z \xi} d\xi$$

とおくとき，微分は積分記号下で施すことができるから，$f(z)$ は $\boldsymbol{C}$ 上で正則，すなわち，整関数である．また

$$|f(z)| \leqq \int_{-a/2\pi}^{a/2\pi} |\widehat{f}(\xi)| e^{2\pi|\xi z|} d\xi \leqq (a/\pi)^{1/2} \|f\|_2 e^{a|z|}$$

である．

一般に，定数 $C, a > 0$ が存在して
(8.39) $$|f(z)| \leqq C e^{a|z|}$$
であるとき，位数 a の**指数型**であるという．

定理 8.20 (Paley-Wiener の定理) $f \in L^2(\boldsymbol{R})$ とする．f を位数 a の指数型整関数に延長することができるための必要十分条件は，$\mathrm{supp}\,\widehat{f} \subset [-a/2\pi, a/2\pi]^{*6}$ であることである． □

補題 8.6 (Phragmén-Lindelöf の定理) $0 < \alpha < \pi/2$ とする．S を二つの線分 $\{re^{\pm i\alpha}; r \geqq 0\}$ で囲まれた扇形領域とする(図 8.5)．
 (ⅰ) $F(z)$ は S で正則，位数 a の指数型である，
 (ⅱ) F は $\overline{S}$ で連続，$|F(z)| \leqq B\ (z \in \partial S)$ である，
とする．
  そのとき $|F(z)| \leqq B\ (z \in S)$ である．

［補題の証明］ $\gamma > 1$ を $\gamma\alpha < \pi/2$ であるように選ぶ．$A > 0$ に対し $F_A(z) = F(z)e^{-Az^\gamma}$ とおく．

$z = re^{\pm i\alpha}$ のときは $|e^{-Az^\gamma}| = e^{-Ar^\gamma \cos\alpha\gamma} \leqq 1$ であるから，$|F_A(z)| \leqq B\ (z \in \partial S)$ である．また，F は位数 a の指数型であるから
$$|F_A(Re^{i\theta})| \leqq Ce^{aR} e^{-AR^\gamma \cos\gamma\alpha} \leqq B \quad (|\theta| \leqq \alpha)$$
が R を十分大にとるとき成り立つ．ゆえに複素関数論の最大値の原理によって，$|F_A(z)| \leqq B\ (z \in S)$ である．$A > 0$ は任意でよかったから $A \to 0$ とすれば，求める評価が得られる． ■

---

*6 $\mathrm{supp}\,\widehat{f}$ がコンパクトであるとき，f は帯域制限されているなどという．

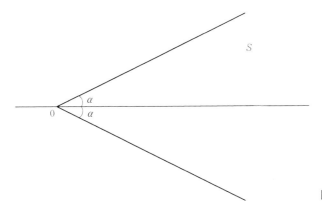

図 8.5　扇形領域 S

［定理 8.20 の証明］　十分性については既に述べてある．$f(z)$ は整関数であって (8.39) を満たすとする．

$$F(z) = e^{iaz} \int_{-1/2}^{1/2} f(z+s) ds$$

とおくと，$F(z)$ もまた整関数である．

$$\widehat{F}(\xi) = \int_{-1/2}^{1/2} \widehat{f}\Big(\xi - \frac{a}{2\pi}\Big) e^{2\pi i \xi s - iax} ds$$

である．なぜならば，$g(x) = f(x+s)e^{iax}$ とおくと，$g \in L^2(R)$ であるから，$\int_{-N}^{N} g(x) e^{-2\pi i \xi x} dx$ は $\widehat{g}(\xi) = \widehat{f}\Big(\xi - \frac{a}{2\pi}\Big) e^{2\pi i \xi s - ias}$ に L^2 ノルムの意味で収束するからである．ゆえに

$$\widehat{F}(\xi) = \widehat{f}\Big(\xi - \frac{a}{2\pi}\Big) \frac{\sin(\pi \xi - a/2)}{\pi \xi - a/2}$$

である．

ゆえに $\widehat{F}(\xi) = 0$ a.e. $(\xi < 0)$ を示せば，$\widehat{f}(\xi) = 0$ a.e. $(\xi < -a/2\pi)$ が従う．$\xi > a/2\pi$ の場合は a を $-a$ でおきかえれば同様にして示される．

$F(z)$ は実軸上で有界である．実際，

$$|F(x)| \leq \Big(\int_{-1/2}^{1/2} |f(x+s)|^2 ds\Big)^{1/2} \leq \|f\|_2.$$

である．また，

$$|F(iy)| \leqq Ce^{-ay}e^{a|iy+1/2|} \leqq Ce^{a/2}$$

であるから，$F(z)$ は虚軸の上半部分で有界である．

ゆえに，Phragmén-Lindelöf の定理を第一象限および第二象限について用いることによって，上半面で有界であることがわかった．

$$F_1(z) = \frac{F(z)}{2\pi i(z+i)}$$

とおくと，$F_1(z)$ は上半平面で正則，そして

$$\int_{-\infty}^{\infty}|F_1(x+iy)|^2 dx \leqq \sup_{\Im z>0}\left(\frac{|F(z)|}{2\pi}\right)^2 \int_{-\infty}^{\infty}\frac{1}{x^2+(1+y)^2}dx.$$

右辺は $y>0$ に無関係な定数でおさえられる．ゆえに $F_1 \in H^2(\boldsymbol{R}_+^2)$ である．ゆえに定理 8.19 によって，

$$\widehat{F_1}(\xi) = 0 \text{ a.e. } (\xi < 0).$$

ところで補題 8.5 によって $\mathcal{F}(\cdot+i)^{-1}(\xi) = -2\pi i e^{-2\pi\xi}\chi_{(0,\infty)}(\xi)$ であるから，Plancherel の定理によって

$$\widehat{F_1}(\xi) = \frac{1}{2\pi i}\int_{-\infty}^{\infty}\frac{F(x)}{x+i}e^{-2\pi i\xi x}dx = -\int_{-\infty}^{\xi}\widehat{F}(\eta)e^{-2\pi(\xi-\eta)}d\eta.$$

左辺は a.e. $\xi < 0$ に対し 0 であるから，$\widehat{F}(\eta)=0$ a.e. $\eta<0$．ゆえに，証明された．∎

(c) Heisenberg の不等式

$\widehat{f}$ の台がコンパクトならば，Paley-Wiener の定理 8.20 によって f は正則関数に延長されるから，零点は高々可算個である．つまり，$f(x)$ は遠方で零となる点は少ない．直感的には，ゆるやかに 0 に収束するようにみえる．$\widehat{f}$ と f の立場を交換してもこのことは同じである．

$f(x)$ は信号の時間経過，$\widehat{f}(\xi)$ は周波数を表わすとみなすとき，$\Delta_f, \Delta_{\widehat{f}}$ を，それぞれ信号，周波数の"広がり"とすれば，Δ_f を小にすれば $\Delta_{\widehat{f}}$ が大になり，逆も成り立つのである．つまり f と $\widehat{f}$ は同時に局在することはない．このことは不確定性原理といわれ，Fourier 解析の理論を困難にしている一つの要因であって，次の章で述べるウェーブレットの理論は，この問題に一つ

の解決を与えている．このような関係を定量的に表わすことを考えよう．

f の可積分性は保証されているとして

$$\tilde{x} = \frac{1}{\|f\|_2^2} \int_{-\infty}^{\infty} x|f(x)|^2 dx$$

とおく．$\tilde{x}$ は f が局在している場所の中心を表わすとみてよい．$f(x)$ の分散を表わす量として

$$\Delta_f = \frac{1}{\|f\|_2} \left(\int_{-\infty}^{\infty} (x-\tilde{x})^2 |f(x)|^2 dx \right)^{1/2}$$

と定義する．Fourier 変換 $\widehat{f}$ についても同様に

$$\tilde{\xi} = \frac{1}{\|f\|_2^2} \int_{-\infty}^{\infty} \xi |\widehat{f}(\xi)|^2 d\xi, \quad \Delta_{\widehat{f}} = \frac{1}{\|f\|_2} \left(\int_{-\infty}^{\infty} (\xi-\tilde{\xi})^2 |\widehat{f}(\xi)|^2 d\xi \right)^{1/2}$$

とおく．

定理 8.21 (Heisenberg[*7] の不等式)　$f \in L^2(\boldsymbol{R})$ に対し

$$4\pi \Delta_f \Delta_{\widehat{f}} \geqq 1. \qquad \square$$

$f(x) = c e^{-a(x-m)^2} e^{2\pi i b x}$, $a > 0$, のときは，等号が成り立つ（章末の演習問題 8.5 参照）．実は，等号が成り立つのはこの場合だけに限るのである．

[証明]　最初に $f \in S(\boldsymbol{R})$ と仮定する．$f(x)$ の代わりに $f(x+\tilde{x}) e^{-2\pi i \tilde{\xi} x}$ とおくことによって $\tilde{x} = \tilde{\xi} = 0$ としてよい．また f を定数倍して $\|f\|_2 = 1$ としてよい．

$$\begin{aligned}
(4\pi \Delta_f \Delta_{\widehat{f}})^2 &= (4\pi)^2 \int_{-\infty}^{\infty} x^2 |f(x)|^2 dx \int_{-\infty}^{\infty} \xi^2 |\widehat{f}(\xi)|^2 d\xi \\
&= (4\pi)^2 \int_{-\infty}^{\infty} |xf(x)|^2 dx \int_{-\infty}^{\infty} |(-2\pi i)^{-1} \widehat{f'}(\xi)|^2 d\xi \quad (\text{補題 8.3}) \\
&= 4 \int_{-\infty}^{\infty} |xf(x)|^2 dx \int_{-\infty}^{\infty} |f'(x)|^2 dx \quad (\text{Plancherel の定理}) \\
&\geqq 4 \left(\int_{-\infty}^{\infty} |xf(x) f'(x)| dx \right)^2 \quad (\text{Schwarz の不等式}) \\
&\geqq 4 \left(\int_{-\infty}^{\infty} \left| \frac{x}{2} [f(x)\overline{f'(x)} + \overline{f(x)} f'(x)] \right| dx \right)^2
\end{aligned}$$

[*7]　W. K. Heisenberg(ハイゼンベルク)，1901–1976．ドイツの物理学者．

$$= \left(\int_{-\infty}^{\infty} x \frac{d}{dx} |f(x)|^2 dx \right)^2$$

$$= \left(\int_{-\infty}^{\infty} |f(x)|^2 dx \right)^2 = 1 \quad (\text{部分積分})$$

$f \in L^2(\mathbf{R})$ の場合．$xf(x), \xi\widehat{f}(\xi) \in L^2(\mathbf{R})$ としてよい．$f_n(x) = f(x)\chi_{(-n,n)}(x)$ とおく．$\varphi_t(x)$ を第6章で定義した軟化子とすると，$f_n * \varphi_t \in C_c^{\infty}$ である．$f_n * \varphi_t$ に対しては不等式は成り立つから，

(8.40) $\quad \limsup\limits_{t \to 0} \limsup\limits_{n \to \infty} \int x^2 |f_n * \varphi_t(x)|^2 dx \leqq \int x^2 |f(x)|^2 dx,$

(8.41) $\quad \limsup\limits_{t \to 0} \limsup\limits_{n \to \infty} \int \xi^2 |\widehat{f_n}(\xi)\widehat{\varphi}(t\xi)|^2 d\xi \leqq \int \xi^2 |\widehat{f}(\xi)|^2 d\xi$

であることを示せばよい．

t を固定するとき，$\xi\widehat{\varphi_t}(\xi)$ は有界であるから，(8.41)の左辺は，$n \to \infty$ とするとき，$\int \xi^2 |\widehat{f}(\xi)\widehat{\varphi_t}(\xi)|^2 d\xi$ へ収束する．$|\widehat{\varphi}(\xi)| \leqq 1$ であるから，(8.41)は成り立つ．

(8.40)を示すために，まず $|f_n * \varphi_t(x)| \leqq |f| * \varphi_t(x)$ であることに注意する．$\varepsilon > 0$ とする．

$$\int_{|x|<\varepsilon} x^2 [|f| * \varphi_t(x)]^2 dx \leqq \varepsilon^2 \int [|f| * \varphi_t(x)]^2 dx \leqq \varepsilon^2 \int |f|^2 dx$$

である．この項はいくらでも小にできるから，$|x| > \varepsilon$ の積分を評価すればよい．

Schwarz の不等式によって $[|f| * \varphi_t(x)]^2 \leqq \int |f(x-y)|^2 \varphi_t(x) dy$ であるから，

$$\int_{|x|>\varepsilon} x^2 [|f| * \varphi_t(x)]^2 dx \leqq \int_{|y|<t} dy \int_{|x|>\varepsilon} x^2 |f(x-y)|^2 \varphi_t(y) dx.$$

$|y| < t < \varepsilon$，$|x| > \varepsilon$ に対し $x^2 = (x-y)^2 [x/(x-y)]^2 \leqq (x-y)^2 [\varepsilon/(\varepsilon-t)]^2$ である．これを代入し，$\int \varphi_t(z) dz = 1$ であることを用いると，最後の式は

$$\leqq \left(\frac{\varepsilon}{\varepsilon-t} \right)^2 \int x^2 |f(x)|^2 dx.$$

したがって，$t \to 0$ とすれば(8.40)が得られる． ∎

§8.5 Fourier 級数

以下，$f \in L^p[0,1)$ であるというときは，f は実軸上で定義されており，周期 1 をもつ，すなわち，$f(x) = f(x+1)$ を満たすとする．f は群
$$T = R/Z = R \pmod{1}$$
の上で定義されているとみなしてもよい．また，周の長さ 1 の円周上で定義されているとみなしてもよい．
$$\|f\|_p = \left(\int_{[0,1)} |f(x)|^p dx \right)^{1/p} \quad (1 \leqq p < \infty)$$
と書く．

(a) Fourier 級数

$f \in L^1(T)$ に対し
$$\widehat{f}_n = \int_T f(x) e^{-2\pi i n x} dx \quad (n \in Z)$$
を Fourier 係数といい，形式的な級数

(8.42) $$f \sim \sum_{n=-\infty}^{\infty} \widehat{f}_n e^{2\pi i n x}$$

を **Fourier 級数**という．

これに対し
$$a_n(f) = 2\int_0^1 f(x)\cos(2\pi n x)dx, \quad b_n(f) = 2\int_0^1 f(x)\sin(2\pi n x)dx$$
を実型 Fourier 係数という．Euler の公式
$$e^{i\theta} = \cos\theta + i\sin\theta$$
によって，(8.42) を書き直すと
$$f \sim \frac{a_0}{2} + \sum_{n=1}^{\infty} (a_n \cos 2\pi n x + b_n \sin 2\pi n x)$$
である．

$\boldsymbol{T}^d = \boldsymbol{T} \times \cdots \times \boldsymbol{T}$ (d 個の積) と書く．各変数ごとに周期 1 をもつ可積分関数 $f \in L^1(\boldsymbol{T}^d)$ の Fourier 係数は

$$\widehat{f}_n = \int_{\boldsymbol{T}^d} f(x) e^{-2\pi i n x} dx \quad (n \in \boldsymbol{Z}^d),$$

ただし $nx = n_1 x_1 + \cdots + n_d x_d$ である．そして Fourier 級数は

(8.43) $$f \sim \sum_{n \in \boldsymbol{Z}^d} \widehat{f}_n e^{2\pi i n x}$$

と定義される．

定理 8.22 $f \in L^1(\boldsymbol{T}^d)$ ならば，$\widehat{f}_n \to 0$ ($|n| \to \infty$)．

[証明] $\widehat{f}_n$ は $[0,1)^d$ の外で 0 であるような関数の Fourier 変換とみなすことができる．ゆえに Fourier 変換に対する Riemann-Lebesgue の定理から証明は従う． ∎

いくらでもゆるやかに 0 に収束する Fourier 級数をもつ可積分関数が存在することが知られている．また Fourier 級数は必ずしも収束するとは限らない．

(b) たたみ込みと Fourier 級数

以下，一変数関数に限って話を進めよう．

$f, g \in L^1(\boldsymbol{T})$ に対し

$$f * g(x) = \int_{\boldsymbol{T}} f(x-y) g(y) dy$$

を f と g のたたみ込みという．

Fourier 変換の場合と同じようにして次の関係が示される．読者は証明を試みていただきたい．

定理 8.23 $f, g \in L^1(\boldsymbol{T})$ とする．

(ⅰ) $f * g \in L^1(\boldsymbol{T})$ であって，$\|f * g\|_1 \leqq \|f\|_1 \|g\|_1$,

(ⅱ) $|\widehat{f}_n| \leqq \|f\|_1$ $(n \in \boldsymbol{Z})$,

(ⅲ) $L^1(\boldsymbol{T}) \ni f \to \widehat{f}_n \in \boldsymbol{C}$ は線形準同型写像である，すなわち，

$$\widehat{f * g}_n = \widehat{f}_n \widehat{g}_n \quad (n \in \boldsymbol{Z}). \qquad \Box$$

補題 8.7 $k(x) = \sum \lambda_n e^{2\pi i n x}$ が一様収束すれば $f \in L^1(\boldsymbol{T})$ に対し
$$f * k(x) = \sum_{n=-\infty}^{\infty} \lambda_n \widehat{f}_n e^{2\pi i n x} \quad (\text{一様収束}).$$

[証明]
$$\int_0^1 f(y) e^{2\pi i n (x-y)} dy = \widehat{f}_n e^{2\pi i n x}.$$

両辺に λ_n をかけて n について和をとる．$k(x)$ は一様収束和であるから，左辺は $\int_0^1 f(y) [\sum_{n=-\infty}^{\infty} \lambda_n e^{2\pi i n (x-y)}] dy = f * k(x)$ となる． ∎

(c) Fourier 級数の収束性

$$D_n(x) = \sum_{j=-n}^{n} e^{2\pi i j x}$$

を **Dirichlet 核**という．補題 8.7 によって，$f \in L^1(\boldsymbol{T})$ の Fourier 級数の第 n 部分和は

$$s_n(f)(x) = \sum_{j=-n}^{n} \widehat{f}_j e^{2\pi i j x} = \int_0^1 f(x-y) D_n(y) dy$$

と書くことができる．

$e^{2\pi i x} \neq 1$ ならば，$D_n(x)$ は等比級数の和の公式によって，

$$D_n(x) = e^{-2\pi i n x} \frac{e^{2\pi i (2n+1)x} - 1}{e^{2\pi i x} - 1} = \frac{\sin \pi (2n+1) x}{\sin \pi x}$$

である．項別積分によって $\int_0^1 D_n(x) dx = 1$ であるから，

$$s_n(f)(x) - f(x) = \int_0^1 [f(x-y) - f(x)] D_n(y) dy.$$

周期性によって，積分範囲は $(-1/2, 1/2)$ に置き換えてよい．したがって

$$s_n(f)(x) - f(x) = \int_0^{1/2} \psi_x(y) \frac{2 \sin \pi (2n+1) y}{\sin \pi y} dy$$

である，ただし $\psi_x(y) = \frac{1}{2}[f(x+y) + f(x-y)] - f(x)$ である．

$f \in L^1$ とし，x を固定するとき，任意の $1/2 > \delta > 0$ に対し

$$\int_\delta^{1/2} \frac{2\psi_x(y)}{\sin \pi y} \sin \pi (2n+1) y \, dy$$

は可積分関数の Fourier 係数の 1 次結合とみなすことができるから，$|n| \to \infty$ とすると Riemann-Lebesgue の定理によって 0 に収束する．したがって Fourier 積分の場合と同様に

定理 8.24 $f \in L^1(\boldsymbol{T})$ とする．x を固定するとき，$s_n(f)(x) \to f(x)$ ($n \to \infty$) であるための必要十分条件は，任意の $1/2 > \delta > 0$ に対し

(8.44) $$\int_0^\delta \psi_x(y) \frac{2\sin \pi (2n+1)y}{\sin \pi y} dy \to 0 \quad (n \to 0)$$

であることである． □

(8.44) は，たとえば，Dini の条件 $\int_0^\delta |\psi_x(y)|/y \, dy < \infty$ を満たせば成り立つ．特に，f が Lipschitz の条件

$$|f(x) - f(y)| \leqq c|x-y|^\alpha, \quad c > 0, \ 1 \geqq \alpha > 0 \text{ は定数}$$

を満たせば成り立つ．

条件 (8.44) は Fourier 積分の収束条件と同じ形をしている．§8.1(b) を参照されたい．

部分和の収束問題は古くから研究されている．証明はいずれも Fourier 解析と実解析のさらに進んだ議論を要するので省略するが，主要な結果を記しておく．

連続関数の発散に関して

（ⅰ）du Bois Reymond (1876)：$s_n(f)(0)$ が発散するような連続関数 f が存在する．

これは最終的に次のように強い形で述べられた．

（ⅱ）J.-P. Kahane–Y. Katznelson (1965)：任意に零集合を与えるとき，その上で部分和が発散するような連続関数が存在する．

L^p の関数の収束性に関しては

（ⅲ）A. Kolmogorov (1923)：$s_n(f)(x)$ がいたるところで発散するような $f \in L^1(\boldsymbol{T})$ が存在する．

（ⅳ）L. Carleson (1966)：$f \in L^2(\boldsymbol{T})$ ならば，$s_n(f)(x)$ はほとんどすべて

の点で $f(x)$ に収束する．R. Hunt (1967) は $f \in L^p(\boldsymbol{T})$, $1 < p$, としてもよいことを証明した．

連続関数は L^2 に属するから，零集合の上で発散してもほとんどすべての点では収束するのである．

(d) Poisson の公式

定理 8.25　$f \in L^1(\boldsymbol{R})$ とする．

(ⅰ)　$u(x) = \sum\limits_{j=-\infty}^{\infty} f(x+j)$ とおくと，右辺は $L^1(\boldsymbol{T})$ の関数にほとんどすべての点で収束する．また，L^1 ノルムの意味でも収束する．そして

(ⅱ)　$\widehat{u}_n = \widehat{f}(n)$.

(ⅲ)　(ⅰ)の級数は点 $x=0$ で収束し，u の Fourier 級数が点 0 で $u(0)$ に収束すれば

(8.45) $$\sum_{j=-\infty}^{\infty} f(j) = \sum_{n=-\infty}^{\infty} \widehat{f}(n).$$
　　□

(8.45)を **Poisson の公式** という．

特に，$f \in \mathcal{S}(\boldsymbol{R})$ ならば，$\sum f(x+j)$ および $\sum f'(x+j)$ は絶対収束するから，u は微分可能であって，Poisson の公式が成り立つための条件はすべて満たされる．

［証明］
$$\int_0^1 \sum_{j=-k}^{k} |f(x+j)| dx = \int_{-k}^{k+1} |f(x)| dx \leqq \int_{-\infty}^{\infty} |f(x)| dx$$

であるから，左辺の被積分関数はほとんどすべての点で絶対かつノルム収束する．

したがって
$$\widehat{u}_n = \sum_{j=-\infty}^{\infty} \int_0^1 f(x+j) e^{-2\pi inx} dx = \sum_{j=-\infty}^{\infty} \int_j^{j+1} f(x) e^{-2\pi inx} dx = \widehat{f}(n).$$

(8.45) は $\sum\limits_j f(j) = u(0) = \sum\limits_n \widehat{u}_n$ からわかる．　　∎

§8.6 Fourier 級数の総和法

(a) Fourier 級数の総和核の例

しばしば利用される Fourier 級数に対する総和核の例を述べよう．本項の議論は，いずれも Fourier 積分の場合から容易に類推されるものである．

例 8.12 (Fejér 核)

$$(8.46) \qquad F_n(x) = \frac{\sum_{m=0}^{n} D_m(x)}{n+1} = \sum_{j=-n}^{n}\left(1 - \frac{|j|}{n+1}\right)e^{2\pi ijx}$$

を Fejér 核という．

$$(8.47) \qquad F_n(x) = \frac{1}{n+1}\left(\frac{\sin \pi(n+1)x}{\sin \pi x}\right)^2$$

である．(8.47)を示すためには，(8.46)の中央の式において公式
$$D_m(x) = \sin \pi(2m+1)x / \sin \pi x,$$
$$\sin \pi(2m+1)x = [\cos 2\pi mx - \cos 2\pi(m+1)x]/2\sin \pi x$$
を用いれば

$$F_n(x) = \frac{1}{n+1}\frac{1-\cos 2\pi(n+1)x}{2\sin \pi x}.$$

最後に公式 $1-\cos 2\pi(n+1)x = 2\sin^2 \pi(n+1)x$ を代入するとよい． □

$\sigma_n(f)(x) = F_n * f(x)$ を Fourier 級数の **Cesàro**(チェザロ)**和**という．(8.46)によって

$$\sigma_n(f)(x) = \frac{1}{n+1}\sum_{m=0}^{n} s_m(f)(x)$$

である．

例 8.13 (Poisson 核)

$$P_r(x) = \sum_{n=-\infty}^{\infty} r^{|n|} e^{2\pi inx} \quad (0 \leqq r < 1)$$

を **Poisson 核**という．

§8.6 Fourier 級数の総和法 —— 255

等比級数の和の公式から

$$P_r(x) = \frac{1}{1-re^{2\pi ix}} + \frac{re^{-2\pi ix}}{1-re^{-2\pi ix}} = \frac{1-r^2}{1-2r\cos 2\pi x+r^2}$$

である．これに対し

$$Q_r(x) = \sum_{n=-\infty}^{\infty} -i\,\mathrm{sign}\,n\, r^{|n|}e^{2\pi inx} = \frac{2r\sin 2\pi x}{1-2r\cos 2\pi x+r^2}$$

を**共役 Poisson 核**という．

$z = re^{2\pi ix}$ とおけば

$$\frac{1}{2}[P_r(x)+iQ_r(x)] = \frac{1}{2} + \sum_{n=1}^{\infty} z^n$$

であるから，$P_r(x), Q_r(x)$ は単位円板 $|z|<1$ 上の正則関数の実部，虚部である．

$f(z) = \dfrac{1}{2}[P_r*f(x)+iQ_r*f(x)]$ とおくと

$$f(z) = \frac{1}{2}\widehat{f}_0 + \sum_{n=1}^{\infty} \widehat{f}_n z^n$$

である．$\widehat{f}_n$ は有界列であるから，$f(z)$ は $|z|<1$ の正則関数である．f が実数値ならば，$P_r*f(x), Q_r*f(x)$ はその実，虚部である． □

例 8.14 (Gauss-Weierstrass 核)

$$w_t(x) = \sum_{n=-\infty}^{\infty} e^{-4\pi^2 n^2 t} e^{2\pi inx} \quad (t>0)$$

を **Gauss-Weierstrass 核**という．

$W_t(x) = (1/\sqrt{4\pi t}\,)e^{-x^2/4t}$, $\widehat{W}_t(\xi) = e^{-4\pi^2\xi^2 t}$ であるから，Poisson の公式によって

$$w_t(x) = \sum_{n=-\infty}^{\infty} \widehat{W}_t(n) e^{2\pi inx} = \sum_{n=-\infty}^{\infty} \widehat{\tau_{-x}W_t}(n)$$
$$= \sum_{j=-\infty}^{\infty} \tau_{-x}W_t(j) = \sum_{j=-\infty}^{\infty} \frac{1}{\sqrt{4\pi t}} e^{-(x+j)^2/4t}$$

である． □

(b) Fourier 級数の総和核

一般に，$k_t(x) \in L^1(\boldsymbol{T})$ $(t>0)$ は条件

(s1) $\displaystyle\int_T k_t(x)dx = 1,$

(s2) $\|k_t\|_1 \leqq C,$

(s3) 任意の $1/2 > \delta > 0$ に対し $\displaystyle\lim_{t \to 0} \int_{1/2 > |x| > \delta} |k_t(x)|dx = 0,$

を満たすとき，Fourier 級数に対する**総和核**であるという．

$t > 0$, $|x| < 1/2$ によらない定数 $C, \eta > 0$ が存在して

(s2)′ $|k_t(x)| \leqq Ct^{-1},$

(s3)′ $|k_t(x)| \leqq Ct^\eta/|x|^{1+\eta},$

であれば，(s2), (s3) が成り立つことは Fourier 積分に対する総和核の場合と同様にして示される．

実軸上の場合と同様に

定理 8.26 k_t は総和核であるとする．

(i) $f \in L^p(\boldsymbol{T})$, $1 \leqq p < \infty$, ならば，$\|f * k_t - f\|_p \to 0$ $(t \to 0)$,

(ii) $f \in C(\boldsymbol{T})$ ならば，$\|f * k_t - f\|_\infty \to 0$ $(t \to 0)$.

さらに，条件 (s2)′, (s3)′ を満たせば

(iii) $f \in L^1(\boldsymbol{T})$ ならば，$f * k_t(x) \to f(x)$ a.e. $(t \to 0)$. □

Fejér 核，Poisson 核，Gauss-Weierstrass 核はいずれも条件 (s1), (s2)′, (s3)′ を満たす．ここでは，Fejér 核と Poisson 核についてそれを確かめておく．

Fejér 核の場合は $t = 1/(n+1)$ ととる．項別積分することによって $\displaystyle\int_0^1 F_n(x)dx = 1$ である．

$$F_n(x) \leqq \sum_{j=0}^n \left|\left(1 - \frac{j}{n+1}\right)e^{2\pi ijx}\right| = n+1 = \frac{1}{t}$$

である．最後に，$|\sin \pi x| \geqq 2x$ $(|x| < 1/2)$ であるから，$F_n(x) \leqq 1/(n+1)(2x)^2$. ゆえに (s3)′ が成り立つ（図 8.6）．

Poisson 核の場合は $t = 1-r$ ととる．(s1) は項別積分によって成り立つことがわかる．定義から $P_r(x) \leqq \displaystyle\sum_{n=-\infty}^\infty r^{|n|} = (1+r)/(1-r) \leqq 2/t$. ゆえに (s2)′

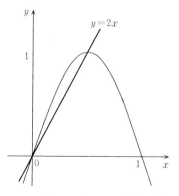

図 8.6 $|\sin \pi x| \geqq 2x$ $(|x|<1/2)$

が得られた．

$1-2r\cos 2\pi x+r^2=(1-r)^2+4r(\sin \pi x)^2 \geqq 16rx^2$. ゆえに $0<t<1/2$ に対して $P_r(x) \geqq (1-r^2)/16rx^2 \geqq t/8x^2$.

Gauss-Weierstrass 核の場合は，条件 (s2)′, (s3)′ における t は $t^{1/2}$ でおきかえるとよい（章末演習問題 8.6 参照）．

定理 8.27 (Weierstrass の近似定理)

(ⅰ) 三角多項式全体は $C(\boldsymbol{T})$ で稠密である．

(ⅱ) 多項式全体は $C[0,1]$ で稠密である．

したがって，三角多項式全体，多項式全体はそれぞれ $L^p[0,1]$, $1 \leqq p < \infty$, で稠密である．

[証明] (ⅰ) $f \in C(\boldsymbol{T})$ とすると，三角多項式として Cesàro 和をとるとき，$\|F_n*f-f\|_\infty \to 0\,(n\to\infty)$ である．

(ⅱ) 多項式全体は $C[0,1/2]$ で稠密であることを示す．$f \in C[0,1/2]$ とする．$g(x)=f(x)\,(x \in [0,1/2])$, $=f(1-x)\,(x \in (1/2,1])$ とおく．g は連続周期関数に拡張できるから，任意の $\varepsilon>0$ に対し $p(x)=\sum_{n=-N}^{N} a_n e^{2\pi inx}$ が存在して，$\sup_x |g(x)-p(x)|<\varepsilon$ となる．

各 n に対し k を十分大にとれば

$$\sup_{x\in[0,1]}\left|e^{2\pi i n x} - \sum_{j=0}^{k}\frac{(2\pi i n)^j}{j!}x^j\right|$$

はいくらでも小にできる．ゆえに多項式は $C[0,1/2]$ で稠密，したがって変数変換によって $C[0,1]$ で稠密である． ∎

§8.7　直交関数系

(a)　直交系

H を C 上の Hilbert 空間とする．たとえば，$H=L^2(T)$ である．H の部分集合 $\{f_j; j\in J\}$ が一次独立であるとは，$c_1,c_2,\cdots,c_n$ を任意有限個の複素数，$j_1,j_2,\cdots,j_n\in J$ とするとき
$$c_1 f_{j_1}+c_2 f_{j_2}+\cdots+c_n f_{j_n}=0$$
ならば，$c_1=c_2=\cdots=c_n=0$ となることである．

$\{f_j\}$ の有限一次結合からなる集合が H で稠密であるとき，**閉じている**という．これは，任意の $f\in H$ と $\varepsilon>0$ に対し複素数 $c_1,c_2,\cdots,c_n$ と $f_{j_1},f_{j_2},\cdots,f_{j_n}$ が存在して
$$\|f-(c_1 f_{j_1}+c_2 f_{j_2}+\cdots+c_n f_{j_n})\|<\varepsilon$$
となることを意味する．

H の部分集合 $\{e_j\}$ が直交系であるとは
$$(e_i,e_j)=0 \quad (i\neq j)$$
を満たすことである．さらに
$$(e_i,e_j)=1 \quad (i=j)$$
を満たすとき，**正規直交系**であるという．

三角関数系 $\{e^{2\pi i n x}; n\in \mathbf{Z}\}$ は
$$\int_0^1 e^{2\pi i m x}e^{-2\pi i n x}dx=\delta_{m,n}$$
であるから正規直交系である，ここで $\delta_{m,n}=1\,(m=n)$，$=0\,(m\neq n)$ であって，**Kronecker の記号**といわれる．また，三角関数系は定理 8.27 によって $L^p(\mathbf{T})$, $1\leq p<\infty$，および $C(\mathbf{T})$ における閉系である．

定理 8.28 (Gram-Schmidt の直交化) H を Hilbert 空間とする．$\{f_j; j=0,1,2,\cdots\}$ を H の一次独立な部分集合とする．そのとき，正規直交系 $\{e_k; k=0,1,2,\cdots\}$ が存在して

（ⅰ） e_k は $\{f_j\}$ の一次結合である．

（ⅱ） $\{f_j\}$ が H で閉じているときは，$\{e_k\}$ も閉じている．

［証明］ $e_0 = f_0/\|f_0\|$ とおく．$\{f_j\}$ は一次独立であるから，$\|f_0\| \neq 0$ である．$e_1,\cdots,e_k$ まで定義されたとするとき，g_{k+1} を

$$g_{k+1} = f_{k+1} - \sum_{j=0}^{k}(f_{k+1}, e_j)e_j$$

とおく．容易にわかるように，$(g_{k+1}, e_j) = 0, \ j=0,1,\cdots,k,$ である．したがって，$e_{k+1} = g_{k+1}/\|g_{k+1}\|$ とおけば，$\{e_k\}$ は正規直交系をなす．

作り方から，e_k は $\{f_j\}$ の一次結合である．また，f_j は $\{e_k\}$ の一次結合として表わされるから，(ⅱ)が従う． ∎

このような正規直交系 $\{e_k\}$ の構成法を，**Gram-Schmidt の直交化**という．

$f \in H$ に対し

$$\widehat{f}_j = (f, e_j)$$

を正規直交系 $\{e_j\}$ に関する f の Fourier 係数という．

補題 8.8 $\{e_k\}$ を H の正規直交系とする．n を固定する．

$$\left\| f - \sum_{k=1}^{n} c_k e_k \right\|$$

は複素数 $\{c_k\}$ が Fourier 係数 $c_k = (f, e_k)$ のとき最小になり，そのときに限る．

［証明］

$$(8.48) \quad \left\| f - \sum_{k=0}^{n} c_k e_k \right\|^2$$
$$= (f,f) - \sum_{k=0}^{n} c_k \overline{(f, e_k)} - \sum_{k=0}^{n} \bar{c}_k (f, e_k) + \sum_{j,k=0}^{n} c_j \bar{c}_k (e_j, e_k)$$

$$= \|f\|^2 + \sum_{k=1}^{n} |(f,e_k) - c_k|^2 - \sum_{k=0}^{n} |(f,e_k)|^2$$

である．最後の式は，$c_k = (f, e_k)$ のときに限り最小となる．

(8.48) において $c_k = (f, e_k)$ とおく．(8.48) 式は非負であるから，

$$\|f\|^2 \geqq \sum_{k=0}^{n} |\widehat{f_k}|^2$$

である．これは任意の n に対して成り立つから，$n \to \infty$ とすれば次の定理が得られる．

定理 8.29 $\{e_k\}$ を H の正規直交系とする．$f \in H$ に対して

$$\|f\|^2 \geqq \sum_{k=0}^{\infty} |(f,e_k)|^2. \quad \text{(Bessel の不等式)}$$

定理 8.30 Hilbert 空間 H の正規直交系 $\{e_k; k = 0, 1, 2, \cdots\}$ について，次の条件は同値である．

（ⅰ） すべての k に対し $(f, e_k) = 0$ ならば，$f = 0$.
（ⅱ） $\{e_k\}$ は H で閉じている．
（ⅲ） 任意の $f \in H$ に対し

$$\left\| f - \sum_{k=0}^{n} (f,e_k) e_k \right\| \to 0 \quad (n \to \infty).$$

（ⅳ） 任意の $f \in H$ に対し

$$\|f\| = \left(\sum_{k=0}^{\infty} |(f,e_k)|^2 \right)^{1/2}. \quad \text{(Parseval の等式)}$$

正規直交系 $\{e_k\}$ が定理の条件 (ⅰ) を満たすとき，**完備**であるという．したがって，Hilbert 空間においては，正規直交系が完備であるということと閉じているということは同値である．

［証明］ (ⅳ) $\Rightarrow$ (ⅰ) および (ⅲ) $\Rightarrow$ (ⅱ) は明らかである．

補題 8.8 によって，

$$\left\| f - \sum_{k=0}^{n} f_k e_k \right\|^2 = \|f\|^2 - \sum_{k=0}^{n} |(f,e_k)|^2$$

である．(ⅱ) を仮定すれば，補題 8.8 によって左辺は 0 に収束するから Parseval の等式が成り立つ．最後に (i) ⇒ (iii) を示す．M を $\{e_k\}$ の一次結合全体の閉包とする．$f \in M$ に対しては，定義と補題から (iii) が成り立つ．ところで，$g \in M^\perp$ ならば，$(g, e_k) = 0$, $k = 0, 1, \cdots$. ゆえに仮定から，$g = 0$. ゆえに $M^\perp = \{0\}$ である．$H = M \oplus M^\perp$ であるから，$H = M$. ゆえに証明された． ∎

(b) 直交系の例

よく利用されるいくつかの直交系の例について述べよう．

既に述べたように

例 8.15 (三角関数系) 三角関数系 $\{e^{2\pi i n x}; n \in \mathbb{Z}\}$ は $L^2[0, 1]$ における完備正規直交系である． □

Haar 関数系は次の章で述べるウェーブレットの最も簡単な例である．三角関数系が区間 $[0, 1)$, または $\mathbb{R} \pmod 1$ とその上の平行移動作用と深く関わっているのと同様に，ここで述べるその他の多項式は，それぞれの定義領域とその上のある種の作用と関わっている．ここではそのようなことには触れないで，直交性にのみ注目することにする．

例 8.16 (Haar 関数系)

$$\psi_H(x) = \begin{cases} 1 & (0 \leqq x < 1/2) \\ -1 & (1/2 \leqq x < 1) \\ 0 & (その他の x) \end{cases}$$

を Haar 関数という．

$$\psi_{j,k}(x) = 2^{j/2} \psi_H(2^j x - k), \quad j = 0, 1, \cdots, \ k = 0, 1, \cdots 2^j - 1,$$

を **Haar 関数系** という (図 8.7)．

Haar 関数系は $L^2[0, 1]$ における正規直交系である．実際，$k \neq l$ ならば，$\mathrm{supp}\, \psi_{j,k} \cap \mathrm{supp}\, \psi_{j,l} = \emptyset$ であるから，$\int \psi_{j,k} \psi_{j,l} dx = 0$ である．$i < j$ ならば，$\mathrm{supp}\, \psi_{j,k}$ 上では ψ_{ik} は定数値であるから，$\int \psi_{i,k} \psi_{j,k} dx = (定数) \times \int \psi_{j,k} dx = 0$ である．

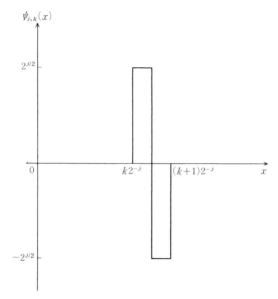

図 8.7 Haar 関数系

以後,本書では,$\{\psi_{j,k}(x); j,k \in \mathbf{Z}\}$ を Haar 関数系ということにする.上の考察から,この系は $L^2(\mathbf{R})$ の正規直交系である. □

例 8.17(Rademacher 関数系)
$$D(2) = \{x = (x_1, x_2, \cdots, x_j, \cdots); x_j = 0 \text{ または } 1\}$$
とおく.$x = (x_1, x_2, \cdots, x_j, \cdots) \in D(2)$ に対し
$$r_0(x) \equiv 1, \quad r_j(x) = (-1)^{x_j} \ (j = 1, 2, \cdots)$$
と定義する.$r_j(x)$ は -1 または 1 の値をとる.

写像
$$D(2) \ni x \to t = t(x) = \sum_{j=1}^{\infty} x_j 2^{-j} \in [0, 1]$$
は全射であって,$[0,1]$ の 2 進有理点,つまり $t = \sum_{j=1}^{\infty} x_j 2^{-j}$ が有限和として表わされるような点を除くと 1 対 1 であるから,この対応によって,r_j は区間 $[0,1]$ 上の,ほとんどすべての点で定義された関数とみなすことができる.$r_j(x) = r_j(t(x))$ とおく.$\{r_j(t); j = 0, 1, \cdots\}$ を **Rademacher 関数系**と

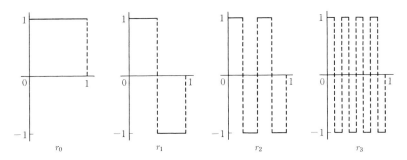

図 8.8 Rademacher 関数系

いう (図 8.8). $I_{j,k} = (k2^{-j}, (k+1)2^{-j})$, $k = 0, 1, \cdots, 2^j - 1$, とおく. r_j は区間 $I_{j,k}$ 上で定数である. $r_j(t)$ は区間 $I_{j-1,k}$ を二等分するとき, 左半分の区間 $I_{j,2k}$ 上で 1, 右半分の区間 $I_{j,2k+1}$ では -1 である. ゆえに, $i < j$ とすると $\int_{I_{j-1,k}} r_i(t) r_j(t) dt = 0$ である. k について和をとって

$$\int_0^1 r_i(t) r_j(t) dt = 0 \quad (i < j)$$

である. □

例 8.18 (Walsh 関数系)

$$\Delta(2) = \{(\varepsilon_1, \varepsilon_2, \cdots, \varepsilon_j, \cdots); \varepsilon_j = 0 \text{ または } 1, \text{ 有限個の } \varepsilon_j \text{ を除いて } 0\}$$

とおく. $\varepsilon = (\varepsilon_1, \varepsilon_2, \cdots, \varepsilon_j, \cdots) \in \Delta(2)$ に対し

$$w_\varepsilon(x) = \prod_{j=1}^\infty (-1)^{x_j \varepsilon_j} \quad (x \in D(2))$$

と定義する. Rademacher 関数系の場合と同様に, w_ε は区間 $[0,1]$ 上の関数とみなすことができる. また, $\Delta(2) \ni \varepsilon \to n(\varepsilon) = \sum_{j=1}^\infty \varepsilon_j 2^{j-1} \in \mathbb{Z}_+$ は全単射であるから, $\Delta(2)$ の元にこのようにして番号をつけることによって, $w_\varepsilon(x) = w_{n(\varepsilon)}(t(x))$ とみなしてよい. $w_{2^j}(t) = r_j(t)$ である. $\{w_n(t); n = 0, 1, \cdots\}$ を **Walsh 関数系**という (図 8.9).

$\{w_n(t)\}$ の直交性を示そう. $p = n(\varepsilon), q = n(\eta), p \neq q$ とする. $\delta \in \Delta(2)$ を $\delta_j = \varepsilon_j + \eta_j \pmod{2}$ によって定義すると, $p \neq q$ であるから $\delta \neq 0$ である. $\delta_j =$

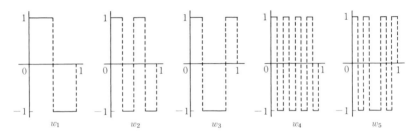

図 8.9 Walsh 関数系

1 を満たす最大の j をとると,
$$w_p(t(x))w_q(t(x)) = w_\delta(t(x)) = (-1)^{x_1\delta_1 + x_2\delta_2 + \cdots + x_j\delta_j}$$
である. $w_\delta(t)$ は $I_{j-1,k}$ の左半分の区間 $I_{j,2k}$ と右半分の区間 $I_{j,2k+1}$ では符号を異にするから, $\int_{I_{j-1,k}} w_\delta(t)dt = 0$ である. ゆえに $\int_0^1 w_p w_q dt = 0$. □

例 8.19 (Legendre 多項式, Jacobi 多項式, Hermite 多項式, Laguerre 多項式) $w(x) \geqq 0$ とし, 測度 $w(x)dx$ に関する Lebesgue 空間 $L^2((a,b), w(x)dx)$ において $\{1, x, x^2, \cdots\}$ の Gram-Schmidt の正規直交化によって得られる多項式を $p_n(x)$ と書く.

(i) $a = -1, b = 1, w(x) = 1$ のとき, $p_n(x) = c_n P_n(x)$ である. ここで P_n は **Legendre 多項式**

$$P_n(x) = \frac{(-1)^n}{2^n n!} \frac{d^n}{dx^n}(1-x^2)^n,$$

$$c_n = \left(n + \frac{1}{2}\right)^{1/2}$$

である.

(ii) $a = -1, b = 1, w(x) = (1-x)^\alpha(1+x)^\beta$ のとき, $p_n(x) = c_n P_n^{(\alpha,\beta)}(x)$ である. ここで $P_n^{(\alpha,\beta)}(x)$ は **Jacobi 多項式**であって

$$P_n^{(\alpha,\beta)}(x) = \frac{(-1)^n}{2^n n!}(1-x)^{-\alpha}(1+x)^{-\beta}\frac{d^n}{dx^n}(1-x)^{\alpha+n}(1+x)^{\beta+n},$$

$$c_n = \left(\frac{\Gamma(n+1)\Gamma(\alpha+\beta+n+1)(\alpha+\beta+2n+1)}{\Gamma(\alpha+n+1)\Gamma(\beta+n+1)2^{\alpha+\beta+1}} \right)^{1/2}$$

である．

(iii) $a=-\infty$, $b=\infty$, $w(x)=e^{-x^2}$ のとき，$p_n(x)=c_n H_n(x)$ である．ここで $H_n(x)$ は **Hermite 多項式**であって

$$H_n(x) = (-1)^n e^{x^2} \frac{d^n}{dx^n} e^{-x^2},$$

$$c_n = \left(\frac{1}{2^n \pi^{1/2} n!} \right)^{1/2}$$

である．

(iv) $a=0$, $b=\infty$, $w(x)=x^\alpha e^{-x}$ のとき，$p_n(x)=c_n L_n^\alpha(x)$ である．ここで $L_n^\alpha(x)$ は **Laguerre 多項式**であって

$$L_n^\alpha(x) = \frac{1}{n!} e^x x^{-\alpha} \frac{d^n}{dx^n}(e^{-x} x^{\alpha+n}),$$

$$c_n = (-1)^n \left(\frac{\Gamma(n+1)}{\Gamma(\alpha+n+1)} \right)^{1/2}$$

である．

実際，(i) の場合，$p_n(x)=c_n P_n(x)$ であることを証明しよう．Jacobi, Hermite, Laguerre 多項式の場合も証明法は同じであるから，これらの場合は省略して，読者の計算にまかせることにする．

まず，次の事柄に注意しよう．

(a) Gram-Schmidt による直交化 $p_n(x)$ および Legendre 多項式 $P_n(x)$ は n 次多項式である．

(b) $\{x^n; n=0,1,\cdots\}$ は，定理 8.27 によって $L^2(-1,1)$ における閉系である．x^m は $\{p_n(x)\}$ の一次結合で表わされるから，多項式系 $\{p_n(x)\}$ も閉系である．

(c) $m<n$ ならば，$\int_{-1}^{1} x^m P_n(x)dx = 0$ である．実際，左辺の積分は部分積分によって

$$\left[x^m \frac{d^{n-1}}{dx^{n-1}}(x^2-1)^n\right]_{-1}^{1} - m\int_{-1}^{1} x^{m-1} \frac{d^{n-1}}{dx^{n-1}}(x^2-1)^n dx$$

である．第 1 項は 0，第 2 項は部分積分を m 回続けることによって 0 であることがわかる．

$P_n(x)$ の p_j に関する Fourier 展開を $P_n(x) = \sum\limits_{j=0}^{n} a_j p_j(x)$ とすると，(c) によって $\int_{-1}^{1} P_n p_m dx = 0 \, (m<n)$ である．ゆえに $P_n = a_n p_n$ である．そして p_n は正規であることから，$\int_{-1}^{1} P_n^2 dx = a_n^2 \int_{-1}^{1} p_n^2 dx = a_n^2$ である．これから a_n を求めることができる．

$$\begin{aligned}
a_n^2 &= \int_{-1}^{1} P_n(x) P_n(x) dx \\
&= (-1)^n \left(\frac{1}{2^n n!}\right)^2 \int_{-1}^{1} (1-x^2)^n \frac{d^{2n}}{dx^{2n}}(1-x^2)^n dx \\
&= \frac{(2n)!}{(2^n n!)^2} \int_{-1}^{1} (1-x^2)^n dx = \frac{(2n)! \Gamma\left(n+\frac{1}{2}\right)\Gamma\left(\frac{1}{2}\right)}{(2^n n!)^2 \Gamma\left(n+\frac{1}{2}\right)} = \frac{1}{n+\frac{1}{2}}.
\end{aligned}$$

ゆえに $a_n = \pm\sqrt{n+(1/2)}$．$p_n(x), P_n(x)$ の x^n の係数は正であるから，$a_n = \sqrt{n+(1/2)}$ である．

他の多項式についても同様な計算をすればよい． □

■ 演習問題 ■

8.1 $a = 2\pi t |\xi| > 0$ とおく．関数 $e^{-az}/(1+z^2)$ の留数計算によって，
$$\frac{1}{\pi} \int_{-\infty}^{\infty} \frac{e^{-2\pi i t|\xi|s}}{1+s^2} ds = e^{-2\pi |\xi| t}$$
であることを示せ．

8.2 次の関数の超関数としての Fourier 変換をもとめよ．
(i) $x^k \, (k=1,2,\cdots)$, (ii) $Y(x)$ (Heaviside 関数), (iii) $f(x) = Y(x) e^{-x}$.

8.3 有界 Borel 測度 $\mu \in M(\boldsymbol{R})$ に対し

$$\widehat{\mu}(\xi) = \int_{\mathbf{R}} e^{-2\pi i \xi x} d\mu(x)$$

を Fourier-Stieltjes 変換という．

μ が正測度ならば，$\widehat{\mu}$ は正定値，すなわち，任意の $\xi_1, \xi_2, \cdots, \xi_n \in \mathbf{R}$ と $c_1, c_2, \cdots, c_n \in \mathbf{C}$ に対し

$$\sum_{j,k} c_j \overline{c_k} \, \widehat{\mu}(\xi_j - \xi_k) \geqq 0$$

であることを示せ．

8.4 $L^1(\mathbf{R})$ はたたみ込みを積とする環である(定理 6.11 参照)．その環は単位元をもたないことを証明せよ(ヒント: 単位元をもつとして Fourier 変換を考えよ)．

8.5 $f(x) = c e^{-a(x-m)^2} e^{2\pi i b x}$, $a, b, m \in \mathbf{R}$ とするとき，Heisenberg の不等式は等号が成り立つことを示せ．

8.6 Gauss-Weierstrass 核 $w_t(x)$ は総和核の条件 (s1), (s2)′, (s3)′ を満たすことを示せ．

9

ウェーブレット解析

ウェーブレット(さざ波，wavelet)の理論は単純な発想に基づきながら，純粋数学，工学(特に信号解析等)の両面において有力な方法として近年注目されている新しい理論である．

Fourier 解析が関数(波形の時間経過)からそれを構成している単振動(周波数の正弦波)を取り出す変換であると考えられるのに対し，ウェーブレット変換は時間–周波数を同時にとらえようとするものである．このような工夫は解析においても，応用面においても従来から試みられていたが，石油探索技師 J. Morlet の 1982 年頃の研究を一つのきっかけとして，それ以来，Fourier 解析や偏微分方程式論などの数学上の応用，数学的な基礎づけ，および実用面への応用研究が急速に展開されている．本章では，その数学的理論への入門として，ウェーブレット変換の基本的な性質と，多重解像度解析を基にした，単振動 $e^{2\pi i \xi x}$ に対応する正規直交ウェーブレット系の構成を述べる．

§9.1 ウェーブレット変換

特に断わらない限り，一変数のウェーブレット変換について述べることにする．

ψ は $L^2(\boldsymbol{R})$ の関数で，$\|\psi\|_2 = 1$，さらに条件

(9.1) $$C_\psi = \int_{-\infty}^{\infty} |\widehat{\psi}(\xi)|^2 \frac{d\xi}{|\xi|} < \infty$$

を満たすとする．

$a, b \in \mathbf{R}$ に対し
$$\psi_{a,b}(x) = |a|^{-1/2} \psi(a^{-1}(x-b))$$
とおく．変数変換によって $\|\psi_{a,b}\|_2 = \|\psi\|_2 = 1$ である．

定義 9.1 実軸上の関数 f に対し
$$(W_\psi f)(a,b) = \int_{-\infty}^{\infty} \overline{\psi_{a,b}(x)} f(x) dx = \int_{-\infty}^{\infty} \frac{1}{\sqrt{|a|}} \overline{\psi\left(\frac{x-b}{a}\right)} f(x) dx$$

を**ウェーブレット変換**という．ここで，積分の存在は仮定しておく．このとき ψ を**アナライジング・ウェーブレット**という． □

もし $\psi \in L^1(\mathbf{R})$ ならば，$\widehat{\psi}$ は連続であるから，(9.1) から $\widehat{\psi}(0) = 0$，したがって $\int_{-\infty}^{\infty} \psi(x) dx = 0$ である．

ψ が原点の近傍に局在した波形のグラフをもてば，ψ の積分は零であるから，正，負の部分は相殺される．そして $\psi_{a,b}$ は点 b の周辺に局在した a 倍の波長をもつ波形のグラフである (図 9.1)．

$(W_\psi f)(a,b)$ は，f の点 b の近傍における波長 a の成分を抽出したものと考えることができる．それを理解するために，ごく大雑把であるが，次

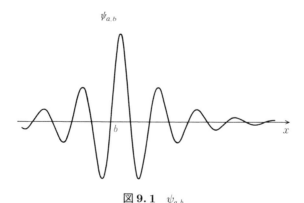

図 9.1 $\psi_{a,b}$

のような考察をしてみよう．まず，f が $\psi_{a,b}$ に一致すれば，$(W_\psi f)(a,b) = \int |\psi|^2 dx = 1$ である．f がゆるやかな波形，極端な場合として f が定数 c ならば，$(W_\psi f)(a,b) = \sqrt{|a|} \int c\overline{\psi} dx = 0$ であって波長 a の成分はないことに符合する．

命題 9.1 $f, g \in L^2(\boldsymbol{R})$ ならば，

(9.2) $$(f,g)_{L^2} = \frac{1}{C_\psi} \int_{-\infty}^{\infty} \int_{-\infty}^{\infty} W_\psi f(a,b) \overline{W_\psi g(a,b)} \frac{da db}{a^2}.$$

[証明] $\widehat{W_\psi f(a,\cdot)}(\xi) = \widehat{f}(\xi)|a|^{1/2}\overline{\widehat{\psi}(a\xi)}$ であるから，Plancherel の定理によって

$$\int_{-\infty}^{\infty} \frac{da}{a^2} \int_{-\infty}^{\infty} W_\psi f(a,b) \overline{W_\psi g(a,b)} db = \int_{-\infty}^{\infty} \frac{da}{a^2} \int_{-\infty}^{\infty} \widehat{f}(\xi)\overline{\widehat{g}(\xi)}|a||\widehat{\psi}(a\xi)|^2 d\xi$$

である．積分の順序を交換し，$a\xi$ を a で置き換えると，$\int |\widehat{\psi}(a\xi)|^2 da/|a| = C_\psi$ であるから，最後の式は $C_\psi \int \widehat{f}(\xi)\overline{\widehat{g}(\xi)} d\xi = C_\psi \int f(x)\overline{g(x)} dx$ である．∎

$L^2(\boldsymbol{R})$, $L^2(\boldsymbol{R}^2; a^{-2} da db)$ における内積を，それぞれ

$$(f,g) = (f,g)_{L^2} = \int f\overline{g} dx,$$

$$(F,G)' = C_\psi^{-1} \int\int F(a,b)\overline{G(a,b)} a^{-2} da db$$

と書くと，写像 $L^2(\boldsymbol{R}) \ni f \mapsto W_\psi f \in L^2(\boldsymbol{R}^2; a^{-2} da db)$ は (9.2) によって，等距離的である．

その値域を V とすれば，$W_\psi : L^2(\boldsymbol{R}) \mapsto V$ はユニタリである．

実際，反転公式

(9.3) $$f(x) = \frac{1}{C_\psi} \int_{\boldsymbol{R}^2} W_\psi f(a,b) \psi_{a,b}(x) \frac{da db}{a^2}$$

が成り立つ．ここで積分は L^2 ノルムの意味で収束する．

それを示すために

$$s_{\varepsilon, A, B}(f)(x) = \frac{1}{C_\psi} \int_{\varepsilon < |a| < A} \int_{|b| < B} W_\psi f(a,b) \psi_{a,b}(x) \frac{da db}{a^2}$$

とおく．$W_\psi f(a,b) \in L^2(\boldsymbol{R}^2; a^{-2} da db)$ であるから，右辺の積分は収束する．

定理 9.1 $f \in L^2(\mathbf{R})$ ならば，
$$\|s_{\varepsilon, A, B}(f) - f\|_2 \to 0 \quad (\varepsilon \to 0, A, B \to \infty).$$

［証明］
$$\|f - s_{\varepsilon, A, B}(f)\|_2 = \sup_{\|g\|_2 = 1} |(f - s_{\varepsilon, A, B}(f), g)|$$

である．(f, g) に (9.2) を代入すると，$s_{\varepsilon, A, B}(f)$ の定義によって上式は
$$\sup_{\|g\|_2 = 1} \left| \frac{1}{C_\psi} \iint_D W_\psi f(a, b) \overline{W_\psi g(a, b)} \frac{dadb}{a^2} \right|$$

に等しい．ただし $D = \{(a, b); \varepsilon < |a| < A, |b| < B\}^c$ である．Schwarz の不等式によって上の式の積分は
$$\leqq \left(\frac{1}{C_\psi} \iint_D |W_\psi f(a, b)|^2 \frac{dadb}{a^2} \right)^{1/2} \left(\frac{1}{C_\psi} \iint_{\mathbf{R}^2} |W_\psi g(a, b)|^2 \frac{dadb}{a^2} \right)^{1/2}$$
$$= \left(\frac{1}{C_\psi} \iint_D |W_\psi f(a, b)|^2 \frac{dadb}{a^2} \right)^{1/2} \|g\|_2.$$

$W_\psi f \in L^2(\mathbf{R}^2; a^{-2}dadb)$ そして $D \to \emptyset$ $(\varepsilon \to 0, A, B \to \infty)$ であるから，最後の積分は 0 に収束する． ∎

アナライジング・ウェーブレット ψ は条件 (9.1) を満たせばどのような関数であってもよい．したがって，応用にあたって都合のよい関数を選ぶことができる．

例 9.1 (Haar のウェーブレット)　第 8 章で定義した Haar 関数 ψ_H は，$\int \psi_H dx = 0$ であるから条件 (9.1) を満たす．これを Haar のウェーブレットという． □

例 9.2 (フレンチ・ハット)
$$\psi(x) = \begin{cases} 1/\sqrt{3} & |x| < 1 \\ -1/(2\sqrt{3}) & 1 \leqq |x| < 3 \\ 0 & 3 \leqq |x| \end{cases}$$

で定義される階段関数である (図 9.2)．これを滑らかにし，より Morlet のウ

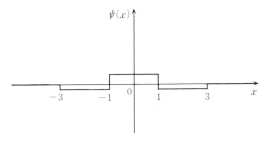

図 9.2 フレンチ・ハット

ェーブレット[*1] に近づけた関数として次の例がある．

例 9.3（メキシカン・ハット）

$$\psi(x) = \frac{2}{\pi^{1/4}\sqrt{3}}(1-x^2)e^{-x^2/2}$$

$\psi(x) = \dfrac{-2}{\pi^{1/4}\sqrt{3}} \dfrac{d^2}{dx^2} e^{-x^2/2}$ であるから (図 9.3)，その Fourier 変換は，$\widehat{\psi}(\xi) = -2 \cdot \dfrac{2}{3}^{1/2} \pi^{1/4}(2\pi i\xi)^2 e^{-2\pi^2\xi^2}$ である．

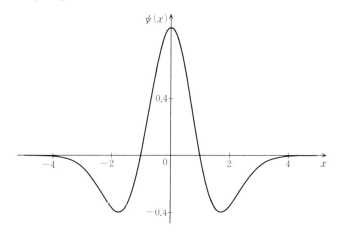

図 9.3 メキシカン・ハット

[*1] Morlet が最初に用いたウェーブレット関数は $\psi(x) = e^{-x^2}\cos 5x$ であって，これは Morlet のウェーブレットとよばれる．しかし $\widehat{\psi}(0) = \sqrt{2\pi}\,e^{-25/2} \neq 0$ であるから，厳密には今日いうアナライジング・ウェーブレットではない．

§9.2 ウェーブレット展開

(a) ウェーブレット変換の離散化

ウェーブレット変換 $W_\psi f(a,b)$ をすべての a,b に対し求めること,さらにそれから関数 f を再構成することはかならずしも効率的ではない.(a,b) を離散化し,$(a_0^{-j}, a_0^j b_0 k), k, j \in \mathbf{Z}$,ととるのが合理的と考えられる,ここで $a_0 > 1, b_0 > 0$ は固定しておく.これは,時間-周波数座標系(図9.4)において,それぞれのボックスからデータを一つ選び出すことを意味する.

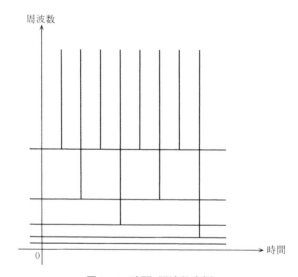

図 9.4 時間-周波数座標

標準的な離散化は
$$\psi_{j,k}(x) = 2^{j/2} \psi(2^j x - k) \quad (k, j \in \mathbf{Z}),$$
$$c_{j,k} = \int f(x) \overline{\psi_{j,k}(x)} dx$$
である.反転公式に対応するウェーブレット級数展開

(9.4) $$\sum_{j,k=-\infty}^{\infty} c_{j,k} 2^{j/2} \psi(2^j x - k)$$

を f の表現として採用するために，次のような方法がある．

    (a) $\psi_{j,k}(x)$ を正規直交系であるように選ぶ，

    (b) より直接的な方法であるが，斜交系の概念を導入する，

    (c) $\psi_{j,k}(x)$ の双直交系を用いる，

などである．本書では，正規直交系にかぎって述べよう．

(b) Haar のウェーブレット

次の節で述べる多重解像度解析を説明する前に，Haar のウェーブレットについて考察しよう．

$\varphi(x) = \varphi_H(x) = 1 \ (0 \leq x < 1), \ = 0 \ (その他の x)$ とおく．

$f(x) \in C_c(\boldsymbol{R})$ とする．$k = 0, \pm 1, \pm 2, \cdots,$ に対し

$$c_{0,k} = \int_{\boldsymbol{R}} f(x) \varphi(x-k) dx$$

とおくと，$c_{0,k}$ は $[k, k+1)$ における f の平均値であるから，

$$f_0(x) = \sum_{k=-\infty}^{\infty} c_{0,k} \varphi(x-k)$$

は f の粗い近似を与える．これをレベル 0 の近似ということにする (図 9.5)．

次に

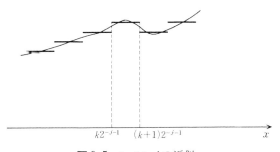

図 **9.5**　レベル j の近似

$$c_{1,k} = \int_{\mathbf{R}} f(x) 2^{1/2} \varphi(2x-k) dx$$

とおくと，$2^{1/2} c_{1,k}$ は $[k/2, (k+1)/2)$ における f の平均値であるから，

$$f_1(x) = \sum_{k=-\infty}^{\infty} c_{1,k} 2^{1/2} \varphi(2x-k)$$

は f のよりよい近似を与える．これをレベル 1 の近似ということにする．以下同様にして，f のレベル j の近似は

$$f_j(x) = \sum_{k=-\infty}^{\infty} c_{j,k} 2^{j/2} \varphi(2^j x - k), \quad c_{j,k} = \int_{\mathbf{R}} f(x) 2^{j/2} \varphi(2^j x - k) dx$$

で与えられる．$V_j = \overline{\mathrm{span}}^{L^2}\{\varphi(2^j x - k); k \in \mathbf{Z}\}$，すなわち一次結合の $L^2(\mathbf{R})$ における閉包であるとする．

 $\{\varphi_H(x-k)\}$ は，V_0 の正規直交基底である．φ_H を Haar のスケーリング関数という．

(9.5) $$\varphi_H(x) = \varphi_H(2x) + \varphi_H(2x-1)$$

を満たす．

(a) (9.5)から，$V_j \subset V_{j+1}$ であって，レベル j の近似 f_j は V_j に属する．

$f \in C_c(\mathbf{R})$ であるから，$f_j \to f$ (L^2-収束)．さらに C_c は L^2 で稠密であるから，$\bigcup_{j=-\infty}^{\infty} V_j$ は L^2 で稠密である．

(b) $h(x) \in V_0 \Leftrightarrow h(x-k) \in V_0 \quad (k \in \mathbf{Z})$.

(c) $h(x) \in V_0 \Leftrightarrow h(2^j x) \in V_j \quad (j \in \mathbf{Z})$.

Haar 関数 ψ_H は，$\psi_H(x) = 1$ $(0 \leqq x < 1/2)$, $= -1$ $(1/2 \leqq x < 1)$, $= 0$ (その他の x) であった．

$$\psi_{j,k}(x) = 2^{j/2} \psi_H(2^j x - k)$$

を Haar のウェーブレットという (図 8.7 参照)．これは第 8 章で示したように $L^2(\mathbf{R})$ における正規直交系である．

 レベル j の近似と Haar のウェーブレット展開の関係を考察しよう．容易にわかるように

$$\varphi_H(2x) = \frac{1}{2}[\varphi_H(x) + \psi_H(x)], \quad \varphi_H(2x-1) = \frac{1}{2}[\varphi_H(x) - \psi_H(x)]$$

であるから，

$$\varphi_{j,2k}(x) = \frac{1}{\sqrt{2}}[\varphi_{j-1,k}(x) + \psi_{j-1,k}(x)],$$

$$\varphi_{j,2k+1}(x) = \frac{1}{\sqrt{2}}[\varphi_{j-1,k}(x) - \psi_{j-1,k}(x)],$$

そして

$$\psi_{j,k}(x) = \sqrt{2}\,\varphi_{j+1,2k}(x) - \varphi_{j,k}(x)$$

である．いま

$$F_j(x) = \sum_{k=-\infty}^{\infty} d_{j,k} \psi_{j,k}(x), \quad d_{j,k} = \int f(x) \psi_{j,k}(x) dx,$$

とおく．$c_{j,k}$ の定義から

$$c_{j,2k} = 2^{-1/2}[c_{j-1,k} + d_{j-1,k}], \quad c_{j,2k+1} = 2^{-1/2}[c_{j-1,k} - d_{j-1,k}]$$

である．ゆえに f_j の定義式は次のように変形される．

$$f_j(x) = \sum_{k=-\infty}^{\infty} [c_{j,2k} \varphi_{j,2k}(x) + c_{j,2k+1} \varphi_{j,2k+1}(x)]$$

$$= \sum_{k=-\infty}^{\infty} [c_{j-1,k} \varphi_{j-1,k}(x) + d_{j-1,k} \psi_{j-1,k}(x)]$$

$$= f_{j-1}(x) + F_{j-1}(x).$$

$$W_j = \overline{\mathrm{span}}^{L^2}\{\psi_{j,k}; k \in \mathbf{Z}\}$$

とおく．$f_{j-1} \in V_{j-1}$, $F_{j-1} \in W_{j-1}$ そして $(\varphi_{j-1,k}, \psi_{j-1,l}) = 0$ $(k, l \in \mathbf{Z})$ であるから，

$$V_j = V_{j-1} \oplus W_{j-1}$$

である．

この操作を繰り返せば，

$$f_j = F_{j-1} + F_{j-2} + f_{j-2} = \cdots$$
$$= F_{j-1} + F_{j-2} + \cdots + F_{j-m} + f_{j-m}$$

である．$f \in C_c$ と仮定したから，$f_j \to f$ $(j \to \infty)$ そして，$f_j \to 0$ $(j \to -\infty)$

であることに注意すれば，
$$f(x) = \sum_{j=-\infty}^{\infty} F_j = \sum_{j=-\infty}^{\infty} \sum_{k=-\infty}^{\infty} d_{j,k} \psi_{j,k}(x)$$
が得られる．これは f のウェーブレット展開に他ならない．

次の節以降で，より一般的な枠組，多重解像度解析のなかで，ウェーブレット $\psi_{j,k}$ の構成，およびその級数展開を考えることにする．

§9.3 多重解像度解析

(a) 多重解像度解析の定義

定義9.2 $L^2(\boldsymbol{R})$ の**多重解像度解析**とは，次のような条件を満たす階層構造 $\{V_j\}$ をいう．

(i) V_j は $L^2(\boldsymbol{R})$ の閉部分空間である．そして
$$\cdots V_{-1} \subset V_0 \subset V_1 \subset V_2 \subset \cdots \subset L^2(\boldsymbol{R}),$$
(ii) $\bigcup_{j=-\infty}^{\infty} V_j$ は $L^2(\boldsymbol{R})$ で稠密，$\bigcap_{j=-\infty}^{\infty} V_j = \{0\}$,

(iii) $f(x) \in V_j \Leftrightarrow f(2x) \in V_{j+1} \quad (j \in \boldsymbol{Z})$,

(iv) $f \in V_0 \Rightarrow f(x-k) \in V_0 \quad (k \in \boldsymbol{Z})$,

(v) $\varphi \in V_0$ が存在して，$\{\varphi(x-k) ; k \in \boldsymbol{Z}\}$ は V_0 の正規直交基底である．φ を**スケーリング関数**という． □

(v) によって，$\varphi_{1,k}(x) = \sqrt{2}\varphi(2x-k) \ (k \in \boldsymbol{Z})$ は V_1 の正規直交基底である．$\varphi \in V_0 \subset V_1$ を $\{\varphi_{1,k}\}$ に関して Fourier 展開すれば

(9.6) $\quad \varphi(x) = \sum_k h_k \sqrt{2}\varphi(2x-k), \quad h_k = \int \varphi(x)\overline{\varphi_{1,k}(x)}dx$

と書くことができる．

V_j は V_{j+1} の閉部分空間であるから，
$$V_{j+1} = V_j \oplus W_j$$
と直交分解される．

$P_j: L^2(\boldsymbol{R}) \mapsto V_j$ を直交射影とする．前節で述べたことを一般化して定理と

して述べると，

定理 9.2 $\psi \in W_0$ とする．$\{\psi_{0,k}\}$ は W_0 の正規直交基底であるとする．$\psi_{j,k}(x) = 2^{j/2}\psi(2^j x - k)$, $(\cdot,\cdot)$ は L^2 における内積とする．そのとき，

(i) $\{\psi_{j,k}(x); k \in \mathbf{Z}\}$ は W_j の正規直交基底である，特に

$$P_{j+1} = P_j + \sum_k (\cdot, \psi_{j,k})\psi_{j,k}.$$

(ii) $f \in L^2(\mathbf{R})$ ならば，

$$f = \sum_{j=-\infty}^{\infty} \sum_{k=-\infty}^{\infty} (f, \psi_{j,k})\psi_{j,k}, \quad (f, \psi_{j,k}) = \int f(x)\overline{\psi_{j,k}(x)} dx,$$

である，ここで和は L^2 ノルムで収束する．したがって

$$L^2 = \bigoplus_{j=-\infty}^{\infty} W_j.$$

[証明] (i) $\{\psi_{j,k}\}$ が W_j の正規直交系であることは，直接計算すればわかる．多重解像度解析の条件 (iii) から，

$$f(x) \in W_j \Leftrightarrow f(x) \in V_{j+1} \quad \text{かつ} \quad f(x) \perp V_j \Leftrightarrow f(2^{-j}x) \in W_0$$

である．ゆえに仮定から，$f(2^{-j}x) = \sum c_k \psi(x-k)$, $\sum |c_k|^2 < \infty$，と表わされる．ゆえに $f(x) = \sum_k c_k 2^{-j/2} \psi_{j,k}(x)$ である．ゆえに $\{\psi_{j,k}\}$ は W_j の基底である．

(ii) $f \in L^2$ とする．$\bigcup V_j$ は L^2 で稠密であるから，直交射影 $P_j : L^2 \mapsto V_j$ に対し $\|f - P_j f\|_2 \to 0$ $(j \to \infty)$ である．$V_j = V_{j-1} \oplus W_{j-1}$ であるから，

$$P_j f = P_{j-1} f + F_{j-1}, \quad F_{j-1} \in W_{j-1},$$

と表わされる．したがって，これを繰り返すことによって

$$P_j f = P_{j-n} f + (F_{j-1} + F_{j-2} + \cdots + F_{j-n})$$

である．$\bigcap V_j = \{0\}$ より，$\|P_{j-n} f\|_2 \to 0$ $(n \to \infty)$. ゆえに

$$P_j f = \sum_{l=-\infty}^{j-1} F_l.$$

$j \to \infty$ として，$f = \sum_{j=-\infty}^{\infty} F_j$, $F_j \in W_j$, を得る．$W_j \perp W_k$ $(j \neq k)$ であるから，(ii) が証明された． ∎

定義 9.2 によって，多重解像度解析が与えられたときウェーブレット $\psi \in W_0$ を構成することができれば，L^2 の関数は直交ウェーブレット系で表現されることがわかった．

我々の次の目標は，時間-周波数座標において具合よい局在性をもったスケーリング関数をもつ多重解像度解析を見つけ，それから局在性を遺伝したウェーブレットを構成することである．

(b) ウェーブレットの構成

$\{V_j\}$ を多重解像度解析とする．$f \in V_1$ とする．$\varphi_{1,k}(x) = \sqrt{2}\,\varphi(2x-k)$ は V_1 の完備正規直交系であるから，

$$(9.7) \qquad f = \sum_k (f, \varphi_{1,k}) \varphi_{1,k}, \quad \sum_k |(f, \varphi_{1,k})|^2 < \infty,$$

と展開できる．ここで両辺の Fourier 変換をとると，$\widehat{\varphi}_{1,k}(\xi) = (1/\sqrt{2})e^{-\pi i k \xi} \times \widehat{\varphi}(\xi/2)$ であるから，

$$(9.8) \qquad \widehat{f}(\xi) = \frac{1}{\sqrt{2}} \sum_k (f, \varphi_{1,k}) \widehat{\varphi}_{1,k}(\xi) = m_f\!\left(\frac{\xi}{2}\right) \widehat{\varphi}\!\left(\frac{\xi}{2}\right),$$

である，ここに

$$(9.9) \qquad m_f(\xi) = \frac{1}{\sqrt{2}} \sum_k (f, \varphi_{1,k}) e^{-2\pi i k \xi}$$

は $L^2(\boldsymbol{T})$ の関数である．

補題 9.1　$\rho \in L^2(\boldsymbol{R})$ とする．$\{\rho(x-k); k \in \boldsymbol{Z}\}$ が $L^2(\boldsymbol{R})$ における正規直交系であるための必要十分条件は，

$$(9.10) \qquad \sum_{l=-\infty}^{\infty} |\widehat{\rho}(\xi+l)|^2 = 1 \ \text{a.e.}$$

さらに，この条件のもとで，$\rho \in V_1$ ならば，m_ρ を公式 (9.8) で定義するとき

$$(9.11) \qquad |m_\rho(\xi)|^2 + \left|m_\rho\!\left(\xi+\frac{1}{2}\right)\right|^2 = 1 \ \text{a.e.} \qquad \square$$

特に，スケーリング関数 $\varphi \in V_0$ に対して

(9.12) $$\sum_{l=-\infty}^{\infty} |\widehat{\varphi}(\xi+l)|^2 = 1 \text{ a.e.},$$
(9.13) $$|m_\varphi(\xi)|^2 + |m_\varphi(\xi+(1/2))|^2 = 1 \text{ a.e.}$$

が成り立つ．

［証明］ Plancherel の定理によって

$$\int_{-\infty}^{\infty} \rho(x)\overline{\rho(x-k)}dx = \int_{-\infty}^{\infty} |\widehat{\rho}(\xi)|^2 e^{2\pi ik\xi}d\xi$$
$$= \sum_{l=-\infty}^{\infty} \int_{l}^{l+1} |\widehat{\rho}(\xi)|^2 e^{2\pi ik\xi}d\xi$$
$$= \int_0^1 \left(\sum_{l=-\infty}^{\infty} |\widehat{\rho}(\xi+l)|^2\right) e^{2\pi ik\xi}d\xi$$

である．ゆえに $\{\rho_{0,k}\}$ が正規直交系であるための必要十分条件は，

(9.14) $$\int_0^1 \left(\sum_{l=-\infty}^{\infty} |\widehat{\rho}(\xi+l)|^2\right) e^{2\pi ik\xi}d\xi = \delta_{0,k}.$$

(9.14) は (9.10) と同値である．

$\rho \in V_1$ とすると，m_ρ の定義 (9.8) によって $\widehat{\rho}(\xi) = m_\rho(\xi/2)\widehat{\rho}(\xi/2)$ である．これを (9.14) に代入して，偶数と奇数の和に分けることによって

$$\delta_{0,k} = \int_0^1 \left(\sum_{l=-\infty}^{\infty} \left|m_\rho\left(\frac{\xi+l}{2}\right)\widehat{\rho}\left(\frac{\xi+l}{2}\right)\right|^2\right) e^{2\pi ik\xi}d\xi$$
$$= \int_0^1 \left(\sum_{l=-\infty}^{\infty} \left|m_\rho\left(\frac{\xi}{2}\right)\widehat{\rho}\left(\frac{\xi}{2}+l\right)\right|^2 \right.$$
$$\left. + \sum_{l=-\infty}^{\infty} \left|m_\rho\left(\frac{\xi+1}{2}\right)\widehat{\rho}\left(\frac{\xi+1}{2}+l\right)\right|^2\right) e^{2\pi ik\xi}d\xi$$
$$= \int_0^1 \left(\left|m_\rho\left(\frac{\xi}{2}\right)\right|^2 + \left|m_\rho\left(\frac{\xi+1}{2}\right)\right|^2\right) e^{2\pi ik\xi}d\xi.$$

最後の等式には (9.10) を用いた．これはすべての k について成り立つから，(9.11) が得られる． ∎

補題 9.2 $f \in V_1$ とする．$f \in W_0$ であるための必要十分条件は，

$$(9.15) \quad m_f(\xi)\overline{m_\varphi(\xi)} + m_f\Big(\xi+\frac{1}{2}\Big)\overline{m_\varphi\Big(\xi+\frac{1}{2}\Big)} = 0 \text{ a.e.}$$

[証明] $f \in V_1$ とするとき,
$$f \in W_0 \Leftrightarrow f \perp V_0 \Leftrightarrow \langle f, \varphi_{0,k}\rangle = 0 \quad (k \in \mathbf{Z})$$
$$\Leftrightarrow \int_{-\infty}^{\infty} \widehat{f}(\xi)\overline{\widehat{\varphi}(\xi)}e^{2\pi i k\xi}d\xi = 0 \quad (k \in \mathbf{Z})$$
$$\Leftrightarrow \int_0^1 \Big(\sum_l \widehat{f}(\xi+l)\overline{\widehat{\varphi}(\xi+l)}\Big)e^{2\pi i k\xi}d\xi = 0 \quad (k \in \mathbf{Z})$$
$$\Leftrightarrow \sum_l \widehat{f}(\xi+l)\overline{\widehat{\varphi}(\xi+l)} = 0 \text{ a.e.}$$

(9.8)によって,$\widehat{f}(\xi) = m_f(\xi/2)\widehat{\varphi}(\xi/2)$, $\widehat{\varphi}(\xi) = m_\varphi(\xi/2)\widehat{\varphi}(\xi/2)$ であるから,最後の式の左辺は,l が偶数と奇数の場合に分けることによって

$$\sum_l m_f\Big(\frac{\xi+l}{2}\Big)\overline{m_\varphi\Big(\frac{\xi+l}{2}\Big)}\Big|\widehat{\varphi}\Big(\frac{\xi+l}{2}\Big)\Big|^2$$
$$= m_f\Big(\frac{\xi}{2}\Big)\overline{m_\varphi\Big(\frac{\xi}{2}\Big)}\sum_l\Big|\widehat{\varphi}\Big(\frac{\xi}{2}+l\Big)\Big|^2$$
$$+ m_f\Big(\frac{\xi+1}{2}\Big)\overline{m_\varphi\Big(\frac{\xi+1}{2}\Big)}\sum_l\Big|\widehat{\varphi}\Big(\frac{\xi}{2}+\frac{1}{2}+l\Big)\Big|^2.$$

(9.12)を代入すれば
$$\sum_l \widehat{f}(\xi+l)\overline{\widehat{\phi}(\xi+l)} = m_f\Big(\frac{\xi}{2}\Big)\overline{m_\phi\Big(\frac{\xi}{2}\Big)} + m_f\Big(\frac{\xi+1}{2}\Big)\overline{m_\phi\Big(\frac{\xi+1}{2}\Big)}$$

である. ∎

補題 9.3 $f \in W_0$ ならば

$$(9.16) \quad \widehat{f}(\xi) = e^{-\pi i\xi}\nu(\xi)\overline{m_\varphi\Big(\frac{\xi+1}{2}\Big)}\widehat{\varphi}\Big(\frac{\xi}{2}\Big)$$

と書くことができる,ここで $\nu \in L^2(\mathbf{T})$ であって
$$\|\nu\|_{L^2(\mathbf{T})} = \|f\|_{L^2(\mathbf{R})}.$$

[証明] $f \in W_0$ とする. 周期関数 λ を
$$(9.17) \quad m_f(\xi) = \lambda(\xi)\overline{m_\varphi\Big(\xi+\frac{1}{2}\Big)} \text{ a.e.}$$

(9.18) $$\lambda(\xi)+\lambda\left(\xi+\frac{1}{2}\right)=0 \text{ a.e.}$$

を満たすように定義する．この定義は可能である．(9.13) によって $m_\varphi(\xi)$ と $m_\varphi(\xi+(1/2))$ は同時に 0 となることはないから，0 でない場合 (9.17) によって $\lambda(\xi)$ または $\lambda(\xi+(1/2))$ を定義する．このとき，λ が (9.18) を満たすようにとれることは，(9.15) からわかる．

m_f の定義式に (9.17) を代入すると

$$\widehat{f}(\xi)=m_f\left(\frac{\xi}{2}\right)\widehat{\varphi}\left(\frac{\xi}{2}\right)=\lambda\left(\frac{\xi}{2}\right)\overline{m_\varphi\left(\frac{\xi+1}{2}\right)}\widehat{\varphi}\left(\frac{\xi}{2}\right)$$

である．ところで (9.18) によって λ の偶数番目の Fourier 係数は 0 であるから，

$$\lambda(\xi)=\sum \widehat{\lambda}_{2k-1}e^{4\pi ik\xi-2\pi i\xi}=e^{-2\pi i\xi}\nu(2\xi),$$

ただし $\nu(\xi)=\sum \widehat{\lambda}_{2k-1}e^{2\pi ik\xi}$ と書くことができる．ゆえに，(9.16) が得られた．

最後に Plancherel の定理によって

$$\int_{-\infty}^{\infty}|f|^2 dx=\int_{-\infty}^{\infty}|\widehat{f}|^2 d\xi$$
$$=\int_{-\infty}^{\infty}|\nu(\xi)|^2\left|m_\varphi\left(\frac{\xi+1}{2}\right)\right|^2\left|\widehat{\varphi}\left(\frac{\xi}{2}\right)\right|^2 d\xi$$
$$=\int_0^1|\nu(\xi)|^2\left(\sum_{l=-\infty}^{\infty}\left|m_\varphi\left(\frac{\xi+l+1}{2}\right)\right|^2\left|\widehat{\varphi}\left(\frac{\xi+l}{2}\right)\right|^2\right)d\xi$$

である．ところで，積分内の和は偶数と奇数項に分けることによって

(9.19)
$$\sum_{l=-\infty}^{\infty}\left|m_\varphi\left(\frac{\xi+1}{2}\right)\right|^2\left|\widehat{\varphi}\left(\frac{\xi}{2}+l\right)\right|^2+\sum_{l=-\infty}^{\infty}\left|m_\varphi\left(\frac{\xi}{2}\right)\right|^2\left|\widehat{\varphi}\left(\frac{\xi+1}{2}+l\right)\right|^2$$
$$=\left|m_\varphi\left(\frac{\xi+1}{2}\right)\right|^2+\left|m_\varphi\left(\frac{\xi}{2}\right)\right|^2=1 \text{ a.e.}$$

ゆえに

$$\int_{-\infty}^{\infty}|f|^2 dx = \int_0^1 |\nu|^2 d\xi.$$

我々は，ウェーブレットの候補として

$$\widehat{\psi}(\xi) = e^{-\pi i(\xi+1)}\overline{m_\varphi\left(\frac{\xi+1}{2}\right)}\widehat{\varphi}\left(\frac{\xi}{2}\right)$$

を考えてみよう．ウェーブレットは一意に決まるものではなく目的に沿った関数を選択すればよいのである．

(a) m_φ は有界であるから，$\widehat{\psi} \in L^2$ である．

(b) $\psi \in W_0$ である．実際，ψ の定義と公式 (9.8) によって，$m_\psi(\xi) = \widehat{\psi}(2\xi)/\widehat{\varphi}(\xi) = e^{-2\pi i\xi + \pi i}\overline{m_\varphi(\xi+(1/2))}$ であるから，簡単な計算によって ψ は補題 9.2 の条件 (9.15) を満たすことがわかる．

(c) このようにして定義される ψ は，m_φ が十分によい関数，たとえば三角多項式ならば，φ の局在性は ψ の局在性に反映される．

これらの性質によって ψ は有力な候補といえるのである．さらに

補題 9.4 ψ を上のように定義するとき，$\{\psi_{0,k}; k \in \mathbf{Z}\}$ は W_0 の正規直交基底をなす．

[証明] (9.19) と (9.12) によって

$$\sum_{l=-\infty}^{\infty}|\widehat{\psi}(\xi+l)|^2 = \sum_{l=-\infty}^{\infty}\left|m_\varphi\left(\frac{\xi+l+1}{2}\right)\right|^2\left|\widehat{\varphi}\left(\frac{\xi+l}{2}\right)\right|^2 = 1 \text{ a.e.}$$

したがって，補題 9.1 によって $\{\psi_{0,k}\}$ は直交系をなす．

基底であることを示すために，$f \in W_0$ を勝手に選ぶ．補題 9.3 によって

$$\widehat{f}(\xi) = \nu(\xi)\widehat{\psi}(\xi)$$

と書くことができる，ここで

$$\nu(\xi) = \sum_k \widehat{\nu}_k e^{2\pi i k\xi}, \quad \sum|\widehat{\nu}_k|^2 = \|f\|_2^2$$

である．

$$f(x) = \sum_k \widehat{\nu}_{-k}\psi(x-k) \quad (L^2\text{-収束})$$

であることを示せばよい．実際，

$$f_N(x) = \sum_{k=-N}^{N} \widehat{\nu}_{-k}\psi(x-k), \quad s_N(\nu)(\xi) = \sum_{k=-N}^{N} \widehat{\nu}_{-k}e^{2\pi ik\xi}$$

とおくと，$\widehat{f}_N(\xi) = s_N(\nu)(\xi)\widehat{\psi}(\xi)$ であるから，補題 9.3 の計算を $f-f_N$ に適用すると，

$$\|f-f_N\|_{L^2(\boldsymbol{R})} = \|\nu - s_N(\nu)\|_{L^2(\boldsymbol{T})}.$$

最後の項は，$\nu \in L^2(\boldsymbol{T})$ であるから，0 に収束する． ∎

定理 9.3 $\{V_j\}$ を多重解像度解析とする．そのとき，$\psi \in L^2$ が存在して，$\{\psi_{j,k}; k \in \boldsymbol{Z}\}$ は $W_j = V_{j+1} \ominus V_j$ の正規直交基底である．

特に，ψ として次のように定義される関数

(9.20) $$\widehat{\psi}(\xi) = e^{-\pi i(\xi+1)}\overline{m_\varphi\Big(\frac{\xi+1}{2}\Big)}\widehat{\varphi}\Big(\frac{\xi}{2}\Big)$$

をとることができる． □

注意 9.1 このとき

(9.21) $$\psi(x) = \sum_k (-1)^k \overline{h}_{-k+1}\varphi_{1,k}(x), \quad h_k = (\varphi, \varphi_{1,k}).$$

である．この式は $\widehat{\varphi}$ が与えられたとき，Fourier 係数 h_k を求めれば，ウェーブレット ψ が (9.21) で計算できることを意味している．

実際，$m_\varphi(\xi) = (1/\sqrt{2}) \sum_k h_k e^{-2\pi ik\xi}$ であったから ((9.6) と (9.9) 参照)，これを，(9.20) に代入すれば

$$\widehat{\psi}(\xi) = \frac{1}{\sqrt{2}} \sum_k \overline{h}_k e^{\pi i(k-1)} e^{\pi i(k-1)\xi} \widehat{\varphi}\Big(\frac{\xi}{2}\Big).$$

これから Fourier 反転公式によって求める式 (9.21) が得られる．

注意 9.2 $|\rho(\xi)| = 1$ a.e. ならば

$$\widehat{\psi^*}(\xi) = e^{-\pi i\xi}\rho(\xi)\overline{m_\varphi\Big(\frac{\xi+1}{2}\Big)}\widehat{\varphi}\Big(\frac{\xi}{2}\Big)$$

もまた W_0 の正規直交基底を生成する．実際，$\psi^* \in W_0$ であることは補題 9.3 の条件から，$\psi^*_{0,k}$ が正規直交系であることは補題 9.1 から容易にわかる．

(c) スケーリング関数の直交化

ウェーブレットを実際に構成する場合，スケーリング関数は直交系であるという解像度解析の条件(v)を緩めて，次のような条件を考えるのが便利である．

(v)′ V_0 の関数 φ が存在して $V_0 = \overline{\mathrm{span}}^{L^2}\{\varphi_{0,k}; k \in \mathbf{Z}\}$.

さらに，定数 $A, B > 0$ が存在して

(9.22) $\quad A\sum_k |c_k|^2 \leqq \|\sum_k c_k \varphi_{0,k}\|_2^2 \leqq B\sum_k |c_k|^2, \quad \sum_k |c_k|^2 < \infty.$

このとき，$\{\varphi_{0,k}\}$ は V_0 の **Riesz 基底**であるという．

注意 9.3 (v)′ の仮定のもとで，$f \in V_0$ であるための必要十分条件は $\{c_k\} \in l^2$ が存在して

(9.23) $\qquad\qquad\qquad f = \sum_k c_k \varphi_{0,k} \quad (L^2\text{-収束})$

である．実際，(9.23)が成り立てば，$f \in V_0$ である．

$f \in V_0$ とする．仮定から，$c^j = \{c_k^j\}$ が存在して $\|f - \sum_k c_k^j \varphi_{0,k}\|_{L^2(\mathbf{R})} \to 0 \ (j \to 0)$. ゆえに $A\|c^i - c^j\|_{l^2}^2 \leqq \|\sum_k c_k^i \varphi_{0,k} - \sum_k c_k^j \varphi_{0,k}\|_{L^2(\mathbf{R})}^2 \to 0$. $c = \lim_{j \to \infty} c^j$ (l^2-収束) とおけば，$c = \{c_k\} \in l^2$ であって，$f = \sum_k c_k \varphi_{0,k}$ である．

補題 9.5 φ に対する Riesz 基底の条件(9.22)と次の不等式は同値である．

(9.24) $\qquad\qquad\qquad A \leqq \sum_j |\widehat{\varphi}(\xi+j)|^2 \leqq B \text{ a.e.}$

[証明] 任意の $\{c_k\}$ に対し

$$\|\sum_k c_k \varphi_{0,k}\|_2^2 = \int_{-\infty}^{\infty} |\sum_k c_k e^{-2\pi ik\xi} \widehat{\varphi}(\xi)|^2 d\xi$$

$$= \int_0^1 |\sum_k c_k e^{-2\pi ik\xi}|^2 \sum_j |\widehat{\varphi}(\xi+j)|^2 d\xi$$

である．したがって，(9.22)は，任意の $C(\xi) = \sum_k c_k e^{2\pi ikx} \in L^2(\mathbf{T})$ に対し

§9.3 多重解像度解析 ── *287*

$$A\|C\|_{L^2(\boldsymbol{R})}^2 \leqq \int_0^1 |C(\xi)|^2 \sum_j |\widehat{\varphi}(\xi+j)|^2 d\xi \leqq B\|C\|_{L^2(\boldsymbol{R})}^2 \text{ a.e.}$$

であることと同値である．$\int_0^1 |C(\xi)|^2 d\xi = 1$ について sup をとれば，(9.24) が得られる．逆が成り立つことは明らかである． ∎

$$\widehat{\varphi^*}(\xi) = (\sum_j |\widehat{\varphi}(\xi+j)|^2)^{-1/2} \widehat{\varphi}(\xi)$$

とおくならば，$\sum_l |\widehat{\varphi^*}(\xi+l)|^2 = 1$ である．したがって，補題 9.1 によって $\{\varphi_{0,l}^*\}$ は正規直交系である．

補題 9.6 $\{\varphi_{0,k}\}$ は V_0 における Riesz 基底であるとする．そのとき $\{\varphi_{0,l}^*\}$ は V_0 の正規直交基底である．

［証明］

$f \in V_0 \Leftrightarrow \{c_k\} \in l^2$ が存在して $f = \sum c_k \varphi_{0,k}$ （注意 9.3）

$\Leftrightarrow \{c_k\} \in l^2$ が存在して $\widehat{f}(\xi) = (\sum_k c_{-k} e^{-2\pi i k\xi}) \widehat{\varphi}(\xi)$

$\Leftrightarrow C(\xi) \in L^2(\boldsymbol{T})$ が存在して $\widehat{f}(\xi) = C(\xi) \widehat{\varphi}(\xi)$

$\Leftrightarrow D(\xi) \in L^2(\boldsymbol{T})$ が存在して

$$\widehat{f}(\xi) = \frac{D(\xi)}{(\sum_j |\widehat{\varphi}(\xi+j)|^2)^{1/2}} \widehat{\varphi}(\xi) \quad (\text{補題 9.5})$$

$\Leftrightarrow D(\xi) = \sum_k d_k e^{-2\pi i k\xi} \in L^2(\boldsymbol{T})$ が存在して $\widehat{f}(\xi) = D(\xi) \widehat{\varphi^*}(\xi)$

$\Leftrightarrow \{d_k\} \in l^2$ が存在して $f = \sum_k d_k \varphi_{0,k}^*$.

ゆえに $\varphi_{0,k}^*$ は基底である． ∎

補題 9.7 $\{\varphi_{0,k}\}$ は V_0 における定数 $A, B > 0$ をもつ Riesz 基底であるとする．そのとき

(9.25) $\qquad A\|f\|^2 \leqq \sum_k |(f, \varphi_{0,k})|^2 \leqq B\|f\|^2 \quad (f \in V_0).$

［証明］ $f \in V_0$ に対し f^* を

$$\widehat{f^*}(\xi) = (\sum_j |\widehat{\varphi}(\xi+j)|^2)^{1/2}\widehat{f}(\xi)$$

によって定義すれば，補題 9.5 によって

$$A\|f\|_2^2 \leqq \|f^*\|_2^2 \leqq B\|f\|_2^2$$

である．一方

$$(f^*, \varphi_{0,k}^*) = \int \widehat{f^*}(\xi)\overline{\widehat{\varphi^*}(\xi)}e^{-2\pi ik\xi}d\xi = \int \widehat{f}(\xi)\overline{\widehat{\varphi}(\xi)}e^{-2\pi ik\xi}d\xi$$
$$= (f, \varphi_{0,k}).$$

ゆえに $\|f^*\|_2^2 = \sum |(f^*, \varphi_{0,k}^*)|^2 = \sum |(f, \varphi_{0,k})|^2$．ゆえに (9.25) は証明された． ∎

§9.4 ウェーブレットの例

例 9.4 (Haar のウェーブレット)　　$\varphi_H(x) = \chi_{[0,1)}(x)$, $\varphi_{j,k}(x) = 2^{j/2}\varphi(2^j x - k)$, $V_j = \overline{\text{span}}^{L^2}\{\varphi_{j,k}; k \in \mathbf{Z}\}$ とおく．V_j は区間 $[k2^{-j}, (k+1)2^{-j})$ で定数値の階段関数からなる．

$$h_k = (\varphi_{0,0}, \varphi_{1,k}) = \begin{cases} -1/\sqrt{2} & (k=0,1) \\ 0 & (k \neq 0,1) \end{cases}$$

である．ウェーブレット関数を式 (9.20) で定義すると公式 (9.21) によって

$$\psi(x) = \overline{h}_1\varphi_{1,0}(x) - \overline{h}_0\varphi_{1,1}(x) = \begin{cases} -1 & (0 \leqq x < 1/2) \\ 1 & (1/2 \leqq x < 1) \\ 0 & (\text{その他の } x) \end{cases}$$

となる．これは §9.2(b) で述べた Haar のウェーブレットに他ならない． □

例 9.5 (スプライン関数をスケーリング関数にもつウェーブレット)　　関数 $\varphi(x) = (1-|x|)_+$ を 2 階スプライン関数という．$V_j = \overline{\text{span}}^{L^2}\{\varphi_{j,k}; k \in \mathbf{Z}\}$ とおく．V_j の関数は区間 $[k2^{-j}, (k+1)2^{-j}]$ 上で直線であるような連続な折れ線グラフで定義される関数からなる．

$\{\varphi_{0,k}\}$ は，V_0 に対する Riesz 基底であるけれども直交系ではないから，前

節の方法に従って直交化しよう．そのために，まず

$$\sum_j |\widehat{\varphi}(\xi+j)|^2 = \frac{2}{3} + \frac{1}{3}\cos 2\pi\xi = \frac{1}{3}(1+2\cos^2\pi\xi)$$

であることを示す．したがって $1/3 \leqq \sum_j |\widehat{\varphi}(\xi+j)|^2 \leqq 1$ である．実際，それには左辺の Fourier 係数を計算すればよい．

$$\int_0^1 (\sum_j |\widehat{\varphi}(\xi+j)|^2) e^{-2\pi i k\xi} d\xi = \int_{-\infty}^{\infty} |\widehat{\varphi}(\xi)|^2 e^{-2\pi i k\xi} d\xi$$

$$= \int_{-\infty}^{\infty} \varphi(x-k)\varphi(x)dx = \begin{cases} 2/3 & (k=0) \\ 1/6 & (|k|=1) \\ 0 & (|k| \geqq 2). \end{cases}$$

さらに，$\widehat{\varphi}(\xi) = (\sin\pi\xi/\pi\xi)^2$ であるから (§8.2 Fejér 核を参照)，直交化は

$$\widehat{\varphi^*}(\xi) = \frac{\widehat{\varphi}(\xi)}{(\sum_j |\widehat{\varphi}(\xi+j)|^2)^{1/2}} = \frac{\sqrt{3}\sin^2\pi\xi}{\pi^2\xi^2(1+2\cos^2\pi\xi)^{1/2}}$$

となる．したがって

$$m_{\varphi^*}(\xi) = \frac{\widehat{\varphi^*}(2\xi)}{\widehat{\varphi^*}(\xi)} = \left[\frac{1+2\cos^2\pi\xi}{1+2\cos^2 2\pi\xi}\right]^{1/2} \cos^2\pi\xi.$$

ゆえにウェーブレット ψ は次の式で定義される．

$$\widehat{\psi}(\xi) = e^{-\pi i(\xi+1)} \left[\frac{1+2\sin^2\frac{\pi\xi}{2}}{1+2\cos^2\pi\xi}\right]^{1/2} \sin^2\frac{\pi\xi}{2} \widehat{\varphi^*}\left(\frac{\xi}{2}\right)$$

$$= \sqrt{3}\, e^{-\pi i(\xi+1)} \left[\frac{1+2\sin^2\frac{\pi\xi}{2}}{(1+2\cos^2\pi\xi)\left(1+2\cos^2\frac{\pi\xi}{2}\right)}\right]^{1/2} \sin^2\frac{\pi\xi}{2}\widehat{\varphi}\left(\frac{\xi}{2}\right)$$

$$= -\frac{\sqrt{3}}{4}\left[\frac{1+2\sin^2\frac{\pi\xi}{2}}{(1+2\cos^2\pi\xi)\left(1+2\cos^2\frac{\pi\xi}{2}\right)}\right]^{1/2}(e^{-2\pi i\xi}-2e^{-\pi i\xi}+1)\widehat{\varphi}\left(\frac{\xi}{2}\right).$$

$[\cdots]^{1/2} = \sum_k d_k e^{-\pi i k \xi}$ と Fourier 展開すれば

$$\psi(x) = -\frac{\sqrt{3}}{2} \sum_k (d_k - 2d_{k-1} + d_{k-2})\varphi(2x - k).$$

ゆえに，ψ のグラフは $\frac{1}{2}\boldsymbol{Z}$ を節点にもつ折れ線グラフである．図 9.6 は d_k を数値計算で求めてグラフを描いたものである．

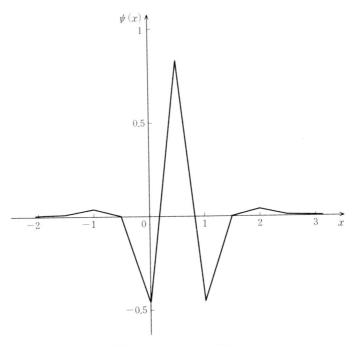

図 9.6 スプライン関数をスケーリング関数にもつウェーブレット

例 9.6 (Meyer のウェーブレット) φ は次の性質をもつ関数とする：
$\widehat{\varphi}$ は $C^{(k)}(\boldsymbol{R})$ または $C^\infty(\boldsymbol{R})$ に属し

$$\widehat{\varphi}(\xi) = 1 \ (|\xi| < 1/3), \quad \mathrm{supp}\,\widehat{\varphi} \subset (-2/3, 2/3),$$
$$|\widehat{\varphi}(\xi)|^2 + |\widehat{\varphi}(\xi - 1)|^2 = 1, \quad 0 \leqq \xi < 1,$$

を満たすとする (図 9.7)．$\sum_k |\widehat{\varphi}(\xi+k)|^2 = 1$ であるから，$\{\varphi_{0,k}\}$ は正規直交系をなす．

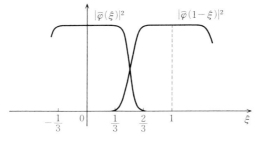

図 9.7 $|\widehat{\varphi}(\xi)|^2 + |\widehat{\varphi}(1-\xi)|^2$ のグラフ

$V_j = \overline{\mathrm{span}}^{L^2}\{\varphi_{j,k}; k \in \mathbf{Z}\}$ とおく．V_j が解像度解析の条件を満たすことは，以下で述べる補題 9.8 と補題 9.9 からわかる．それを一時認めることにしてウェーブレットを構成しよう．

$$(9.26) \qquad m_\varphi(\xi) = \sum_l \widehat{\varphi}(2(\xi+l))$$

とおくと，$l=0$ のとき $\mathrm{supp}\,\widehat{\varphi}(\xi)$ 上で $\widehat{\varphi}(\xi/2) = 1$，そして $l \neq 0$ のとき $\mathrm{supp}\,\widehat{\varphi}(\xi/2)$ 上で $\widehat{\varphi}(\xi - 2l) = 0$ であるから，

$$m_\varphi(\xi/2)\widehat{\varphi}(\xi/2) = \sum_l \widehat{\varphi}(\xi+2l)\widehat{\varphi}(\xi/2) = \widehat{\varphi}(\xi)\widehat{\varphi}(\xi/2) = \widehat{\varphi}(\xi)$$

である．したがって，ウェーブレットは

$$\widehat{\psi}(\xi) = e^{-\pi i(\xi+1)}\overline{m_\varphi\left(\frac{\xi+1}{2}\right)}\widehat{\varphi}\left(\frac{\xi}{2}\right)$$
$$= e^{-\pi i(\xi+1)}[\widehat{\varphi}(\xi+1) + \widehat{\varphi}(\xi-1)]\widehat{\varphi}\left(\frac{\xi}{2}\right).$$

で定義される．

$V_j = \overline{\mathrm{span}}^{L^2}\{\varphi_{j,k}\}$ は解像度解析の条件 (i) を満たす．実際 m_φ の定義 (9.26) から m_φ は $C^{(k)}$ または C^∞ の関数である．$m_\varphi(\xi) = \sum_k c_k e^{-2\pi i k\xi}$ を Fourier 展開とするとき，$\varphi(x) = \sum_k 2c_k \varphi(2x-k)$ である．ゆえに $V_0 \subset V_j$ である． □

解像度解析の条件 (ii) を満たすことを示すために，より一般的な補題を証

明しておく．

補題 9.8 $\{\varphi_{0,k}\}$ は V_0 の Riesz 基底であるとする．$V_j = \overline{\operatorname{span}}^{L^2}\{\varphi_{j,k};\ k \in \mathbb{Z}\}$ とおくとき，$\bigcap_{j=-\infty}^{\infty} V_j = \{0\}$ である．

［証明］ $f \in \bigcap V_j$ とする．$\varepsilon > 0$ を与えるとき $\|f - u\|_2 < \varepsilon$ であるように $u \in C_c^\infty(\mathbb{R})$ をとる．$P_j : L^2 \mapsto V_j$ を直交射影とすると
$$\|f - P_j u\|_2 = \|P_j(f-u)\|_2 \leqq \|f - u\|_2 < \varepsilon$$
であるから，
$$\|f\|_2 \leqq \|P_j u\|_2 + \varepsilon.$$
ところで，$\{\varphi_{j,k}\}$ は V_j の Riesz 基底をなすから，
$$\|P_j u\|_2 \leqq B \sum_k |(u, \varphi_{j,k})|^2 \leqq B \sum_k 2^j \left(\int |u(x)||\varphi(2^j x - k)| dx\right)^2$$
$$\leqq B\|u\|_2^2 \sum_k 2^j \int_{|x|<R} |\varphi(2^j x - k)|^2 dx,$$
ここで $R > 0$ は $\operatorname{supp} u \subset [-R, R]$ であるように選んでおく．十分小さな $j < 0$ に対し，$S_j = \bigcup_k (-2^j R - k, 2^j R - k)$ とおけば，$\sum_k 2^j \int_{|x|<R} |\varphi(2^j x - k)|^2 dx = \int_{S_j} |\varphi(x)|^2 dx \to 0 \ (j \to -\infty)$．ゆえに $\|f\|_2^2 \leqq \varepsilon$ である．$\varepsilon > 0$ は任意であるから $f = 0$ である． ∎

補題 9.9 $\{\varphi_{0,k}\}$ は V_0 の Riesz 基底であるとする．$\delta > 0$ が存在して，0 の近傍で $|\hat{\varphi}(\xi)| > \delta$ ならば，$\overline{\bigcup V_j}^{L^2} = L^2(\mathbb{R})$．

［証明］ $(\bigcup_j V_j)^\perp = \{0\}$ であることを証明すればよい．
$f \in (\bigcup_j V_j)^\perp$ とする．$(P_j f, P_j f)_{L^2} = (f, P_j f)_{L^2} = 0$ であるから，$P_j f = 0$ である．

$u \in \mathcal{S}(\mathbb{R})$, $\operatorname{supp} \hat{u}$ はコンパクトとする．このような関数全体は $L^2(\mathbb{R})$ で稠密である．したがって，$\varepsilon > 0$ に対して $\|f - u\|_2 < \varepsilon$ ととることができる．したがって
$$\|P_j u\|_2 = \|P_j u - P_j f\|_2 < \varepsilon \quad (j \in \mathbb{Z}).$$
$\{\varphi_{0,k}\}$ は Riesz 基底であるから，

$$\|P_j u\|_2^2 = B^{-1} \sum_k |(P_j u, \varphi_{j,k})|^2 = B^{-1} \sum_k |(u, \varphi_{j,k})|^2.$$

ところで j を十分大にとれば，$\operatorname{supp} \widehat{u} \subset (-2^{j-1}, 2^{j-1})$, $|\widehat{\varphi}(2^{-j}\xi)| > \delta$ ($\xi \in \operatorname{supp} \widehat{u}$) である．

$$2^{-j/2}(u, \varphi_{j,k}) = 2^{-j} \int \widehat{u}(\xi) \widehat{\varphi}(2^{-j}\xi) e^{-2\pi i k 2^{-j}\xi} d\xi$$

は，区間 $[-2^{j-1}, 2^{j-1}]$ に関する $\widehat{u}(\xi)\widehat{\varphi}(2^{-j}\xi)$ の Fourier 係数とみることができるから，Parseval の等式によって

$$\sum_k |2^{-j/2}(u, \varphi_{j,k})|^2 = 2^{-j} \int_{-2^{j-1}}^{2^{j-1}} |\widehat{u}(\xi)\widehat{\varphi}(2^{-j}\xi)|^2 d\xi$$
$$\geq 2^{-j}\delta^2 \int |\widehat{u}(\xi)|^2 d\xi = 2^{-j}\delta^2 \|u\|_2^2.$$

ゆえに
$$\varepsilon \geq \|P_j u\|_2 \geq B^{-1/2}\delta\|u\|_2.$$

ゆえに
$$\|f\|_2 \leq \varepsilon + \|u\|_2 \leq \varepsilon + \varepsilon B^{1/2}\delta^{-1}.$$

$\varepsilon > 0$ は任意でよかったから，$f = 0$ である． ∎

§9.5　コンパクトな台をもつウェーブレット

Haar のウェーブレットの台はコンパクトであるが，不連続であるため，その Fourier 変換は緩やかに 0 に収束しその挙動は満足すべきものではない．また，今までに述べてきたそれ以外のウェーブレットは無限遠点では急激に 0 に減少するが台はコンパクトではない．本節では，I. Daubechies（ドーベシース）に従ってコンパクトな台をもつウェーブレットを構成しよう．応用上このようなウェーブレットは重要なのである．

(a)　スケーリング関数の構成と主定理

三角多項式

(9.27) $$m_0(\xi) = \frac{1}{\sqrt{2}} \sum_{n=L}^{M} h_n e^{-2\pi i n\xi}$$

は

(9.28) $$|m_0(\xi)|^2 + |m_0(\xi+1/2)|^2 = 1, \quad m_0(0) = 1,$$

を満たすとする．

まず，$m_\varphi(\xi) = m_0(\xi)$ を満たすようなスケーリング関数 φ を求めたい．そのために

(9.29) $$\widehat{\varphi}(\xi) = \prod_{k=1}^{\infty} m_0(2^{-k}\xi)$$

とおいてみる．

いま，右辺の積は収束すると仮定すると，等式 (9.8)

$$\widehat{\varphi}(\xi) = m_0(\xi/2)\widehat{\varphi}(\xi/2)$$

が成り立つ．このことから，(9.29) は自然な定義であることがわかる．

さらに，$\widehat{\varphi}$ は L^2 に属し，その Fourier 逆変換 φ の台がコンパクトであると仮定する．そのとき，ウェーブレットを

$$\widehat{\psi}(\xi) = e^{-\pi i(\xi+1)} \overline{m_0\left(\frac{\xi+1}{2}\right)} \widehat{\varphi}\left(\frac{\xi}{2}\right)$$

によって定義する．(9.27) を代入すると，

$$\psi(x) = \sum_{n=-M+1}^{-L+1} (-1)^n \overline{h_{-n+1}} \varphi_{1,n}(x)$$

と表わされる．したがって，ψ の台はコンパクトである．

m_0 は (9.27) で与えられ，(9.28) を満たすとする．複素数 ζ に対し

$$m_0(\zeta) = e^{-\pi i(M+L)\zeta} \frac{e^{\pi i(M-L)\zeta}}{\sqrt{2}} \sum_{n=0}^{M-L} h_{n+L} e^{-2\pi i n\zeta} = e^{-\pi i(M+L)\zeta} m_1(\zeta)$$

とおく．φ_1 を

$$\widehat{\varphi}_1(\zeta) = \prod_{k=1}^{\infty} m_1(2^{-k}\zeta)$$

によって定義する．したがって

$$\widehat{\varphi}(\zeta) = \prod_{k=1}^{\infty} m_0(2^{-k}\zeta) = e^{-\pi i(M+L)\zeta}\widehat{\varphi}_1(\zeta)$$

である．

補題 9.10 積 $\widehat{\varphi}_1$ は複素平面の任意のコンパクト集合上で一様収束する．したがって，$\widehat{\varphi}(\zeta)$ は整関数である．

もし，$\widehat{\varphi}(\xi) \in L^2(\mathbf{R})$ ならば，その Fourier 逆変換 φ の台は $[L, M]$ に含まれる． □

[証明] $C_1, C_2, \cdots,$ はくには無関係な定数を表わすものとする．仮定から $m_1(0) = 1$ であることに注意すれば，

$$|m_1(\zeta) - m_1(0)| \leq \frac{1}{\sqrt{2}} \sum_{n=0}^{M-L} |h_{n+L}||e^{\pi i(M-L)\zeta}e^{-2\pi i n\zeta} - 1|$$

$$\leq \frac{1}{\sqrt{2}} \sum_{n=0}^{M-L} \pi|M-L-2n||h_{n+L}||\zeta|e^{\pi|(M-L-2n)\zeta|}$$

$$\leq C_1|\zeta| \quad (|\zeta| \leq 1).$$

したがって，

$$|m_1(\zeta)| \leq 1 + C_1|\zeta| \leq e^{C_1|\zeta|} \quad (|\zeta| < 1).$$

ゆえに，積 $\widehat{\varphi}_1$ は $|\zeta| \leq 1$ で一様収束して

$$|\prod_{k=1}^{\infty} m_1(2^{-k}\zeta)| \leq \prod_{k=1}^{\infty} e^{C_1 2^{-k}|\zeta|} \leq e^{C_1}$$

である．

$2^{K-1} \leq |\zeta| < 2^K,\ K \geq 1$ とする．$|m_1(\zeta)| \leq C_2 e^{\pi(M-L)|\zeta|}$ であるから，

$$|\prod_{k=1}^{\infty} m_1(2^{-k}\zeta)| \leq \prod_{k=1}^{K} C_2 e^{\pi(M-L)|2^{-k}\zeta|}|\prod_{k=1}^{\infty} m_1(2^{-k}(2^{-K}\zeta))|$$

$$\leq C_2^K e^{\pi(M-L)|\zeta|} e^{C_1}$$

$$\leq C_3 e^{\pi(M-L)|\zeta|} e^{C_4 \log|\zeta|}.$$

積は，この場合も $2^{K-1} \leq |\zeta| < 2^K,\ K \geq 1,$ において一様収束する．したがって $\widehat{\varphi}_1(\zeta)$ は整関数である．

さらに，最後の式から，$\widehat{\varphi}_1$ は任意の $A > (M-L)/2$ に対して指数型 A である．ゆえに，Paley-Wiener の定理によって，$\varphi_1(x) = 0$ a.e. $|x| > A$ であ

る．ゆえに $\mathrm{supp}\,\varphi_1 \subset [-(M-L)/2, (M-L)/2]$ としてよい．ゆえに $\mathrm{supp}\,\varphi \subset [L, M]$ である． ∎

以下 φ は (9.29) で定義された関数とする．

補題 9.11 K は 0 の近傍を含むコンパクト集合で，$m(K) = 1, [0,1] \equiv K \pmod{\mathbf{Z}}$ を満たすとする．いま

$$(9.30) \qquad C = \inf_{k>0} \inf_{\xi \in K} |m_0(2^{-k}\xi)| > 0$$

が成り立つと仮定すれば，

$$\widehat{\varphi^n}(\xi) = \prod_{k=1}^{n} m_0(2^{-k}\xi) \chi_K(2^{-n}\xi)$$

とおくとき，$\widehat{\varphi^n}$ は $\widehat{\varphi}$ に L^2-収束する．そして $\{\varphi(x-n);\, n \in \mathbf{Z}\}$ は正規直交系をなす．

［証明］K は原点の近傍を含むから，上の補題によって，$\widehat{\varphi^n}(\xi)$ は $\widehat{\varphi}(\xi)$ に各点収束する．

仮定から $|m_0(2^{-k}\xi)| \geq C$ $(\xi \in K)$ である．また，$m_0(0) = 1$ であるから，定数 $C_1 > 0$ が存在して $|m_0(\xi)| \geq 1 - C_1|\xi|$ である．k_0 を $2^{-k}C_1|\xi| < 1/2$ $(\xi \in K, k \geq k_0)$ であるように選んでおく．これは K がコンパクトであるから可能である．$1 - x \geq e^{-2x}$ $(0 \leq x \leq 1/2)$ であるから，$\xi \in K, k \geq k_0$ ならば，$|m_0(2^{-k}\xi)| \geq \exp[-2C_1 2^{-k}|\xi|]$ である．ゆえに

$$|\widehat{\varphi}(\xi)| = \prod_{k=1}^{k_0} |m_0(2^{-k}\xi)| \prod_{k=k_0+1}^{\infty} |m_0(2^{-k}\xi)|$$

$$\geq C^{k_0} \prod_{k=k_0+1}^{\infty} \exp[-2C_1 2^{-k}|\xi|]$$

$$\geq C^{k_0} \exp[-2C_1 2^{-k_0+1} \max_{\xi \in K}|\xi|] = C_2 > 0.$$

ゆえに

$$\chi_K(\xi) \leq C_2^{-1}|\widehat{\varphi}(\xi)|.$$

ゆえに

§9.5 コンパクトな台をもつウェーブレット —— 297

$$(9.31) \quad |\widehat{\varphi^n}(\xi)| = \prod_{k=1}^{n} |m_0(2^{-k}\xi)|\chi_K(2^{-n}\xi)$$

$$\leqq C_2^{-1} \prod_{k=1}^{n} |m_0(2^{-k}\xi)||\widehat{\varphi}(2^{-n}\xi)| = C_2^{-1}|\widehat{\varphi}(\xi)|.$$

一般に，関数 f が周期 1 をもてば，$\int_K f(\xi)d\xi = \int_0^1 f(\xi)d\xi$ であるから，

$$\int_{-\infty}^{\infty} |\widehat{\varphi^n}(\xi)|^2 e^{2\pi im\xi} d\xi$$

$$= 2^n \int_{-\infty}^{\infty} \prod_{k=0}^{n-1} |m_0(2^{n-k}\xi)|^2 \chi_K(\xi) e^{2\pi im 2^n \xi} d\xi$$

$$= 2^n \int_0^1 \prod_{k=1}^{n-1} |m_0(2^k\xi)|^2 |m_0(\xi)|^2 e^{2\pi im 2^n \xi} d\xi$$

$$= 2^n \int_0^{1/2} \prod_{k=1}^{n-1} |m_0(2^j\xi)|^2 \bigg[|m_0(\xi)|^2 + |m_0(\xi+(1/2))|^2 \bigg] e^{2\pi im 2^n \xi} d\xi$$

$$= 2^n \int_0^{1/2} \prod_{k=1}^{n-1} |m_0(2^k\xi)|^2 e^{2\pi im 2^n \xi} d\xi$$

$$= 2^{n-1} \int_0^1 \prod_{k=0}^{n-2} |m_0(2^j\xi)|^2 e^{2\pi im 2^{n-1} \xi} d\xi$$

$$= \int |\widehat{\varphi^{n-1}}(\xi)|^2 e^{2\pi im\xi} d\xi.$$

である．このような操作を繰り返してゆくと

$$\int |\widehat{\varphi^n}(\xi)|^2 e^{2\pi im\xi} d\xi = \cdots = \int |\widehat{\varphi^1}(\xi)|^2 e^{2\pi im\xi} d\xi$$

$$= 2 \int_0^{1/2} e^{-2\pi i 2m\xi} d\xi = \delta_{0,m}$$

となる．特に，$\int |\widehat{\varphi^n}(\xi)|^2 d\xi = 1$ である．$\widehat{\varphi^n}$ は任意のコンパクト集合上で $\widehat{\varphi}$ に一様収束するが，Fatou の補題によって $\int |\widehat{\varphi}(\xi)|^2 d\xi \leqq 1$ である．(9.31) によって，$\widehat{\varphi^n}$ は $\widehat{\varphi}$ に L^2-ノルム収束する．ゆえに，上の式で $n \to \infty$ として

$$\int |\widehat{\varphi}(\xi)|^2 e^{2\pi im\xi} d\xi = \int \varphi(\xi)\overline{\varphi(x-m)} d\xi = \delta_{0,m}.$$

ゆえに $\{\varphi_{0,n}\}$ は正規直交系をなす．
$$V_j = \overline{\mathrm{span}}^{L^2}\{\varphi_{j,k}\}$$
とおく．

補題 9.12 条件 (9.30) の下で，$\{V_j\}$ はスケーリング関数 φ をもつ多重解像度解析である．

［証明］ 多重解像度解析の条件 (iv), (v) は自明である．(i), (iii) が成り立つことは $\widehat{\varphi}(\xi) = m_0(\xi/2)\widehat{\varphi}(\xi/2)$ からわかる．

$\bigcap_{j=-\infty}^{\infty} V_j = \{0\}$ であることは，補題 9.8 による．

$\widehat{\varphi}$ は連続で $\widehat{\varphi}(0) = 1$ であるから，補題 9.9 によって $\overline{\bigcup V_j}^{L^2} = L^2$ である．ゆえに，条件 (ii) が満たされる．ゆえに $\{V_j\}$ は多重解像度解析であることがわかった．

以上を定理としてまとめると

定理 9.4 三角多項式 $m_0(\xi) = (1/\sqrt{2})\sum_{n=L}^{M} h_n e^{-2\pi in\xi}$ は条件

(i) $|m_0(\xi)|^2 + |m_0(\xi+1/2)|^2 = 1, \quad m_0(0) = 1,$

を満たすとする．さらに，

(ii) 0 の近傍を含むコンパクト集合 K が存在して

$$\inf_{k>0}\inf_{\xi\in K}|m_0(2^{-k}\xi)| > 0, \quad m(K) = 1, \quad [0,1] \equiv K \pmod{\mathbf{Z}},$$

であるとする．

$$\widehat{\varphi}(\xi) = \prod_{j=1}^{\infty} m_0(2^{-j}\xi),$$

$$\widehat{\psi}(\xi) = e^{-\pi i(\xi+1)}\overline{m_0((\xi+1)/2)}\widehat{\varphi}(\xi/2),$$

によって φ, ψ を定義する．そのとき

(a) φ をスケーリング関数としてもつ多重解像度解析が存在する．

(b) ウェーブレット $\{\psi_{j,k}; j,k \in \mathbf{Z}\}$ は L^2 の正規直交基底をなす．

(c) ψ の台は $[-(M-L)/2+1/2, (M-L)/2+1/2]$ に含まれる．

(d) ψ は

$$\sum_{n=-M+1}^{-L+1}(-1)^n\overline{h}_{-n+1}\varphi_{1,n}(x)$$

と表わされる. □

(b) 三角多項式の構成

定理 9.4 の条件 (i) を満たす三角多項式 m_0 が存在することを証明しよう.

補題 9.13 整数 $N>0$ に対し
$$p_N(x)=\sum_{n=0}^{N-1}\binom{N-1+n}{n}x^n$$
とおくとき,

(9.32) $$(1-x)^N p_N(x)+x^N p_N(1-x)=1.$$

[証明] Euclid の互除法によって高々 $N-1$ 次多項式 $p(x), q(x)$ が一意に存在して
$$(1-x)^N p(x)+x^N q(x)=1$$
と書くことができる (付録 A.3 参照). x の代わりに $1-x$ とおくと, $x^N p(1-x)+(1-x)^N q(1-x)=1$. ゆえに, 多項式の一意性によって $q(x)=p(1-x)$ である.
$$p(x)=(1-x)^{-N}[1-x^N p(1-x)]$$
$$=\sum_{n=0}^{N-1}\binom{N-1+k}{n}x^n+x^N r(x)\quad(|x|<1)$$
と表わされる, ここで $r(x)$ は無限級数 $\sum_{k=0}^{\infty}a_k x^k$ である. ところが, $\deg p<N$ であるから, $r(x)=0$ である. ∎

注意 9.4 $p_N(x)\geqq 0, x\geqq 0$ であることに注目しよう.

もし, $r(x)$ は $r(x)=-r(-x)$ であるような多項式とすれば,
$$p_N(x)+x^N r(1/2-x)$$
もまた (9.32) を満たす.

補題 9.14 $a_0,a_1,\cdots,a_M$ は実数で $a_M\neq 0$ とする. もし

$$A(e^{2\pi i\xi}) = \frac{a_0}{2} + \sum_{n=1}^{M} a_n \cos 2\pi n\xi \geqq 0$$

ならば，M 次多項式 $B(z) = \sum_{n=0}^{M} b_n z^n$ が存在して

$$|B(e^{2\pi i\xi})|^2 = A(e^{2\pi i\xi}).$$

[証明] $p(z) = (1/2)z^M \sum_{n=-M}^{M} a_{|n|} z^n$ とおく．$p(e^{2\pi i\xi}) = e^{2\pi i M\xi} A(e^{2\pi i\xi})$ である．$A(e^{2\pi i\xi}) \geqq 0$ であるから，$p(z) = 0$ の単位円周上の解はすべて重根である．$p(0) = a_M \neq 0$ である．$p(z) = z^{2M} p(z^{-1})$ かつ $p(z)$ の係数は実数であるから，$p(z_j) = 0$ なら $\overline{z}_j, z_j^{-1}, \overline{z}_j^{-1}$ もすべて解である．

したがって，単位円内の実数解を $r_j, j = 1, \cdots, J$，単位円周上の解を $e^{2\pi \theta_k}$，$k = 1, \cdots, K$，単位円内の複素解を $z_l, \overline{z}_l, l = 1, \cdots, L$，とするとき，

$$p(z) = \frac{a_M}{2} \left\{ \prod_{j=1}^{J} (z - r_j)(z - r_j^{-1}) \right\} \left\{ \prod_{k=1}^{K} (z - e^{2\pi i\theta_k})^2 \right\}$$

$$\times \left\{ \prod_{l=1}^{L} (z - z_l)(z - \overline{z}_l)(z - z_l^{-1})(z - \overline{z}_l^{-1}) \right\}$$

と書くことができる．$|z| = 1$ のとき

$$|(z - z_l)(z - \overline{z}_l)(z - z_l^{-1})(z - \overline{z}_l^{-1})| = |z_l|^{-2} |z - z_l|^2 |z - \overline{z}_l|^2$$

であるから，

$$B(z) = \left\{ \frac{|a_M|}{2} \right\}^{1/2} \left\{ \prod_{j=1}^{J} |r_j| \prod_{l=1}^{L} |z_l|^2 \right\}^{-1/2}$$

$$\times \left\{ \prod_{j=1}^{J} (z - r_j) \prod_{k=1}^{K} (z - e^{2\pi i\theta_k}) \prod_{l=1}^{L} (z - z_l)(z - \overline{z}_l) \right\}$$

とおくとき，

$$A(e^{2\pi i\xi}) = |p(e^{2\pi i\xi})| = |B(e^{2\pi i\xi})|^2.$$

ゆえに証明された． ∎

$$P(x) = p_N(x) + x^N r(1/2 - x)$$

とおく，ここで $P(x) \geqq 0$ $(0 \leqq x \leqq 1)$，$r(x)$ は $r(x) = -r(-x)$ を満たすような多項式とする．定義から $p_N(0) = 1$ であることに注意しておく．そのとき

(9.33) $$A(\xi) = (\cos^2 \pi\xi)^N P(\sin^2 \pi\xi)$$

とおく．補題 9.14 によって，三角多項式 $m_0(\xi)$ が存在して $A(\xi) = |m_0(\xi)|^2$ となるから，$m_0(\xi)$ は (9.28) を満たす．

以上の考察によって

補題 9.15 定理 9.4 の条件 (i) を満たす三角多項式 m_0 が存在する． □

(c) コンパクトな台をもつ連続なウェーブレットの例

補題 9.13 の多項式は，$N=2$ の場合 $p_2(x) = 1+2x$ である．したがって (9.33) によって

$$|m_0(\xi)|^2 = A(\xi) = (\cos^2 \pi\xi)^2 (1+2\sin^2 \pi\xi)$$
$$= \frac{1}{2}\left|\left(\frac{e^{2\pi i\xi}+1}{2}\right)^4 (e^{2\pi i\xi} - 2 - \sqrt{3})(e^{2\pi i\xi} - 2 + \sqrt{3})\right|.$$

ゆえに，

$$m_0(\xi) = \frac{1-\sqrt{3}}{2}\left(\frac{e^{-2\pi i\xi}+1}{2}\right)^2 (e^{-2\pi i\xi} - 2 - \sqrt{3})$$
$$= \frac{1-\sqrt{3}}{8}\left\{e^{-6\pi i\xi} - \sqrt{3}e^{-4\pi i\xi} - \sqrt{3}(2+\sqrt{3})e^{-2\pi i\xi} - (2+\sqrt{3})\right\}$$

である．

$$\widehat{\varphi}_2(\xi) = \prod_{j=1}^{\infty} m_0(2^{-j}\xi)$$

とおく．そのとき定理 9.4 によって

$$\psi_2(x) = \frac{\sqrt{3}}{8}\Big\{-(\sqrt{3}-1)(\varphi_2)_{1,-2}(x) - \sqrt{3}(\sqrt{3}-1)(\varphi_2)_{1,-1}(x)$$
$$+ \sqrt{3}(\sqrt{3}+1)(\varphi_2)_{1,0}(x) - (1+\sqrt{3})(\varphi_2)_{1,1}(x)\Big\}$$

である (図 9.8)．

対応するスケーリング関数 φ_2 とウェーブレット ψ_2 の台はそれぞれ補題 9.10，定理 9.4 によって

$$\operatorname{supp} \varphi_2 \subset [0,3], \quad \operatorname{supp} \psi_2 \subset [-1,2]$$

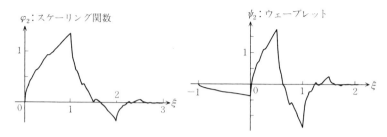

図 9.8 Daubechies のウェーブレット ($N=2$ の場合)

である.

関数 φ_2 は連続である.実際, φ_2 は Lipschitz γ, $\gamma = 1 - [\log 3/(2\log 2)] = 0.2075\cdots$, の関数であることを示そう.

$m_0(\xi) = ((e^{2\pi i \xi}+1)/2)^2 L(\xi)$ とおくと,$L(0)=1$ であるから,定数 C を適当にとれば,$|L(\xi)| \leqq 1+C|\xi|$ である.ゆえに

$$\prod_{j=1}^{\infty} |L(2^{-j}\xi)| \leqq \prod_{j=1}^{\infty} e^{C2^{-j}|\xi|} \leqq e^{C} \quad (|\xi| \leqq 1).$$

$$\max |L(\xi)|^2 = \max_{0 \leqq x \leqq 1} p_2(x) = \sum_{n=0}^{1} 1 \binom{1+n}{n} = 3$$

であるから,$2^k < |\xi| \leqq 2^{k+1}$ のとき,

$$\prod_{j=1}^{\infty} |L(2^{-j}\xi)| = \prod_{j=1}^{k} |L(2^{-j}\xi)| \prod_{j=1}^{\infty} |L(2^{-k-j}\xi)|$$

$$\leqq \sqrt{3}^{k} e^{C} \leqq C'|\xi|^{\alpha},$$

ここで $\alpha = \log 3/(2\log 2)$,$C'$ は定数である.Euler の公式

$$\prod_{j=1}^{\infty} \cos \pi 2^{-j}\xi = \frac{\sin \pi \xi}{\pi \xi}$$

を用いる (付録 A.4 参照).$|(\sin \pi \xi)/\pi \xi| \leqq (1+|\xi|)^{-1}$ であるから,

$$|\widehat{\varphi}_2(\xi)| = \prod_{k=1}^{\infty} \cos^2(\pi 2^{-k}\xi)|L(2^{-k}\xi)| \leqq C'(1+|\xi|)^{\alpha-2} \quad (\xi \in \boldsymbol{R})$$

となる.したがって,次の補題を証明すれば φ_2 が Lipschitz $(1-\alpha)$ の関数で

あることがわかる．

補題 9.16 $0<\alpha<1$ とする．$f\in L^2(\boldsymbol{R})$,
$$|\widehat{f}(\xi)|\leqq C(1+|\xi|)^{\alpha-2}$$
ならば，f は Lipschitz $(1-\alpha)$ の関数である．

［証明］ C_1, C_2, C_3 は適当な定数を表わすとする．
$$f(x+h)-f(x) = \int \widehat{f}(\xi)[e^{2\pi ih\xi}-1]e^{2\pi ix\xi}d\xi$$
$$= \left(\int_{|h\xi|<1}+\int_{|h\xi|>1}\right)\widehat{f}(\xi)[e^{2\pi ih\xi}-1]e^{2\pi ix\xi}d\xi = I+J$$
と書く．$|\widehat{f}(\xi)|\leqq C(1+|\xi|)^{\alpha-2}$ であるから，
$$|I|\leqq \int_{|h\xi|<1}2\pi|h\xi||\widehat{f}(\xi)|d\xi \leqq \int_{|\xi|<1/|h|}2\pi C|h\xi|(1+|\xi|)^{\alpha-2}d\xi \leqq C_1|h|^{1-\alpha}.$$
そして，
$$|J|\leqq C\int_{|h\xi|>1}2|\xi|^{\alpha-2}d\xi \leqq C_2|h|^{1-\alpha}.$$
ゆえに
$$|f(x+h)-f(x)|\leqq C_3|h|^{1-\alpha}$$
が得られる． ∎

$N=3,4,\cdots$ に対しても p_N に対応してウェーブレットが構成される．N を大きくするにしたがって対応するウェーブレット ψ_N の連続度を増加させることができることが知られている．

詳しくは巻末参考文献の I. Daubechies[22] を参照していただきたい．

付録
集合論からのノートなど

§A.1 Zorn の補題

定義 A.1 集合 P において次の条件を満たす関係 "$\leq$" を半順序という．
(ⅰ)　$x \leq x$ （反射法則），
(ⅱ)　$x \leq y, y \leq x \Rightarrow x = y$ （反対称法則），
(ⅲ)　$x \leq y, y \leq z \Rightarrow x \leq z$ （推移法則）．
　　さらに，条件
(ⅳ)　$x, y \in P$ なら，$x \leq y$ または $y \leq x$
　　が成り立つとき "$\leq$" は全順序または線形順序であるという．□
集合 P の全順序部分集合を鎖という．

定義 A.2 A を半順序集合の部分集合とする．すべての $a \in A$ に対し $a \leq u$ であるとき，u を A の上界という．□
$m \in P$ が極大であるとは，$x \in P, m \leq x$ なら $x = m$ となることである．

定義 A.3 f が集合 X に対する選出関数であるとは，任意の空でない X の部分集合 A に対し A の元 $f(A)$ を一意に対応させる関数をいう．□
次に述べる公理は同値な命題である．

公理 A.1 (選択公理)　任意の集合に対し選出関数は存在する．□
公理 A.2 (Zorn の補題)　空でない半順序集合は，任意の全順序部分集合

が上界をもてば，少なくとも一つの極大元を含む． □

公理 A.3 (Hausdorff の最大原理)　空でない半順序集合は少なくとも一つの極大全順序部分集合を含む． □

さらに詳しくは，参考文献の松坂和夫 [7] を参照されたい．

§A.2　Urysohn の定理

定理 A.1 (Urysohn の補題)　X を局所コンパクト Hausdorff 空間とする．K をコンパクト集合，G を開集合とする．$K \subset O$ ならば，$u \in C_c(X)$ が存在して，
$$u(x) = 1 \, (x \in K), \quad u(x) = 0 \, (x \notin G), \quad 0 \leq u(x) \leq 1.$$ □

証明は参考文献の松坂和夫 [7] を参照されたい．

§A.3　Euclid の互除法

定理 A.2　$p_0(x), p_1(x)$ は互いに共通な因子をもたない多項式とする．そのとき多項式 $q_0(x), q_1(x)$ が存在して
$$p_0(x)q_0(x) + p_1(x)q_1(x) = 1, \quad \deg q_j < \deg p_j \, (j = 0, 1).$$
このような多項式 $q_0(x), q_1(x)$ は一意である．

［証明］ $\deg p_0 \geq \deg p_1$ としてよい．
$$p_0(x) = a_1(x)p_1(x) + p_2(x), \quad \deg p_2 < \deg p_1$$
と書くことができる．同様な論法を用いて
$$p_1(x) = a_2(x)p_2(x) + p_3(x), \quad \deg p_3 < \deg p_2.$$
以下同様にして
$$p_{n-1}(x) = a_n(x)p_n(x) + p_{n+1}(x), \quad \deg p_{n+1} < \deg p_n$$
と書くことができる．$\deg p_n$ は単調減少であるから，この操作は有限の段階で止まる．いま，$p_N \neq 0, p_{N+1} = 0$ であるとする．

$p_{N-1} = a_N p_N$ であるから，p_{N-1} は p_N を因子としてもつ．$p_{N-2} = a_{N-1}p_{N-1} + p_N$ より p_{N-2} も p_{N-1} を因子としてもつ．これを繰り返すことによって，

p_0, p_1 は共通の因子 p_{N-1} をもつことになる．p_0 と p_1 は互いに素であるから，p_N は零でない定数である．$p_N = 1$ としてよい．
$$1 = p_{N-2} - a_{N-1} p_{N-1}$$
に $p_n = p_{n-2} - a_{n-1} p_{n-1}$, $n = N+1, \cdots, 2$ を次々に代入してゆけば
$$\begin{aligned} p_N &= (1 + a_{N-1} a_{N-2}) p_{N-2} - a_{N-1} p_{N-3} \\ &= -(a_{N-1} + a_{N-3} + a_{N-1} a_{N-2} a_{N-3}) p_{N-3} + (1 + a_{N-1} a_{N-2}) p_{N-4} \\ &= \cdots. \end{aligned}$$
このような操作を続けてゆくと，最後に $1 = q_1 p_1 + q_0 p_0$ と表わされる．

q_1, q_0 の次数については
$$\begin{aligned} \deg q_1 &= \deg a_{N-1} + \deg a_{N-2} + \cdots + \deg a_1 \\ &= (\deg p_{N-2} - \deg p_{N-1}) + (\deg p_{N-3} - \deg p_{N-2}) + \cdots \\ &\quad + (\deg p_1 - \deg p_2) \\ &= \deg p_1 - \deg p_{N-1} < \deg p_1, \\ \deg q_0 &= \deg a_{N-1} + \deg a_{N-2} + \cdots + \deg a_2 \\ &= \deg p_2 - \deg p_{N-1} < \deg p_0. \end{aligned}$$

多項式 q_0, q_1 の一意性を示すために，$1 = p_0 q_0 + p_1 q_1 = p_0 q_0' + p_1 q_1'$, $\deg q_j$, $\deg q_j' < \deg p_j \ (j = 0, 1)$ と表わされたとする．$p_1(q_1 - q_1') = p_0(q_0' - q_0)$ である．ところで p_0, p_1 は共通の因子をもたないから，$q_j = q_j'$ である．∎

§A.4　Euler の公式

$$\prod_{j=1}^{\infty} \cos \pi 2^{-j} \xi = \frac{\sin \pi \xi}{\pi \xi}.$$

[証明]　$\sin \pi 2^{-j} \xi = 2 \sin \pi 2^{-j-1} \xi \cos \pi 2^{-j-1} \xi$ であるから，
$$\begin{aligned} \prod_{j=1}^{k} \cos \pi 2^{-j} \xi &= \frac{\sin \pi \xi}{2 \sin \pi 2^{-1} \xi} \frac{\sin \pi 2^{-1} \xi}{2 \sin \pi 2^{-2} \xi} \cdots \frac{\sin \pi 2^{-k+1} \xi}{2 \sin \pi 2^{-k} \xi} \\ &= \frac{\sin \pi \xi}{2^k \sin \pi 2^{-k} \xi} \to \frac{\sin \pi \xi}{\pi \xi} \quad (k \to \infty). \end{aligned}$$
∎

参考文献

[1] 伊藤清三，ルベーグ積分入門，裳華房，1963．
[2] Royden, H.L., Real Analysis, Macmillan, New York, 1968.
[3] Rudin, W., Real and Complex Analysis, McGraw-Hill, New York, 1966.
は，実解析の優れた入門書である．少し進んだ入門書としては
[4] Hewitt, E. and Stromberg, K., Real and Abstract Analysis, Springer-Verlag, Berlin, 1965.
[5] Wheeden, R.L. and Zygmund, A., Measure and Integral, An Introduction to Real Analysis, Marcel Dekker, Inc., 1977.
[6] Folland, G.B., Real Analysis, Modern Techniques and Their Applications, John Wiley & Sons, 1984.
などがある．
集合，位相の基礎についてはたくさんの良書があるが
[7] 松坂和夫，集合・位相入門，岩波書店，1968.
をあげるにとどめる．
積分論については，名著
[8] Saks, S., Theory of the Integral, 第2版, Hafner Publishing Co., New York, 1937.
がある．手頃な Lebesgue 積分を著わした本として，上に述べた実解析の入門書のほか
[9] 竹之内脩，ルベーグ積分，培風館，1980．
[10] 洲之内源一郎，測度と積分，至文堂，1965．
[11] Halmos, P.R., Measure Theory, D.Van Nostrand Publising Co. Inc., Princeton, N.J., 1950.
がある．Haar 積分については
[12] Nachbin, L., The Haar Integral, van Nostrand, 1964.
希薄な集合上の測度を扱ったものとして
[13] Mattila, L., Geometry of Sets and Measures in Euclidean Spaces, Fractals and rectifiability, Cambridge University Press, 1995.
をあげておく．Fourier 解析の邦書の入門書として
[14] 河田龍夫，Fourier 解析，産業図書，1975．

［15］ 猪狩惺，フーリエ級数，岩波書店，1975.

などがある．洋書では

［16］ Zygmund, A., Trigonometric Series, Cambridge University Press, London, New York, 1959.

は定評がある．コンパクトにまとめた調和解析の入門書として

［17］ Katznelson, Y., An Introduction to Harmonic Analysis, Wiley, New York, 1968.

がある．専門書としては

［18］ Stein, E.M. and Weiss, G., Introduction to Fourier Analysis on Euclidean Spaces, Princeton University Press, 1971.

［19］ Stein, E.M., Harmonic Analysis: Real-Variable Methods, Orthogonality, and Oscillatory Integrals, Princeton University Press, 1994.

がある．後者は近年の結果を含んでいる注目すべき本である．

超関数の書物としては，超関数の理論の創始者による名著

［20］ Schwartz, L., Méthodes Mathématiques pour les Sciences, éditions Scientifiques Hermann, Paris, 1961.（邦訳）吉田耕作，渡辺二郎，物理数学の方法，岩波書店，1966.

が最適である．

ウェーブレット関連の書物として，数学的な理論を強調したものとして

［21］ Meyer, Y., Ondeletts et Opérateurs, I, II, III, Hermann, Paris, 1990.

［22］ Daubechies, I, Ten Lectures on Wavelets, SIAM, Philadelphia, 1992.

がある．特に後者は応用面も随所に触れられている優れた著書である．邦書としては

［23］ 榊原進，ウェーヴレット　ビギナーズガイド，東京電機大学出版局，1995.

がある．

演習問題解答

第1章

1.1 $A_\alpha^i = A_\alpha, A = \bigcup A_\alpha$ とする．$x \in A$ なら，ある α に対し $x \in A_\alpha = A_\alpha^i$．ゆえに $\varepsilon > 0$ を十分小にとれば，$B(x,\varepsilon) \subset A_\alpha$．ゆえに $B(x,\varepsilon) \subset A$．ゆえに (O2) が成り立つ．$(A_\alpha \cap A_\beta)^i \subset A_\alpha^i, A_\beta^i$．ゆえに $(A_\alpha \cap A_\beta)^i \subset A_\alpha^i \cap A_\beta^i$．一方，$x \in A_\alpha^i \cap A_\beta^i$ なら $\varepsilon > 0$ を十分小にとれば，$B(x,\varepsilon) \subset A_\alpha, A_\beta$ から，x は $A_\alpha \cap A_\beta$ の内点であることがわかる．ゆえに $A_\alpha^i \cap A_\beta^i \subset (A_\alpha \cap A_\beta)^i$．

1.2 開単位円盤が互いに素な開区間 $\{I_j\}$ の可算和で表わせたとする．仮定から，$(-1,1) \cap \bigcup_{j=1}^{\infty} I_j = (-1,1)$ である．左辺は $\boldsymbol{R}$ の互いに素な開区間の可算和である．ゆえにある I_j に対して $(-1,1) \cap I_j = (-1,1)$ となり矛盾が生じる．実際，$(-1,1) \cap I_j$ の ± 1 でない端点 a があれば，$a \in (-1,1) \cap I_k$ となる $k \neq j$ が存在するから，$I_k \cap I_j \neq \emptyset$ となる．

1.3 (i) $y \in \varphi(\bigcup A_\alpha) \rightleftharpoons \exists x \in \bigcup A_\alpha; y = \varphi(x) \rightleftharpoons \exists x \& \alpha_0; x \in A_{\alpha_0}$ かつ $y = \varphi(x) \rightleftharpoons y \in \bigcup \varphi(A_\alpha)$．他も同様である．

1.4 A を完全集合とする．$A' = A \neq \emptyset$ であるから，A の1点 a をとって固定する．a を中心とする長さ $\varepsilon > 0$ の開区間に対し $A \cap (a-\varepsilon, a+\varepsilon)$ は無限個の点を含む．ε を固定して左辺の集合から異なる2点 a_0, a_1 をとる．$\varepsilon/2 > \varepsilon' > 0$ を区間 $(a_0-\varepsilon', a_0+\varepsilon'), (a_1-\varepsilon', a_1+\varepsilon')$ がお互い交わらないようにとる．次に，$A \cap (a_0-\varepsilon', a_0+\varepsilon')$ から異なる2点 $a_{0,0}, a_{0,1}$ をとり，同様にして $A \cap (a_1-\varepsilon', a_1+\varepsilon')$ から異なる2点 $a_{1,0}, a_{1,1}$ をとる．以下同様にして A の点列 $\{a_{i_1,\cdots,i_k}, i_j = 0,1\}$ が得られる．$\lim_{k \to \infty} a_{i_1,\cdots,i_k} = a_{i_1,i_2,\cdots}$ はすべて異なる A の点である．写像 $a_{i_1,i_2,\cdots} \mapsto \sum_{k=1}^{\infty} i_k/2^k$ は $[0,1]$ 上への写像であることに注目しよう．

1.5 F_1 はコンパクトとしてよい．定理 1.14 によって $\bigcap F_j \neq \emptyset$ である．仮定から左辺が相異なる2点を含むことはない．

1.6 I を $\{a_j\}$ を含む $\boldsymbol{R}^d$ の閉区間とする．I を 2^d 個の閉区間に等分するとき，それらの中の少なくとも一つは無限個の a_j を含む．その区間を $I_1, \{a_{1,j}\}$ を I_1 に

含まれる点列とする．次に I_1 を再び 2^d 個の閉区間に等分するときそれらの中の少なくとも一つは無限個の $\{a_{1,j}\}$ を含む．それを I_2, $\{a_{2,j}\}$ を I_2 に含まれる点列とする．このような操作を続けることによって閉区間列 I_k と $\{a_j\}$ の部分列 $\{a_{k,j}\}$ が得られる．$a_{k,k} \in I_k$ であることに注意．したがって $\alpha_k = a_{k,k}$ は収束する部分列である．

1.7 $1 > \varepsilon > 0$ とする．$R > 0$ が存在して，$|f(x)| < \varepsilon/2$ $(|x| > R-1)$ である．f はコンパクト集合上で一様連続であるから，$\delta > 0$ が存在して，$|f(x)-f(y)| < \varepsilon$ $(|x-y| < \delta,\ |x|,|y| \leq R)$ である．$|x-y| < \varepsilon$ なら，$|x|,|y| > R-1$ または $|x|,|y| \leq R$ である．$|x|,|y| > R-1$ なら，$|f(x)-f(y)| < \varepsilon$ である．

1.8 f は $[a,b]$ で単調増加とする．$\Delta; a = a_0 < a_1 < \cdots < a_N = b$, $I_j = [a_{j-1}, a_j]$ とする．$\overline{f}_j = a_j$, $\underline{f}_j = a_{j-1}$ であるから，
$$\sum_{j=1}^{N}(\overline{f}_j - \underline{f}_j) = \sum_j [f(b_j) - f(a_j)] = f(b) - f(a) \quad (*)$$
である．$\varepsilon > 0$ に対して $\overline{f}_j - \underline{f}_j \geq \varepsilon$ であるような j の集合を J と書く．(J の個数) $\leq [f(b) - f(a)]/\varepsilon$ $(**)$ である．実際，$(*)$ から
$$f(b) - f(a) \geq \sum_{j \in J}(\overline{f}_j - \underline{f}_j) \geq \sum_{j \in J} \varepsilon = (J \text{の個数}) \times \varepsilon$$
である．ゆえに，$|I_j| < \varepsilon^2$ であるように区間を細分しておけば，
$$0 \leq \overline{s}(f,\Delta) - \underline{s}(f,\Delta) = (\sum{}^1 + \sum{}^2)(\overline{f}_j - \underline{f}_j)|I_j| \leq \sum{}^1 \varepsilon |I_j| + \sum{}^2 [f(b)-f(a)]\varepsilon^2,$$
ここで $\sum^1$ は $\{j : \overline{f}_j - \underline{f}_j < \varepsilon\}$ 上の和であり，$\sum^2$ は $\{j : \overline{f}_j - \underline{f}_j \geq \varepsilon\}$ 上の和である．$(**)$ を用いると，最後の式の第 2 項は $\leq \varepsilon(b-a) + [f(b)-f(a)]\varepsilon^2 \cdot \{[f(b)-f(a)]/\varepsilon\}$ である．これは $\varepsilon \to 0$ とするとき 0 に収束する．

1.9 (i) $J_1, \cdots, J_k$ を O に含まれる互いに交わらない右半開区間とする．閉区間 $J'_j \subset J_j$ を任意にとり，$J' = \bigcup_{j=1}^{k} J'_j$ とおく．J' はコンパクトだから，有限個の $I_1, \cdots, I_l$ で覆われる．したがって $\sum_{j=1}^{k}|J'_j| \leq \sum_{i=1}^{l}|I_i| < \sum_{i=1}^{\infty} 2/2^i = 2$ である．ゆえに $m_{J*}(O) \leq 2$ である．(ii) $\{r_j\}$ は $\boldsymbol{R}$ で稠密であるから，O も稠密である．ゆえに O を覆う有限個の区間は $\boldsymbol{R}$ 全体を覆う．

第 2 章

2.1 $\chi_{\limsup E_j}(x) = 1 \rightleftharpoons x \in \limsup E_j \rightleftharpoons$ 任意の k に対し $x \in E_j$ を満たす $j \geq$

k が無限個ある $\rightleftharpoons$ 任意の k に対し $\chi_{E_j}(x) = 1$ である $j \geqq k$ が無限個ある $\rightleftharpoons$ $\limsup \chi_{E_j}(x) = 1$.

2.2 $F = \limsup\limits_{j \to \infty} E_j \subset \bigcup\limits_{j=k}^{\infty} E_j$ であるから，$m(F) \leqq \sum\limits_{j=k}^{\infty} m(E_j) \to 0 \ (k \to 0)$.

2.3 E が区間のときは明らか．開集合は右半開区間の可算和で表わされるからこのときも明らか．E が可測集合のときは $m(E) = \inf\{m(O); E \subset O \in \mathcal{O}\}$ に注目．

2.4 $m(E) = m(E \cap F) + m(E - F), \ m(E - F) \leqq m([0,1] - F) = 1 - 1 = 0$.

2.5 E が有界のとき定理 2.9 と内測度の定義による．一般には $E_R = E \cap B(0, R)$ とおくと，$m(E) \geqq \sup\{m(C); C \subset E\} \geqq \sup\{m(C); C \subset E_R\} = m(E_R) \to m(E) \, (R \to \infty)$.

2.6 正方形 $[0,1] \times [0,1]$ から十字形の開集合 $\{(x, y); 1/3 < x < 2/3\} \cup \{(x, y); 1/3 < y < 2/3\}$ を除いて得られる閉集合を $\tilde{C}_1$ とする．これは 4 つの閉正方形からなる．次に，これら 4 つの正方形それぞれから，同様に $1/3$ の十字形の開集合を除く．得られた集合は 16 個の閉正方形からなる集合である．それを $\tilde{C}_2$ と書く．以下同様にして $\tilde{C}_n$ を定義する．$\tilde{C} = \bigcap\limits_{n=1}^{\infty} \tilde{C}_n$ とおく．$(x, y) \in \tilde{C} \rightleftharpoons x \in C \& y \in C$, ここに C は Cantor の三分集合である．$0 \leqq a \leqq 2$ とすると直線 $a = x + y$ は閉集合 $\tilde{C}_1, \tilde{C}_2, \cdots$ と交わる．ゆえに有限交叉性によって $\tilde{C}$ と交わる．つまり，$a = $

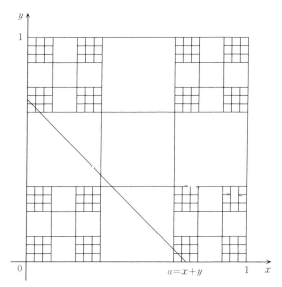

$x+y$ となる $(x,y) \in \tilde{C}$ が存在する．

2.7 f が a で連続なら，$f(x+h) = f(x+a) - f(a-h)$ であるから，x でも連続，すなわち至る所で連続である．自然数 n, m に対し $f(n) = f(1 + \cdots + 1) = nf(1)$, $f(1) = f(1/m + \cdots 1/m)$ (m 個の和) $= mf(1/m)$．ゆえに $f(n/m) = f(1/m + \cdots + 1/m)$ (n 個の和) $= nf(1/m) = (n/m)f(1)$．x を与えるとき $n/m \to x$ となる有理数列をとれば $f(x) = xf(1)$ が得られる．負の数の場合は，$f(-x) + f(x) = 0$ から明らか．

第3章

3.1 $f = u + iv$, $g = u' + iv'$ とする．(i) は明らか．(ii) $f/g = (uu' + vv')/(u'^2 + v'^2) + i(-uv' + vu')/(u'^2 + v'^2)$ の実部，虚部は可測である．(iii) $|f|^p = (u^2 + v^2)^{p/2}$ に (ii), (iii) の実数の場合を適用すればよい．

3.2 $f_n(x) = (nx)/[1 + (nx)^2]$ とおく．$f_n \in C[0,1]$ である．$x \in [0,1]$ なら，$f_n(x) \to 0$ $(n \to \infty)$．しかし $f_n(1/n) = 1/2$ であるから，一様収束しない．

3.3 E を非可測集合とする．$f = \chi_E - \chi_{E^c}$ は非可測，しかし $|f| \equiv 1$．

3.4 $\{x; \sup_\alpha f_\alpha(x) > a\} = \bigcup_\alpha \{x; f_\alpha(x) > a\}$ であることに注目．右辺は開集合である．

3.5 $E_n = \{x; f(x) > 1/n\}$ とおく．Čebyšev の不等式によって
$$m(E_n) \leqq n \int f\, dm = 0$$
である．ゆえに $\{x; f(x) \neq 0\} = \bigcup_{n=1}^\infty E_n$ の測度は 0 である．

3.6 $F_j = |f| - f_j$ に対し Fatou の補題を適用すればよい．

3.7 注意 3.2 の関数を利用し，$-f_j$ を考えよ．

3.8 (i) $f_j(x) = \chi_{E_j}(x)$ として Fatou の補題を用いよ．(ii) $E - E_j$ に (i) を当てはめよ．(iii) $E_j = (j, j+1)$ とおくと，$\limsup E_j = \emptyset$．

3.9 $\sum_{k=-\infty}^\infty 2^k \chi_{E_k}(x) \leqq \sum_{k=-\infty}^\infty |f(x)| \chi_{E_k}(x) \leqq \sum_{k=-\infty}^\infty 2^{k+1} \chi_{E_k}(x)$. であることに注目せよ．

3.10 (i) $\varepsilon > 0$ に対し単関数 $S = \sum_{n=1}^N c_n \chi_{F_n}$ が存在して $\int |f - s|\, dm < \varepsilon$．ゆえに $\left|\int_{E_j}(f-s)dm\right| < \varepsilon$．一方 $\int_{E_j} s\, dm = \sum_{n=1}^N c_n m(F_n \cap E_j) \to 0$ $(j \to \infty)$．
(ii) $t_j \to t$ とするとき $F(t_j) \to F(t)$ を示せばよい．$E_j = (\min(t, t_j), \max(t, t_j))$ と

おくと，$|F(t_j)-F(t)| \leq \int_{E_j}|f|dm \to 0$．後半も同様．

3.11 $\varepsilon>0$ に対し単関数 $s(x)=\sum_{j=1}^{N} a_j\chi_{E_j}(x)$ が存在して $\int|f-s|dm<\varepsilon$ となる，ここで I_j は有界区間である．このことと，$|y|$ が十分大ならば，$\int|s(x+y)-s(x)|dm(x)=\int|s(x+y)|dm(x)+\int|s(x)|dm(x)$ であることを用いよ．

3.12 $F_n(x)=x^n f(x)$ に対し Lebesgue の収束定理を用いよ．

3.13 仮定から，$|f(y)\varphi(x-y)| \leq |f(y)|\|\varphi\|_\infty \in L^1(\boldsymbol{R})$ となる．さらに φ は連続であるから，Lebesgue の収束定理によって $\lim_{x \to x_o}\int f(y)\varphi(x-y)dm(y) = \int \lim_{x \to x_o} f(y)\varphi(x-y)dm(y) = \int f(y)\varphi(x_o-y)dm(y)$．

3.14 $\dfrac{F(x+h)-F(x)}{h} = \int_{-\infty}^{\infty} f(y)\dfrac{\varphi(x+h-y)-\varphi(x-y)}{h}dm(y)$．平均値の定理によって $[\varphi(x+h-y)-\varphi(x-y)]/h = \partial\varphi(x+\theta h-y)/\partial x$，$0<\theta<1$ と書くことができる．$\partial\varphi(x)/\partial x$ は連続，有界．前問の解のように Lebesgue の収束定理を用いるとよい．

3.15 $[F(\xi+\eta)-F(\xi)]/\eta = \int f(x)[e^{-2\pi i\eta x}-1]e^{2\pi i\xi x}/\eta dm(x) = -2\pi i \int f(x) \times 2(\sin \pi\eta x/\eta)e^{-2\pi i\xi x}dm(x)$．|被積分関数|$\leq |xf(x)|$ に注目して Lebesgue の収束定理を用いる．

3.16 $x^p/(1-x)\log(1/x) = \sum_{n=0}^{\infty} x^{n+p}\log(1/x)$．右辺の各項は $(0,1)$ で正であるから B. Levi の定理によって項別積分できる．部分積分によって $\int_0^1 x^{p+n}\log\left(\dfrac{1}{x}\right)dx = [x^{p+n+1}\log(1/x)/(p+n+1)]_0^1 + \int_0^1 x^{p+n}dx/(p+n+1)$．

3.17 $\int_0^\infty u_n dm = 0$．$\int_0^\infty e^{-x}/(1+e^{-x})dx = \log 2$ であるから，左辺 $=0$．一方，右辺 $=\log 2$．

第 4 章

4.1 E を非可測集合とする．$f(x)=1\ (x \in E),\ =-1\ (x \notin E)$ とおくと，f は非可測である．$\varphi(x)=|x|$ は連続，しかし $\varphi(f) \equiv 1$．

4.2 $f^{-1}(A)$ は Cantor の集合の補集合を構成する "中央の $1/3$ の開区間" の可算和と零集合の和集合として表わされる．

4.3 まず中央の $1/3$ の区間で Cantor の特異関数に一致することを確かめよ．また f は単調増加関数であることに注目せよ．

4.4 $\delta>0$ に対し, $F_\delta(x)=\sup\limits_{0<h<\delta}[f(x+h)-f(x)]/h$ は下半連続である. ゆえに $\{x;\,D^+f(x)\leqq a\}=\bigcap\limits_{n=1}^{\infty}\{x;\,F_{1/n}(x)\leqq a\}$ は可測である.

4.5 有界区間 $[a,b]$ の分割 $\{a_j\}$ に対し, $\sum|f(a_j)-f(a_{j-1})|\leqq C\sum|a_j-a_{j-1}|=b-a$ であるから, f は有界変分関数である. ゆえに, 二つの単調増加関数の差で表わされる.

第 5 章

5.1 $B=\{y\in Y;\,g(y)>a\}$ とおけば, $B\in\mathcal{Y}$ であるから, $\{x\in X;\,g(T(x))>a\}=\{x\in X;\,T(x)\in B\}\in\mathcal{X}$ である.

5.2 (i),(ii) は演習問題 1.2 を参照するとよい. (iii) $X=\{\emptyset,[-1,1),[-1,0),[0,1)\},f(x)=x^2$ とする. $f(\mathcal{X})$ は加法的集合族ではない.

5.3 測度の条件を調べよ.

5.4 第 1, 第 2 式は明らか. $(E-F)\cup(F-E)\subset[(E-G)\cup((E-F)\cap G)]\cup[(F-G)\cup(F-E)\cap G]\subset(E-G)\cup(G-F)\cup(F-G)\cup(G-E)$ より第 3 式は従う.

5.5 f が $\mathbf{N}$ 上の単関数の場合は積分の定義から容易にわかる. 一般の場合はその極限である.

5.6 $f_k(x)=2^k\int_{I_j}f(t)dt\quad(x\in I_j)$.

5.7 $\mu(\{x\})\ne 0$ であるような点 x の集合 D は可算集合であることに注目.

5.8 N を μ_3 零集合とすると, それは μ_2, したがって μ_1-零集合である. $\dfrac{d\mu_1}{d\mu_2}=f,\ \dfrac{d\mu_2}{d\mu_3}=g$ とおく. μ_j はすべて正測度としてよい. したがって $f,g\geqq 0$ である. $s=\sum a_j\chi_{E_j}$ を単関数とすると, $\int_E s d\mu_2=\sum_j a_j\mu_2(E\cap E_j)=\sum_j a_j\int_{E\cap E_j}g d\mu_3=\int_E(\sum_j a_j\chi_{E_j})g d\mu_3$. ここで単関数 s を $0\leqq s_1\leqq s_2\leqq\cdots\to f$ であるような単関数 s_n で置き換えて, $n\to\infty$ とすると, $\int_E f d\mu_2=\lim\int_E s_n d\mu_2=\lim\int_E s_n g d\mu_3=\int_E fg d\mu_3$. $\mu_1(E)=\int_E f d\mu_2$ であるから, $\mu_1(E)=\int_E fg d\mu_3$.

5.9 $\operatorname{diam} f(B(a,r))\leqq C(2r)^\alpha$ であることに注目して Hausdorff 次元の定義にあてはめよ.

5.10 例 5.11 を参照. 被覆集合は $\{(x_1,x_2,0);\,(x_1,x_2)\in\mathbf{R}^2\}$ の部分集合に限ってよい.

第6章

6.1 Hölder の不等式を指数 $1/(q/p)+1/[q/(q-p)]=1$ について適用すると，$\int |f|^p d\mu \leq \left(\int |f|^q d\mu\right)^{p/q} \left(\int 1 d\mu\right)^{(q-p)/q}$. $f(x) = x^{-1/p}(2+\log x)^{-2/p}$ とおくと $f \in L^p$，しかし任意の $p < q$ に対し $f \notin L^q$.

6.2 $p \neq 2$ なら，$f = \chi_{[0,1]}$, $g = \chi_{[2,3]}$ に対し平行四辺形法則は成り立たない．

6.3 $\left|\int (f-f_n) g d\mu\right| \leq \left(\int |f-f_n|^p d\mu\right)^{1/p} \left(\int |g|^{p'} d\mu\right)^{1/p'}$.

6.4 前半は $|\|f\|_p - \|g\|_p| \leq \|f-g\|_p$ から．後半の証明．まず，$\mu(F) \to 0$ ならば，$\int_F |f|^p d\mu \to 0$ であることに注目しよう．これは f が単関数のときは自明．一般の場合は単関数で近似すればよい．$E(n) = \{x\,;\, 2|f(x)| \geq |f_n(x)|\}$, $g_n = f_n \chi_{E(n)}$ とおく．$g_n \to f$ a.e., $|g_n| \leq 2|f|$．ゆえに $\int |g_n - f|^p \to 0$ となり，$\int |f_n - g_n|^p = \int |f_n|^p - \int |f_n|^p \chi_{E(n)} = \int |f_n|^p - \int |g_n|^p \to \int |f|^p - \int |f|^p = 0$.

6.5 $f \geq 0$ としてよい．$E = \{x\,;\, f(x) > M\}$ とおく．$\mu(E) > 0$ ならば，$\|f\|_p \geq \left(\int_E M^p d\mu\right)^{1/p} \to M$．$\|f\|_p \leq \left(\int_X |f(x)|^q \|f\|_\infty^{p-q} d\mu\right)^{1/p} \to \|f\|_\infty$.

6.6 $\int_Y \left|\int_X f(x,y) d\mu(x)\right|^p d\nu(y) \leq \int_Y \int_X \left(\int_X |f(x',y)| d\mu(x')\right)^{p-1} |f(x,y)| d\mu(x) d\nu(y)$. 右辺を $\nu(y)$ について積分し Hölder の不等式を用いる．

6.7 $n = 3$ とする．$f_1, f_2, f_3 \geq 0$ としてよい．$1/q_1 = 1/[p_1(1-1/p_3)]$, $1/q_2 = 1/[p_2(1-1/p_3)]$ とおけば，$1/q_1 + 1/q_2 = 1$ である．

$$\int f_1 f_2 f_3 d\mu = \int (f_1 f_3^{1/q_1})(f_2 f_3^{1/q_2}) d\mu$$

に Hölder の不等式を用いる．次に，$1/p_3 + 1/(p_j/q_j) = 1$ $(j=1,2)$ に注意して，$\int f_3 f_j^{q_j} d\mu$ に再び Hölder の不等式を用いる．

6.8 $f, g \geq 0$ としてよい．

$$f * g(x) = \int f(y)^{p/r} g(x-y)^{q/r} f(y)^{p((1/p)-(1/r))} g(x-y)^{q((1/q)-(1/r))} dy.$$

$1/s = 1/p - 1/r$, $1/t = 1/q - 1/r$ とおくと，$1/r + 1/s + 1/t = 1$ に注目．Hölder の不等式を用いよ．

6.9 (i) $s = \sum_{j=1}^n a_j \chi_{I_j}$ の集合を考える，ここで a_j の実部，虚部ともに有理数，I_j は端点が有理数であるような区間，n は任意である．このような集合は可算かつ L^p で稠密である．(ii) 実数 $0 < t < 1$ に対し $f_t(x) = \chi_{[0,t]}(x)$ とおく．各 $0 < t < 1$ に対し $\|f_t - u^t\|_\infty < 1/2$ となる u^t を選ぶ．$s \neq t$ ならば $u^s \neq u^t$ である．

第7章

7.1 $|\langle T_\mu, u\rangle| \leq p_{0,K}(u)|\mu|(K)$, $K = \operatorname{supp} u$, である．

7.2 定理 6.13 をみよ．

7.3 $\langle \Delta U, u\rangle = \langle T, \langle T, \langle -(4\pi)^{-1}\Delta |x|^{-1}, \tau_{(-\cdot)}u\rangle\rangle\rangle$.

7.4 (i) δ. (ii) $t/|t|\cos t$.

7.5 $\langle D^\alpha(\varphi T), u\rangle = (-1)^{\|\alpha\|}\langle T, \varphi D^\alpha u\rangle$. 一方，$\left\langle \sum_\beta \binom{\alpha}{\beta}D^{\alpha-\beta}\varphi D^\beta T, u\right\rangle =$
$\sum_\beta \binom{\alpha}{\beta}(-1)^{\|\beta\|}\langle T, D^\beta((D^{\alpha-\beta}\varphi)u)\rangle$. $\sum_\beta (-1)^{\|\beta\|}\binom{\alpha}{\beta}\sum_\gamma \binom{\beta}{\gamma}(D^{\alpha-\beta-\gamma}\varphi)D^\gamma u = \varphi D^\alpha_u$
に注目．

7.6 公式(7.3) を用いよ．

第8章

8.1 $t > 0$ である．関数 $e^{-itz}/(1+z^2)$ は $z = \pm i$ でのみ極をもつ有理関数で，$z = -i$ における留数は $e^{-t}/2i$ である．曲線 $\{x; -R \leq x \leq R\} \cup \{Re^{i\theta}; \pi \leq \theta < 2\pi\}$ 上で積分すると，$ie^{-t}/2i = (2\pi i)^{-1}\int_R^{-R} e^{-itx}/(1+x^2)dx + (2\pi i)^{-1}\int_\pi^{2\pi} e^{-itR[\cos\theta + i\sin\theta]} \times iRe^{i\theta}/(1+R^2e^{2i\theta})d\theta$. 右辺第 2 項は $R \to \infty$ のとき 0 に収束する．

8.2 (i) $\widehat{x^\alpha} = (2\pi\xi)^{-\|\alpha\|}D^\alpha\delta$. (ii) $\widehat{Y}(\xi) = (1/2)\delta + (1/2\pi i)\mathrm{P.\,V.}(1/\xi)$.
(iii) $1/(2\pi i\xi + 1)$.

8.3 $\sum_{j,k} c_j \overline{c_k}\widehat{\mu}(\xi_j - \xi_k) = \int_R \sum_{j,k} c_j\overline{c_k}e^{-2\pi i\xi_j x + 2\pi i\xi_k}d\mu(x) = \int_R |\sum_j c_j e^{-2\pi i\xi_j x}|^2 d\mu(x) \geq 0$.

8.4 $e \in L^1$ を単位元とすると，$\widehat{e*P_t}(\xi) = \widehat{e}(\xi)\widehat{P_t}(\xi) = \widehat{P_t}(\xi)$. ゆえに $\widehat{e}(\xi) \equiv 1$.
一方，Riemann–Lebesque の定理によって，$\widehat{e}(\xi) \to 0$ $(\xi \to \infty)$. 矛盾．

8.5 $\tilde{x} = m$. x の代わりに，$x - m$ とおくことによって，$m = 0$ としてよい．
$\int_{-\infty}^\infty f(x)^2 dx = c^2(\pi/2a)^{1/2}$, $\int_{-\infty}^\infty x^2 f(x)^2 dx = c^2(1/2)(d/da)\int e^{-2ax^2}dx = c^2(\pi/2a)^{1/2} \times (1/4a)$. ゆえに $\Delta_f^2 = 1/4a$. $\widehat{f}(\xi) = c^2\sqrt{\pi/a}e^{-(\xi - b)^2\pi^2/a}$ であるから，$\Delta_{\widehat{f}}^2 = a/4\pi^2$.

8.6 $0 < t < 1$, $|x| < 1/2$ とする．(s1)：w_t を項別積分せよ．(s2)'：$n \neq 0$ ならば，$(x+n)^2/4t > n^2/16t$ より，$e^{-(x+n)^2/4t} < 16t/n^2$ であることに注目すれば，$w_t(x) \leq (4\pi t)^{-1/2}(1 + \sum_{n \neq 0} t/n^2) < (定数)\times t^{-1/2}$. また $x^2/t > 1$ なら $e^{-x^2/4t} < 4t/x^2$ より $w_t(x) \leq (4\pi t)^{-1/2}[(4t/x^2) + \sum_{n \neq 0} t/n^2] < (定数)\times t^{1/2}/x^2$. ゆえに (s2)', (s3)' は t を $t^{1/2}$ でおきかえるとき成り立つ．

欧文索引

Archimedes の公理　5
B. Levi の定理　75
Banach 環 (Banach algebra)　153
Banach 空間 (Banach space)　150
Bolzano-Weierstrass の定理　27
Borel 集合 (Borel set)　43
Borel 測度 (Borel measure)　104
Cantor-Bendixson の定理　16
Cantor の三分集合 (Cantor's ternary set)　12
Carathéodory の条件　36
Cauchy の定理　4
Cauchy 列 (Cauchy sequence)　4, 8
Čebyšev の不等式　66
Cesàro 和 (Cesàro sum)　254
Darboux の上積分 (Darboux's upper integral)　22, 86
Dini の条件 (Dini condition)　219
Dini の微係数 (Dini's derivative)　93
Dirac 測度 (Dirac measure)　131
Dirichlet 核 (Dirichlet kernel)　214, 251
Egorov の定理　71
Euclid 空間 (Euclidean space)　7
F. Riesz の表現定理 (F. Riesz representation theorem)　157, 164, 180, 186
Fatou の補題 (Fatou's lemma)　77
Fejér 核 (Fejér kernel)　214, 254
Fourier-Stieltjes 変換 (Fourier-Stieltjes transform)　267
Fourier 逆変換 (Fourier inverse transform)　231
Fourier 級数 (Fourier series)　249
Fourier 係数 (Fourier coefficient)　249
Fourier 反転公式 (Fourier inversion formula)　216, 230
Fourier 変換 (Fourier transform)　212, 220
Fubini の定理　120
Gauss-Weierstrass 核　175, 216, 255
Gram-Schmidt の直交化 (Gram-Schmidt process)　259
Green の定理　198
Haar 関数系 (Haar function system)　261
Haar のウェーブレット (Haar's wavelet)　275
Hahn の分解定理 (Hahn's decomposition theorem)　126
Hamel 基底 (Hamel basis)　48
Hardy-Littlewood の極大関数 (Hardy-Littlewood maximal function)　97
Hardy-Littlewood の極大定理 (Hardy-Littlewood maximal theorem)　97
Hardy 空間 (Hardy space)　239
Hausdorff 測度　144
Hausdorff-Young の定理　236
Hausdorff 空間　10
Hausdorff の最大原理 (Hausdorff maximality principle)　306
Heaviside 関数 (Heaviside function)

131
Heine-Borel の定理 　*19*
Heisenberg の不等式 (Heisenberg's inequality) 　*247*
Hermite 多項式 (Hermite polynomial) 　*265*
Hilbert 空間 　*155*
Hölder の不等式 　*160*
Jacobi 多項式 (Jacobi polynomial) 　*264*
Jensen の不等式 　*159*
Jordan の分解定理 (Jordan's decomposition theorem) 　*128*
Laguerre 多項式 (Laguerre polynomial) 　*265*
Lebesgue 測度 　*37*
Lebesgue 点 (Lebesgue point) 　*101, 224*
Lebesgue の収束定理 (Lebesgue's dominated convergence theorem) 　*78*
Lebesgue の微分定理 (Lebesgue's differentiation theorem) 　*99, 105*
Lebesgue の分解定理 (Lebesgue's decomposition theorem) 　*131*
Legendre 多項式 (Legendre polynomial) 　*264*
Lindelöf の定理 　*16*
Lipschitz α 条件 　*147, 220*
Lipschitz 関数 　*108*
Lusin の定理 　*72*
Minkowski の不等式 　*7, 160*
Paley-Wiener の定理 (Paley-Wiener theorem) 　*241, 244*
Phragmén-Lindelöf の定理 　*244*
Plancherel の定理 　*235*

Poisson 核 (Poisson kernel) 　*174, 215, 254*
　共役——(conjugate Poisson kernel) 　*255*
Poisson の公式 (Poisson's formula) 　*253*
Rademacher 関数系 (Rademacher function system) 　*262*
Rademacher の定理 　*108*
Radon–Nikodym 導関数 (Radon–Nikodym derivative) 　*137*
Radon–Nikodym の定理 　*136*
Riemann-Lebesgue の定理 　*212, 250*
Riemann-Stieltjes 積分 　*86*
Riemann 積分 (Riemann integral) 　*23*
Riemann の局所性定理 (Riemann's localization theorem) 　*217*
Riesz 基底 (Riesz bases) 　*286*
Schwartz 空間 　*203*
Schwarz の不等式 　*7*
Sobolev 空間 　*238*
Sobolev の埋蔵定理 (Sobolev embedding theorem) 　*239*
Tonelli の定理 　*124*
Urysohn の補題 　*306*
Vitali の被覆定理 　*102*
Walsh 関数系 (Walsh function system) 　*263*
Weierstrass の関数 　*95*
Weierstrass の近似定理 (Weierstrass approximation theorem) 　*257*
Young の不等式 　*188*
Zorn の補題 (Zorn's lemma) 　*305*

和文索引

ア 行

アナライジング・ウェーブレット
　（analyzing wavelet）　　270
位相空間（topological space）　　9
位相ベクトル空間（topological vector space）　　152
一次独立（linearly independent）　　258
1 の分解（partition of unity）　　178
一様連続（uniformly continuous）　　20
ウェーブレット
　Haar の——　　288
ウェーブレット変換（wavelet transform）　　270
F_σ-集合　　44

カ 行

開集合（open set）　　9, 10
外測度（outer measure）　　34
下界（lower bound）　　3
下限（greatest lower bound）　　3
可算集合（countable set）　　5
荷重つき積分（weighted integral）　　87
可積分（integrable）　　59
可測（measurable）　　36
　Jordan——　　26
可測関数（measurable function）　　54, 115
可測空間（measurable space）　　146
可測変換（measurable transform）　　146
可分距離空間（separable metric space）　　188

完全集合（perfect set）　　11
緩増加超関数（tempered distribution）　　206
完備（complete）　　114
　——距離空間（complete metric space）　　8
　——正規直交系（complete orthonormal system）　　260
完備性（completeness）
　実数の——　　3
基本解（fundamental solution）　　196
球（ball）　　9
境界（boundary）　　11
凝集点（point of condensation）　　17
共役 Poisson 核（conjugate Poisson kernel）　　216
局所可積分（locally integrable）　　104, 192
局所コンパクト（locally compact）　　176
極大（maximal）　　305
距離（metric）　　8
距離外測度（metric outer measure）　　140
距離空間（metric space）　　8
近似単位元（approximate identity）　　170
近傍（neighborhood）　　10
区間
　開——（open interval）　　12
　左半開——（left half-open interval）　　12

閉——(closed interval) 12
　右半開——(right half-open interval) 12
鎖(chain) 305
孤立点(isolated point) 11
コンパクト(compact) 17

サ 行

三角関数系(trigonometric system) 261
G_δ-集合 43
σ 集合環(σ-ring) 37
σ 集合体(σ-field, σ-algebra) 37
σ 有限(σ-finite) 113
指数型整関数(entire function of exponential type) 243
弱収束(converge weakly) 152
集積点(accumulation point) 9, 10
収束
　一様——(converge uniformly) 70
　各点——(pointwise convergence) 68
　概——(converge almost everywhere) 68
　強——(converge strongly) 69
　測度——(converge in measure) 68
収束列(convergent sequence) 4, 8
上界(upper bound) 3, 305
上限(least upper bound) 3
スケーリング関数(scaling function) 278
　Haar の—— 276
正集合 126
正定値(positive definite) 267
積測度(product measure) 120
絶対連続(absolutely continuous) 129

セミノルム(seminorm) 150
前 Hilbert 空間(pre-Hilbert space) 155
線形(linear) 150
線形順序(linear order) 305
線形汎関数(linear functional) 152
選出関数(choice function) 305
全順序(total order) 305
選択公理(axiom of choice) 305
総和核(summability kernel) 170, 256
測度(measure) 32
　Borel—— 179
　Jordan—— 26
　Lebesgue—— 37
　Radon—— 179
　正則——(regular measure) 179
測度空間
　σ 有限——(σ-finite measure space) 114
　確率——(probability space) 114
　有限——(finite measure space) 114

タ 行

台(support) 172
帯域制限(band limited) 244
対称差(symmetric difference) 147
多重解像度解析(multiresolution analysis) 278
たたみ込み(convolution) 167, 250
単関数(simple function) 58
稠密(dense) 11
　自己——(dense in itself) 11
超関数(distribution) 190
　Dirac の——(Dirac measure) 192

Heaviside の──(Heaviside function) *193*
直交(orthogonal) *156*
直交系(orthogonal system) *258*
   正規──(orthonormal) *258*
直交射影(orthogonal projection) *157*
直交補空間(orthogonal complement) *156*
動径関数(radial function) *221*
導集合(derived set) *9, 10*
特異(singular) *129*
特異関数(singular function)
   Cantor の── *107*
特性関数(characteristic function) *25*
閉じている(total) *258*
凸関数(convex function) *159*

ナ 行

内積(inner product) *154*
内測度(inner measure) *46*
内点(inner point) *9, 10*
内部(interior) *9*
軟化子(mollifier) *173*
2進立方体(dyadic cube) *14*
ノルム(norm) *150*
   L^p── *158*
   測度の── *184*
ノルム空間(normed space) *150*

ハ 行

汎関数
   正──(positive functional) *180*
汎弱位相(weak* topology) *152*
半順序(partial order) *305*
非可算集合(uncountable set) *5*
非可測集合(non-measurable set) *48*

被覆(covering) *16*
   Vitali── *102*
   開──(open covering) *17*
不確定性原理(uncertainty principle) *246*
負集合 *126*
部分積分(integration by parts) *87*
分布関数(distribution function) *88*
平行移動(translation) *171*
平行四辺形法則(parallelogram law) *156*
閉集合(closed set) *9, 10*
閉包(closure) *9, 10*
変分
   正──(positive variation) *83, 127*
   全──(total variation) *83, 128*
   負──(negative variation) *83, 127*
補集合(complement) *11*
ほとんどすべて(almost every) *55*
本質的上界(essential supremum) *158*

ヤ 行

有界(bounded) *3, 151*
有界収束定理(bounded convergence theorem) *79*
有界変分(of bounded variation) *83*
有限加法的
   ──集合環(Boolean ring) *30*
   ──集合関数(finitely additive set function) *32*
   ──集合体(Boolean algebra) *30*
有限交叉性(finite intersection property) *18*
ユニタリ作用素(unitary operator)

158

ラ 行

離散的 (discrete) *129*
零集合 (null set) *35, 113*
連続 (continuous) *20, 129*

上から―― *110*
下半―― (lower semicontinuous) *54*
下から―― *110*
上半―― (upper semicontinuous) *54*

実解析入門 新装版

```
1996年5月22日   第 1 刷発行
2012年7月5日    第12刷発行
2025年2月18日   新装版第1刷発行
```

著 者　猪狩　惺(いがり　さとる)

発行者　坂本政謙

発行所　株式会社　岩波書店
〒101-8002 東京都千代田区一ツ橋 2-5-5
電話案内 03-5210-4000
https://www.iwanami.co.jp/

印刷・三秀舎　表紙・法令印刷　製本・中永製本

© Satoru Igari 2025
ISBN 978-4-00-006346-3　Printed in Japan

現代数学への入門 （全16冊〈新装版＝14冊〉）

高校程度の入門から説き起こし，大学2〜3年生までの数学を体系的に説明します．理論の方法や意味だけでなく，それが生まれた背景や必然性についても述べることで，生きた数学の面白さが存分に味わえるように工夫しました．

微分と積分1——初等関数を中心に	青本和彦	新装版 214頁 定価2640円
微分と積分2——多変数への広がり	高橋陽一郎	新装版 206頁 定価2640円
現代解析学への誘い	俣野 博	新装版 218頁 定価2860円
複素関数入門	神保道夫	新装版 184頁 定価2750円
力学と微分方程式	高橋陽一郎	新装版 222頁 定価3080円
熱・波動と微分方程式	俣野博・神保道夫	新装版 260頁 定価3300円
代数入門	上野健爾	新装版 384頁 定価5720円
数論入門	山本芳彦	新装版 386頁 定価4840円
行列と行列式	砂田利一	新装版 354頁 定価4400円
幾何入門	砂田利一	新装版 370頁 定価4620円
曲面の幾何	砂田利一	新装版 218頁 定価3080円
双曲幾何	深谷賢治	新装版 180頁 定価3520円
電磁場とベクトル解析	深谷賢治	新装版 204頁 定価3080円
解析力学と微分形式	深谷賢治	新装版 196頁 定価3850円
現代数学の流れ1	上野・砂田・深谷・神保	品切
現代数学の流れ2	青本・加藤・上野 高橋・神保・難波	岩波オンデマンドブックス 192頁 定価2970円

―――― 岩波書店刊 ――――

定価は消費税10％込です
2025年2月現在

松坂和夫 数学入門シリーズ（全6巻）

松坂和夫著　菊判並製

高校数学を学んでいれば，このシリーズで大学数学の基礎が体系的に自習できる．わかりやすい解説で定評あるロングセラーの新装版．

1　**集合・位相入門**　340頁　定価2860円
　　現代数学の言語というべき集合を初歩から

2　**線型代数入門**　458頁　定価3850円
　　純粋・応用数学の基盤をなす線型代数を初歩から

3　**代数系入門**　386頁　定価3740円
　　群・環・体・ベクトル空間を初歩から

4　**解析入門 上**　416頁　定価3850円

5　**解析入門 中**　402頁　本体3850円

6　**解析入門 下**　444頁　定価3850円
　　微積分入門からルベーグ積分まで自習できる

——— 岩波書店刊 ———

定価は消費税10%込です
2025年2月現在

新装版 数学読本(全6巻)

松坂和夫著　菊判並製

中学・高校の全範囲をあつかいながら，大学数学の入り口まで独習できるように構成．深く豊かな内容を一貫した流れで解説する．

1　自然数・整数・有理数や無理数・実数などの諸性質，式の計算，方程式の解き方などを解説．　　226頁　定価2310円

2　簡単な関数から始め，座標を用いた基本的図形を調べたあと，指数関数・対数関数・三角関数に入る．　　238頁　定価2640円

3　ベクトル，複素数を学んでから，空間図形の性質，2次式で表される図形へと進み，数列に入る．　　236頁　定価2750円

4　数列，級数の諸性質など中等数学の足がためをしたのち，順列と組合せ，確率の初歩，微分法へと進む．　　280頁　定価2970円

5　前巻にひきつづき微積分法の計算と理論の初歩を解説するが，学校の教科書には見られない豊富な内容をあつかう．　　292頁　定価2970円

6　行列と1次変換など，線形代数の初歩をあつかい，さらに数論の初歩，集合・論理などの現代数学の基礎概念へ．　　228頁　定価2530円

岩波書店刊

定価は消費税10%込です
2025年2月現在

戸田盛和・広田良吾・和達三樹 編
理工系の数学入門コース
A5 判並製（全 8 冊） [新装版]

学生・教員から長年支持されてきた教科書シリーズの新装版．理工系のどの分野に進む人にとっても必要な数学の基礎をていねいに解説．詳しい解答のついた例題・問題に取り組むことで，計算力・応用力が身につく．

微分積分	和達三樹	270 頁	定価 2970 円
線形代数	戸田盛和 浅野功義	192 頁	定価 2860 円
ベクトル解析	戸田盛和	252 頁	定価 2860 円
常微分方程式	矢嶋信男	244 頁	定価 2970 円
複素関数	表　実	180 頁	定価 2750 円
フーリエ解析	大石進一	234 頁	定価 2860 円
確率・統計	薩摩順吉	236 頁	定価 2750 円
数値計算	川上一郎	218 頁	定価 3080 円

戸田盛和・和達三樹 編
理工系の数学入門コース／演習 [新装版]
A5 判並製（全 5 冊）

微分積分演習	和達三樹 十河　清	292 頁	定価 3850 円
線形代数演習	浅野功義 大関清太	180 頁	定価 3300 円
ベクトル解析演習	戸田盛和 渡辺慎介	194 頁	定価 3080 円
微分方程式演習	和達三樹 矢嶋　徹	238 頁	定価 3520 円
複素関数演習	表　実 迫田誠治	210 頁	定価 3410 円

── 岩 波 書 店 刊 ──

吉川圭二・和達三樹・薩摩順吉 編
理工系の基礎数学［新装版］
A5 判並製（全10冊）

理工系大学1～3年生で必要な数学を，現代的視点から全10巻にまとめた．物理を中心とする数理科学の研究・教育経験豊かな著者が，直観的な理解を重視してわかりやすい説明を心がけたので，自力で読み進めることができる．また適切な演習問題と解答により十分な応用力が身につく．「理工系の数学入門コース」より少し上級．

微分積分	薩摩順吉	240 頁	定価 3630 円
線形代数	藤原毅夫	232 頁	定価 3630 円
常微分方程式	稲見武夫	240 頁	定価 3630 円
偏微分方程式	及川正行	266 頁	定価 4070 円
複素関数	松田 哲	222 頁	定価 3630 円
フーリエ解析	福田礼次郎	236 頁	定価 3630 円
確率・統計	柴田文明	232 頁	定価 3630 円
数値計算	髙橋大輔	208 頁	定価 3410 円
群と表現	吉川圭二	256 頁	定価 3850 円
微分・位相幾何	和達三樹	274 頁	定価 4180 円

――――― 岩波書店刊 ―――――

定価は消費税10%込です
2025年2月現在

戸田盛和・中嶋貞雄 編
物理入門コース [新装版]
A5 判並製（全 10 冊）

理工系の学生が物理の基礎を学ぶための理想的なシリーズ．第一線の物理学者が本質を徹底的にかみくだいて説明．詳しい解答つきの例題・問題によって，理解が深まり，計算力が身につく．長年支持されてきた内容はそのまま，薄く，軽く，持ち歩きやすい造本に．

力　学	戸田盛和	258 頁	定価 2640 円
解析力学	小出昭一郎	192 頁	定価 2530 円
電磁気学 I　電場と磁場	長岡洋介	230 頁	定価 2640 円
電磁気学 II　変動する電磁場	長岡洋介	148 頁	定価 1980 円
量子力学 I　原子と量子	中嶋貞雄	228 頁	定価 2970 円
量子力学 II　基本法則と応用	中嶋貞雄	240 頁	定価 2970 円
熱・統計力学	戸田盛和	234 頁	定価 2750 円
弾性体と流体	恒藤敏彦	264 頁	定価 3410 円
相対性理論	中野董夫	234 頁	定価 3190 円
物理のための数学	和達三樹	288 頁	定価 2860 円

戸田盛和・中嶋貞雄 編
物理入門コース／演習 [新装版]　A5 判並製（全 5 冊）

例解　力学演習	戸田盛和／渡辺慎介	202 頁	定価 3080 円
例解　電磁気学演習	長岡洋介／丹慶勝市	236 頁	定価 3080 円
例解　量子力学演習	中嶋貞雄／吉岡大二郎	222 頁	定価 3520 円
例解　熱・統計力学演習	戸田盛和／市村 純	222 頁	定価 3740 円
例解　物理数学演習	和達三樹	196 頁	定価 3520 円

——— 岩波書店刊 ———

定価は消費税 10% 込です
2025 年 2 月現在

長岡洋介・原康夫 編
岩波基礎物理シリーズ[新装版]
A5 判並製(全 10 冊)

理工系の大学 1～3 年向けの教科書シリーズの新装版．教授経験豊富な一流の執筆者が数式の物理的意味を丁寧に解説し，理解の難所で読者をサポートする．少し進んだ話題も工夫してわかりやすく盛り込み，応用力を養う適切な演習問題と解答も付した．コラムも楽しい．どの専門分野に進む人にとっても「次に役立つ」基礎力が身につく．

力学・解析力学	阿部龍蔵	222 頁	定価 2970 円
連続体の力学	巽　友正	350 頁	定価 4510 円
電磁気学	川村　清	260 頁	定価 3850 円
物質の電磁気学	中山正敏	318 頁	定価 4400 円
量子力学	原　康夫	276 頁	定価 3300 円
物質の量子力学	岡崎　誠	274 頁	定価 3850 円
統計力学	長岡洋介	324 頁	定価 3520 円
非平衡系の統計力学	北原和夫	296 頁	定価 4620 円
相対性理論	佐藤勝彦	244 頁	定価 3410 円
物理の数学	薩摩順吉	300 頁	定価 3850 円

―――――― 岩波書店刊 ――――――
定価は消費税 10% 込です
2025 年 2 月現在